JN234612

工学基礎
量子力学

森 敏彦・妹尾 允史 著

共立出版株式会社

はじめに

　今世紀の初頭，プランクによって量子力学への緒がつけられて以来１世紀が経過し，この学問が多くの物理諸現象を解釈する場合の基礎をなすことが認識されて久しい．それにもかかわらず，はじめて習う人々が十分納得することは未だに困難となっている．その理由として以下があげられる．

　（１）　多くの著書の導入部において，この学問が必要であることを理解させるための実験事実として，空洞輻射の紫外発散問題とかデヴィッソン，ガーマーによる電子の波動性を示す実験結果とかが述べられている．ところが，これらの事実に十分な理解を得るためにはそれ自身の説明に多くを必要とし，さらに，古典力学との矛盾点の説明にも学習する者によっては未修得の概念を必要とする．たとえば，前者を例とすれば，空洞輻射，平衡の説明をしなければならない上に質点系で質点ごとに自由度が割り当てられると同様に，輻射場では振動数ごとに自由度が割り当てられることを天下り的に与えなければならない．また，これらは学習する者が平生扱う対象とは無関係である特殊な事実という気持にもさせることとなる．

　（２）　ボーアの水素原子模型は最初の量子化として重要であるが，あくまでも古典力学の範囲内であり量子力学が現在の形になる一過程にすぎない．ところが，これの誘導が子細に述べられていると，現在も使われる量子化の形式の１つであるかの錯覚をすることとなる．

　（３）　量子力学において粒子を支配する式は波動方程式であり，これまで質点の力学を運動方程式で扱ってきた者にとっては奇異に感ずることとなる．その上，通常の波動方程式とは異なって，シュレーディンガーの波動方程式の中には虚数が含まれ，このことが理解をいっそう困難とさせている．

（4） シュレーディンガーの波動方程式の解である波動関数は古典力学にない概念であり，かつ，この関数が複素数であることも理解を妨げることとなる．

（5） シュレーディンガーの波動方程式の誘導にも関連するのであるが，量子力学の定式化はニュートンの運動方程式と等価な解析力学における諸式を下敷きとしている．それらは，ラグランジュの運動方程式，ハミルトンの変分原理，ハミルトンの正準方程式，ポアソンの括弧式，ハミルトン-ヤコビの方程式などである．これらを承知していれば，量子力学における方程式は解析力学の諸式に量子化（ハイゼンベルクの不確定性原理の適用）を施すことによりさまざまな形式で書き出しうることが理解可能となる．ところが，解析力学ではこれらの式は紹介程度で終わることが多く，量子力学特有の式が出たとの錯覚をすることとなる．

（6） 量子力学においては，場，特殊相対性理論とかいった概念，とくに後者は古典力学では適用されることがめったにない概念が中心課題として取り上げられている．前者は場の量子論，後者はディラックの相対論的波動方程式として展開されている．

本書は，これらの状況をかんがみ，著者なりに各事項に逐一検討を試み，解釈を加えていって書き進めた．考慮した諸点は以下である．

（1） できる限り図表を多用し，仮定，基礎，理論の関連も図表化を試みた．

（2） 複雑な式および叙述の過程で必要なだけの式は章末にまとめた．

（3） どのような学問分野においても，さまざまな仮定，仮説，理論，定式化はやむにやまれぬ理由でなされるのであって，単に1つの事実の説明，2つの事実の整合のみではあまりなされない．とくに，これまで多くの物理現象によって検証され，現在でも有効と見なされるものは他に変えようがなく残っているのである．

ここでも，それらがなされるだけの必要性，それらが物理現象解明に果たした役割について述べる．

（4） 量子力学の出現を促した物理諸現象，たとえば，前述した2つの事実の他，固体比熱の問題，光電効果，ゼーマンの実験等を量子力学導入の緒とすることはいっさい止め，述べるとすれば，後半部分とした．なぜなら，物質の二重性（波動性と粒子性）は古典力学にない概念で新しい学問の必要性を感じ

させるが，それが具体的に何かを直感的にはつかめないからである．

（5）量子力学の必要性の緒は水素原子の安定性のみにとどめた．ファインマンも述べるように原子の存在自身が非常に重要であるからである．

（6）量子力学の基礎となった概念，たとえば，場，特殊相対性理論など，基礎となった解析力学の諸式をあらかじめ簡単に説明した．

本書の章立ては以下のようである．

1章から5章までで量子力学の基本的内容を述べる．

1章では，量子力学の必要性，現在の形が確立されるまでの経過，身近な物理現象に対する量子力学による解釈など量子力学の概要を述べる．2章では，量子力学確立の基礎となった概念，解析力学における諸方程式について述べる．3章では，ハイゼンベルクの不確定性原理を満たす関数を考察し，それにより簡単な境界条件における解を求める．4章では，不確定性原理とシュレーディンガーの波動方程式の関係およびその方程式を用いていくつかの現象の解を求める．5章では，水素原子における電子のエネルギー状態を求める．

6章以降では，応用的な各場合に検討を加えていく．

6章では，ベクトル演算とのアナロジーにより量子力学における運動方程式である波動方程式をディラック代数で置き換える．7章では，スピンの概念の導入を図る．8章では，5章の結果の単純な積み重ねにより周期律表を完成させていき，各原子の特性に考察を加える．9章では，近似計算法の概要を述べる．

本書を書き進めるに当たって，三重大学工学部高橋裕先生，小竹茂夫先生と議論を重ね，推敲段階で原稿を見て戴いたことに感謝します．量子力学は理論の展開，観測問題など多くが検討途中の学問で，1つ1つの項目に検討，考察の必要があり，半ば，研究論文を書き上げる形で原稿をまとめていくことになったが，このような著作を認めて戴いた共立出版（株）の関係各位に感謝します．

2000年10月

著者

目 次

1章　量子力学とは
1.1　量子力学の歩み ……………………………………………………………… 1
1.2　量子力学に基づく自然諸現象の解釈から最先端技術への応用まで ……… 12
　　　演習問題 ……………………………………………………………………… 37

2章　量子力学の基礎
2.1　量子力学の位置づけ ………………………………………………………… 39
2.2　量子力学の基礎となった学問分野 ………………………………………… 42
2.3　古典力学における定式化の変遷，古典力学と量子力学の関連 ………… 43
2.4　特殊相対性理論について …………………………………………………… 51
2.5　場の概念（とくに，電磁場について） …………………………………… 56
2.6　輻　射 ………………………………………………………………………… 60
2.7　量子像の観測について ……………………………………………………… 65
　　　演習問題 ……………………………………………………………………… 72

3章　量子力学の定式化Ⅰ―作用を位相とした複素数の重ね合わせ―
3.1　不確定性原理（量子条件） ………………………………………………… 75
3.2　作用を位相とする複素数の重ね合わせによる量子化（不確定性原理の適用） … 76
3.3　状態関数に対する注釈 ……………………………………………………… 77
3.4　井戸型ポテンシャル（束縛された状態） ………………………………… 79
3.5　散乱現象 ……………………………………………………………………… 87
　　　演習問題 ……………………………………………………………………… 103

4章　量子力学の定式化Ⅱ―シュレーディンガー方程式―
4.1　シュレーディンガー方程式による量子化 ………………………………… 105

4.2 簡単な問題に対するシュレーディンガー方程式による解 …………………… *110*
演習問題 ……………………………………………………………………… *119*

5 章　水素原子の量子状態

5.1 水素原子の量子状態に対する注釈 …………………………………………… *123*
5.2 3次元の箱の中の粒子（縮退） ………………………………………………… *124*
5.3 3次元のシュレーディンガー方程式 …………………………………………… *126*
5.4 2次元調和振動子の量子状態（縮退，完備性，2通りの解の可能性） …… *127*
5.5 水素原子の固有状態に対するおおよその把握 ……………………………… *132*
5.6 水素原子の固有状態に対するシュレーディンガー方程式による解 ……… *135*
演習問題 ……………………………………………………………………… *147*

6 章　量子力学の定式化Ⅲ―非可換代数，行列力学―

6.1 非可換代数 ……………………………………………………………………… *149*
6.2 非可換代数で運動方程式を解く例 …………………………………………… *156*
6.3 行列力学 ………………………………………………………………………… *165*
演習問題 ……………………………………………………………………… *169*

7 章　スピン，相対論的量子論

7.1 スピン1/2 ……………………………………………………………………… *172*
7.2 スピン相互作用の例 …………………………………………………………… *176*
7.3 ディラックの方程式（相対論的量子力学） …………………………………… *179*
演習問題 ……………………………………………………………………… *186*

8 章　多電子原子

8.1 多電子原子に対する概要 ……………………………………………………… *189*
8.2 同一性（識別不可能な）粒子に対する状態関数など ……………………… *190*
8.3 パウリの排他律 ………………………………………………………………… *193*
8.4 対称性の観測（散乱） ………………………………………………………… *197*
8.5 周期律 …………………………………………………………………………… *198*
演習問題 ……………………………………………………………………… *213*

9 章　量子力学における近似解法

9.1 近似解法の必要性 ……………………………………………………………… *215*

9.2 変分法 …………………………………………………………… *215*
9.3 SCF 法 …………………………………………………………… *217*
9.4 摂動理論 ………………………………………………………… *219*
　　演習問題 ………………………………………………………… *223*

演習問題略解 ……………………………………………………… *225*
索　引 ……………………………………………………………… *233*

1 量子力学とは

> 量子力学が物質世界の存立，すなわち，原子の安定性を保証する根元的学問であることについて述べ，古典量子力学から始まり不確定性原理，排他律の提案がなされ，現在に至る量子力学の流れを概観する．さらに，多くの物理現象が量子力学によって初めて解釈可能となるが，そのうちでも身近な現象を説明することにより量子力学の重要性を強調し，今後多分野でますます必要性が増すことを述べる．

1.1 量子力学の歩み

1.1.1 量子力学を理解するために（原子について）

「量子力学」は身近な実体とは関係ない世界のように思われがちである．ところが，この力学は諸現象，物質の根本をなしており，物理原理がニュートン (Newton) 力学とマクスウェル (Maxwell) 電磁気学のみから成り立つと仮定すると，この世に物質は存在しないこととなる．したがって，本書の著者も，本書も，本書の読者も存在できない．

物質世界は古典物理だけでは説明できず，"ハイゼンベルク (Heisenberg) の不確定性原理" と "パウリ (Pauli) の排他律" の 2 大原理の仮定のもとに成立する量子力学が必要となってくる．図 1.1 に古典物理で成り立つ世界と量子力学で成り立つ世界を比較して示した．

ファインマン (Feynman) はかつて，「この世の中からほとんどの言葉がなくなり，わずかに一語だけ後世に知識として残すことができれば，核と電子が引き合い，しかもある程度の大きさを維持している "原子" である」といっている．

2　　　　　　　　　　　　　1章　量子力学とは

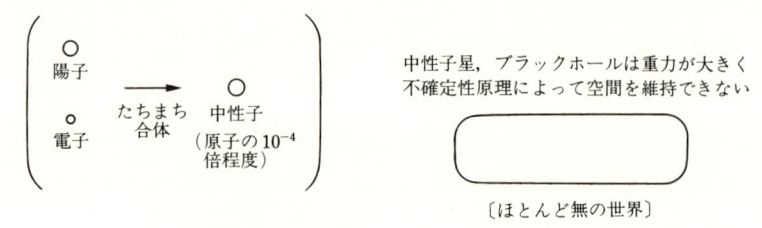

$\left(\begin{array}{c}\text{陽子} \\ \text{電子}\end{array} \xrightarrow{\text{たちまち合体}} \text{中性子（原子の } 10^{-4} \text{ 倍程度）}\right)$　中性子星，ブラックホールは重力が大きく不確定性原理によって空間を維持できない

〔ほとんど無の世界〕

(a) 古典物理のみ（量子力学がないとした場合）

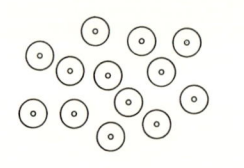

（不確定性原理によって原子の大きさは維持されるが，ほぼすべて同一の 0.1 nm の大きさで分子は形成されず，反応もなく，色，光もない）　空間は原子で占められる

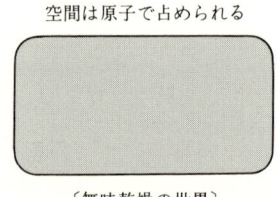

〔無味乾燥の世界〕

(b) 古典物理に不確定性原理（量子力学の第1原理）が加わった場合

パウリの排他律が加わることによって
① 原子番号に応じて異なった性質の原子

　H　C　N　O

② 分子の形成
　H_2O, C_6H_6, CH_3COOH

③ 固体，無機，有機，生物の形成

④ 凝縮系間で反応

⑤ DNAへの情報の書き込み
　記憶，伝達，読み込み
　→ 組織の複写，成長
　→ 生命体

① 色彩，硬さ，電気伝導などの物性
② 多様な物質
③ 情報処理

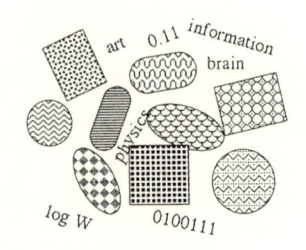

art　0.11　information
brain
physics
log W　0100111

〔物質世界〕

(c) 量子力学が満たされている（不確定性原理とパウリの排他律）場合

図 1.1　量子力学のもつ意味

あらゆる物質は原子よりなり，それが集合して分子，固体となっていく．この原子は質量の大部分を受け持つ核と，その存在領域により原子の大きさを決める電子よりなる．水素を例にとると，原子の質量の 99.95% を占めるのは 1 個の陽子からなる核であるが，占める体積は原子の約 $1/10^{12}$ であり（長さ寸法で約 1 fm，ラザフォード（Rutherford）による原子への α 粒子衝突等で確証），直径約 1 Å の原子の全体積を占めるのは質量がないに等しい点粒子の電子

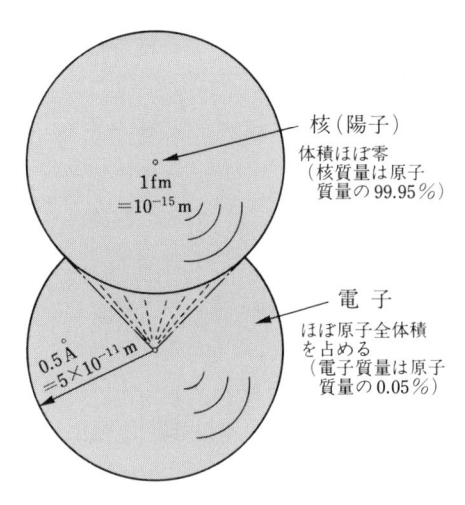

核（陽子）
体積ほぼ零
（核質量は原子質量の 99.95%）

1 fm
$= 10^{-15}$ m

電子
ほぼ原子全体積を占める
（電子質量は原子質量の 0.05%）

0.5 Å
$= 5 \times 10^{-11}$ m

図 1.2 水素原子の構成粒子の占有体積比および質量比

である，ということになる．図 1.2 に水素原子と核の大きさの比がわかるように描いた．この比は，例えていうなら，東京ドームとゴルフボール程度の差があり，ドームの広い空間を核との質量比でいうと，砂粒より小さな電子 1 つが占めていることとなる．いってみれば，原子は，質量がないのに影響だけを有する電子がほとんど全体積を占めていることとなる．

古典物理のみで考えると，水素原子の核，電子間にはクーロン（Coulomb）引力が作用しており，両者間に斥力が作用しなければ瞬時に結合し，原子の大きさはほとんど零の核体積となる．この状態が図 1.1 に示した "(a) 量子力学の仮定のない無の状態" である．ところが，原子半径寸法，すなわち，核，電子間の距離は核半径の $10^4 \sim 10^5$ 倍で安定に維持されている[*1]．したがって，引力に抗して距離を維持する何らかの機構の想定が必要となる．その 1 つは太陽系惑星や地球周回軌道上の衛星のように動的に安定する方法[*2]，他は太陽が大きさを維持する方法，すなわち，重力に対して輻射圧で釣合うように何らかの斥力が作用する方法[*3]などである．

核寸法を測定した**ラザフォード**は，原子を前者の太陽系モデル，すなわち，

[*1], [*2], [*3], … については章末の囲み記事を参照されたい．

電子が核のまわりを円運動するモデルで考えた．ところが，この模型でも結局は物質は存在しないこととなる．マクスウェル電磁気学の教えるところによれば，加速度運動する電子は電磁波を放射，すなわち，電磁エネルギーを放射して運動エネルギーを減少する．図1.3に示すように円運動をしている電子は中心向きの加速度を受けていることになり，電磁波放射で運動エネルギーを減じ，らせん運動を描きながら核に近づく．これは，一瞬のうち（10^{-10}秒程度）に起こり，核と電子は合体することを意味する．ところが，実際にはそのようなことは起こらない．

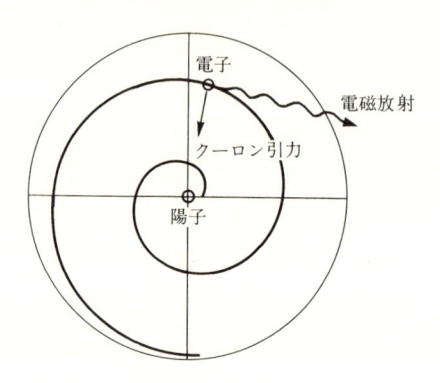

図 1.3 古典物理のみでは原子は不安定で瞬時に消滅

1.1.2 前期量子論

水素原子が現に存在しているのにかかわらず，ラザフォードの原子模型では安定性が問題となることに対して，**ボーア**（Bohr）は水素原子からの発光スペクトルがとびとびの値に限られていることなどに着目して解決を得ようとした．すなわち，原子スペクトルに対する**リッツ**（Ritz）**の組み合わせ則**，プランク（Planck）による輻射問題の**プランク定数** h 導入による量子化などの事実を基にして，次の仮説を設けた．

① 定常状態および遷移：原子のような拘束された系では電子はとびとびのエネルギーをもつ定常状態にあり，その間を遷移する．
② 量子条件および運動：定常状態は量子条件で決められるが，運動は古典力学に従う．
③ 振動数条件：遷移に際して放出・吸収される光の振動数はある規定された条件に従う．

ボーアはこれらの仮説および水素原子スペクトルに対するバルマー（Balmer）が与えた観測値に対する式を用いて，水素原子の半径，基底準位のエネ

ルギーを古典力学の範囲内で求め，また，量子条件 $L = m_e r^2 \omega = n\hbar$ を与えた[*4].

　ボーアの主張をまとめると

　　『水素原子の離散スペクトルという観測事実がある限り，角運動量お
　　　よびエネルギーは定常値となり，水素原子の大きさは維持される』
ということになる．

　$n=1$ に対応する半径はボーア半径，エネルギーは基底エネルギーと呼び，量子現象を表す場合の長さ寸法，エネルギー値の無次元化の基準量となっている．

　ここで，通常寸法における「円運動すれば，発光し，運動エネルギーを減少させ，らせん運動をする」と，微視的な原子寸法における「連続的運動エネルギーの減少は禁止されているので，発光も禁止され，円運動は維持される」の両主張は相矛盾しているようにみえる．この両主張を両立させるために，ボーアは「微視サイズのみで想定した現象も代表寸法を大きくすれば，通常寸法の現象と一致すべきである」という"対応原理"を考えた．n の小さい微視サイズではエネルギー差は離散化し，n を大きくした極限の通常寸法ではエネルギー差は極微量となり，エネルギー変化は連続となる．

　ボーアのモデルでは電子は一定半径で角位置のみが変わるという円軌道の1次元に限られていた．ところが，実際の原子は3次元形状をしており，また，運動もいくつかの振動が重なり合った多重周期系となっている．そのような実際に合う解析のためには，軌道において半径が変化，すなわち，楕円軌道を許し，その軌道面の傾き角 θ も変化しうるようにすることである．この量子条件の一般的な形への定式化はゾンマーフェルト（Sommerfeld）によって行われた[*5].

　ボーア，ゾンマーフェルトの前期量子論によって元素の周期律，フランク-ヘルツ（Frank-Hertz）の実験，モーズリー（Moseley）の結果を説明することができたのはこの理論の貢献であった．しかし，ボーア理論の出現後10年ほどで，原子理論，物質構造論としては不十分という限界に達した．

　量子条件は非周期系に適用できずに一般性，厳密性に欠けていた．定常状態間の遷移における輻射の放出・吸収の機構も曖昧で，スペクトル線の強度につ

いては定性的で，定量的扱いができず不完全であった．また，スピンに関連したゼーマン（Zeeman）効果，シュタルク（Stark）効果，スペクトルの微細構造の説明は可能でなかった．

例題 1.1 (a) ボーアの水素原子に対する古典量子力学解よりリュードベリ（Rydberg）定数を求めよ．
(b) 水素原子からの発光スペクトルが1000 Åから4000 Åまでの間であった．このスペクトルに対応する遷移を求めよ．
(c) n が大きくなっていくと，スペクトル周波数は古典力学の電子の軌道回転周波数に近づくという"対応原理"を証明せよ．

(解) (a) 章末注釈の式 (1.8), (1.9) よりボーア模型による水素原子内の電子のエネルギーは

$$E_n = \frac{2\pi^2 e^4 m_e}{(4\pi\varepsilon_0)^2 2\hbar c n^2} \tag{a1.1}$$

である．一方，リュードベリ方程式は

$$\nu = Rc\left(\frac{1}{n_1^2} - \frac{1}{n_2^2}\right) = \frac{E_1 - E_2}{h} \tag{a1.2}$$

であり，両式を比較することによりリュードベリ定数 R は

$$R = 1.0974 \times 10^7 \, \text{m}^{-1}$$

と与えられる．
(b) リュードベリ方程式に代入することによりスペクトルの波長 $\lambda = c/\nu$ が求められる．
ライマン系列（$n_1=1$）に $\lambda=1215$ Å ($n_2=2$)，$\lambda=1025$ Å ($n_2=3$) のスペクトルがあり，バルマー系列（$n_1=2$）に $\lambda=3969$ Å ($n_2=7$)～$\lambda=3645$ Å ($n_2=\infty$) と多数のスペクトルがある．
(c) 遷移周波数を大きな N の値にしていくと次式で示すように電子の軌道周波数になり，古典力学における電子からの電磁波放射の現象と一致する．

$$\lim_{n \to N} \nu_{n+1,n} = Rc \lim_{n \to N} \frac{1}{n^2}\left(1 - \left(1 + \frac{1}{n}\right)^{-2}\right) = \frac{2Rc}{N^3}$$

$$= \frac{4\pi^2 e^4 m_e}{(4\pi\varepsilon_0)^2 2\hbar^2 c N^3} = \frac{v}{2\pi r} = \nu_{\text{rot}}$$

例題 1.2 質量 m，ばね定数 k，座標 x の 1 次元調和振動子に関する以下の質問に答えよ．
(a) 運動方程式を書き，解を求めよ．時刻 $t=0$ で $x=a$, $dx/dt=0$ とする．
(b) 全エネルギー（＝運動エネルギー＋ポテンシャルエネルギー）の値が時間によらずに一定であることを示せ．
(c) ボーアーゾンマーフェルトの量子化条件 $\oint pdx=nh$ によって量子化されたエネルギーを求めよ．
(d) 1 g の荷重で 1 mm 変位した．このときのエネルギー量子を求めよ．
(e) 振幅が 1 mm のときの量子数を求めよ．

（解） (a) 運動方程式および初期条件を考慮した解は以下のように与えられる．
$$m\ddot{x}=-kx, \quad x=a\cos\omega t, \quad \omega=\sqrt{k/m}$$
(b) 全エネルギーは次式で表すように一定値となる．
$$E=\frac{1}{2}kx^2+\frac{1}{2}m\dot{x}^2=\frac{1}{2}ka^2\cos\omega t+\frac{1}{2}ma^2(\cos\omega t)^2=\frac{1}{2}ka^2$$
(c) ボーアーゾンマーフェルトの量子化条件に代入すると
$$\oint pdx=\int_0^{2\pi/\omega}ma^2\omega^2\sin^2\omega t\, dt=ka^2\frac{2\pi}{\omega}=nh$$
$E=(1/2)ka^2$ に注意すると，量子化されたエネルギーが $E=nh\omega/2\pi$ と与えられる．

(d) $\omega=\sqrt{k/m}=\sqrt{g/x}$ に $x=1$ mm を代入すると，エネルギー量子 $E=15.756$ (sec^{-1})nh を得る．

(e) $k=9.8$ (J/m)，$a=1$ mm から，量子数 $n=ka^2/(2h)=7.395\times10^{27}$ を得る．

1.1.3 （非相対論的）量子力学の確立

（1） 不確定性原理の提案

前期量子論に多くの難点が出てくると，それまでの理論の修正では多くの物理現象の説明は不可能，したがって理論の進展は不可能であることがわかり，理論を一貫した体系的方法で扱うという本質的な変革に迫られた．原子，とくに電子の描像，すなわち，"質量が核よりもはるかに小さいにもかかわらず核に比べはるかに大きな体積をつねに占める"機構は人が知覚する常識では，「確率

的にその体積を占有する」といういい方か，「波のように広がっている」といういい方となる．

ハイゼンベルクは以下の「不確定性原理」を量子条件とした．

『作用量には分割しえない最小単位 $\hbar$ がある．ここで，作用量自身は直接測定できる物理量でなく，何らかの物理量の積で表される．したがって，それら相互に共役な物理量は個々に最小単位があるのでなく，関連し合って最小量が決まる』

一般には

『共役な物理量の不確定量の積は $\hbar$ 以上となる．たとえば，その物理量を運動量 p，位置 q とすると

$$\varDelta p \cdot \varDelta q \geq \hbar \tag{1.1}$$

で与えられる』

となる．

水素原子の空間維持，すなわち，クーロン引力に抗して空間を保たせる力は何かという問題に戻ると，それは寸法が量子サイズになると効果が顕著となってくる「不確定性原理」からくる制約である．空間が小さくなると，運動量が増え，運動エネルギーも増える，一方，クーロンポテンシャルは負であり，減少する．この運動エネルギーとクーロンポテンシャルと釣合ったところで水素原子の半径が決まる[*6]．

結局，原子の圧縮に対する抵抗力は古典的効果にはない，量子力学的効果である．

速度が同一であるとすると，小さな質量の粒子ほど運動量は小さく，より大きな空間を占めることとなる．前述したように，電子と陽子の質量比はほぼ 1：2000 で，占める空間比（長さ寸法）は 10,000：1 である．なお，原子空間を電子がどのような形で占めるかは不明である．

量子条件は「不確定性原理」であるが，具体的な問題を解くための定式化は行列力学，波動力学，非可換代数，経路積分といろいろな形でなされた[*7]．

例題 1.3 質量 4×10^{-26} kg の粒子が 0.25 cm の長さの空間に捕えられたなら，速度の不確定性はどの程度か．

（解）ハイゼンベルクの不確定性原理式（1.1）$\Delta x = 0.25$ cm を代入すると，$\Delta p = 2.65 \times 10^{-31}$ kgm/sec となる．$m = 4 \times 10^{-26}$ kg を代入すると，速度不確定量 $\Delta v = 6.625 \times 10^{-3}$ mm/sec である．

（2） 排他律の提案

1つの原子が空間を占める原理は「不確定性原理」による圧縮に対する抵抗力で理解可能となった．すなわち，宇宙が無ではなく，原子によって空間が占められることはわかった．ただし，各原子は孤立して存在するだけで，相互に結合し合うことなく，反応し合うこともなく，物質は存在しないこととなる．この状態が図 1.1 の "(b) 不確定性原理のみ存在する場合の無味乾燥の世界" である．原子同士が複数以上結合し合って分子となり，さらに，10^{23} 個以上という実感しえない数集まって知覚しうる大きさの固体となり，また，原子番号が増え，原子の電子数が増えるに従い，結合の形式，結合力，さらに物質の性質が千変万化していくことを説明するには「排他律」を必要とする．この原理も古典力学，とくに古典統計力学にはない概念を必要とし，以下の2つの考察に基づく．

① 電子，陽子，中性子，中間子，光子といった各粒子は同一種であれば，すべて同一[*8]であり，1つ1つが区別がつかない．
② 同一粒子同士であれば，2つを入れ替えても検知できる効果はまったく生じない．

2つの電子を2度入れ替えれば，元の状態に戻る．後述するが，検知は関数の2乗に対して行うのであり，この入れ替えを可能にする関数は2通り存在する．すなわち，1度の入れ替えで，関数の符号が変わる場合と，変わらない場合である．すべての粒子はこのいずれかである．前者を**フェルミ粒子**といい，電子，陽子，中性子などが含まれる．後者を**ボース粒子**といい，中間子，光子などが含まれる．

ここで，フェルミ粒子を考えてみる．
すべての電子が互いに異なる状態にあれば問題はない．しかし，2つの電子が同じ状態にあるとして，その2つを入れ替えて符合が変えられ，しかも，状態は変わらないとしたら，それは零しかなく，電子は存在しない．"2つのフェ

ルミ粒子が同じ状態に存在することはできない"ことをパウリの排他律という.

図1.1の(c)が不確定性原理も排他律も考慮した物質世界である.物質世界で見るあらゆる多様性をパウリの排他律が支えており,化学の根源であり,物質世界の堅固さの根源でもある.

核の球対称クーロンポテンシャル場で電子は最も低いエネルギー状態から占有,したがって,核に最も近い位置から次々と配置されてゆくが,この場合,同一エネルギー状態でも方位の異なるいくつかの状態がある.各エネルギーにおいて,電子が安定に配置するというのは球対称になることであり,それには決まった電子数がある.原子番号が増えるに従い,内側を閉殻(球対称にする電子数で満たされた殻)にしながら最外殻に至る.ここで,最外殻が閉殻になるためには,原子から電子を取り除いた方が容易か,電子をつけた方が容易かによって原子の性質が決まってくる.最外殻の電子(価電子)をやり取りすることによって原子同士は結合し,または他の電子(自由電子など),光と相互作用して状態を変えてゆく.物質を形づくるのは原子であり,原子の状態は最外殻の電子状態で決まり,その電子は他の電子および光と相互作用して状態を変えるということであれば,物性を決めるのはこの電子と光の状態である.なお,電子,光の挙動はプランク定数h,真空中の光の速度c,電子の質量m_e,電子の電荷eといった表1.1に示された数個の物理定数で決定される[*9].表には基礎的な定数以外に二義的な物理定数も示した.

ただし,電子,光はそれ以外の物質を観察するプローブとはなるが,それ自身を観察することはできなく,電子,光が他と相互作用をした結果によるそれ自身の状態変化,いわば傍証より,その本質を推察していくより手立てはなく,このことが量子力学という学問を取っかかりにくい感じとさせている.しかし,古典力学にない主たる概念は「不確定性原理」と「排他原理」の2つのみで,後はこの原理に基づいて比較的簡単な形の微分方程式を解くか,代数方程式を解くかするだけである.新しい学問に向かう場合,新しい概念がどれほど出るかに不安を覚えるものであるが,その点では容易な学問といえる.

結局,量子力学を以下のように定義しうる.

● 自然諸現象,物性の解釈およびそれらの特性値の定量的予測を行う学問

1.1 量子力学の歩み

表 1.1 物理定数

[第1基礎量]

真空中の光速度	c	2.99792458×10^8 ms^{-1}	(0.03×10^{10})
プランク定数	h	6.62608×10^{-34} Js	(0.7×10^{-35})
	$\hbar = h/2\pi$	1.05457×10^{-34} Js	(0.1×10^{-35})
ボルツマン定数	k	1.38066×10^{-23} JK^{-1}	(140×10^{-25})
電気素量	e	1.602177×10^{-19} C	(0.16×10^{-20})
電子の静止質量	m_e	$9.1093897 \times 10^{-31}$ kg	(10^{-30})

[第2基礎量]

(原子,電子関係)

原子質量単位	$u = \dfrac{1}{12 m(^{12}\mathrm{C})}$	$1.6605402 \times 10^{-27}$ kg	(1700×10^{-30})
プロトンの静止質量	m_p	1.67262×10^{-27} kg	(1700×10^{-30})
中性子の静止質量	m_n	1.67493×10^{-27} kg	(1700×10^{-30})
リュードベリ定数	$R_\infty = \dfrac{m_e e^4}{8 h^3 c \varepsilon_0^2}$	1.09737×10^5 cm^{-1}	(10^5)
ボーア半径	$a_0 = \dfrac{4\pi \varepsilon_0 \hbar^2}{m_e e^2}$	5.29177×10^{-11} m	(0.5×10^{-10})
ボーア磁子	$\mu_B = \dfrac{e\hbar}{2 m_e}$	9.27402×10^{-24} JT^{-1}	(100×10^{-25})
核磁子	$\mu_N = \dfrac{e\hbar}{2 m_p}$	5.05079×10^{-27} JT^{-1}	(0.05×10^{-25})
微細構造定数の逆数	$\dfrac{1}{\alpha} = \dfrac{2h}{\mu_0 e^2 c}$	135	(100)

(電磁気関係)

真空の透磁率	μ_0	$4\pi \times 10^{-7}$ Js^{2}c^{-2}m^{-1}(T^{2}J^{-1}m^3)	(0.01×10^{-10})
真空の誘電率	$\varepsilon_0 = 1/(c^2 \mu_0)$	8.85419×10^{-12} J^{-1}C^{2}m^{-1}	(0.1×10^{-10})
	$4\pi \varepsilon_0$	1.11265×10^{-10}	(10^{-10})

(その他)

アボガドロ定数	N_A	6.02214×10^{-23}	(0.06×10^{25})

[第3基礎量]

電子のg値	g_e	2.00232	(2)
気体定数	$R = k N_A$	8.31451 JK^{-1}mol^{-1}	(8)
重力定数	G	6.67259×10^{-11} Nm^{2}kg^{-2}	(10^{-10})
重力加速度	g	9.80665 ms^{-2}	(10)
ファラデー定数	$F = e N_A$	9.6485×10^4 C mol^{-1}	(10^5)

- 主に電子と光の状態を扱う学問
- 電子,光の時空における対称性と状態,粒子の数(量子数)の加減に関する学問

- 「不確定性原理」「排他原理」に基づき，微分方程式，代数方程式を解く学問

(3) **量子力学の現状**

1電子の挙動は定式化された各アルゴリズムで解くことができ，それらから有益な知見は得られる．ただし，水素以外の原子では量子力学が対象とする粒子は一般には3個以上である．ヘリウムは1つの核に，2つの電子から構成される．古典力学でも3体問題は解析不可能である．さらに，量子力学では粒子の位置は確定していないという困難さがある．したがって，3粒子以上の問題に対しては，多くの単純化と近似がなされる．"1電子近似法"では，結合，反応に関与する最外殻の価電子のうちの1つのみに着目し，他の電子の影響はポテンシャルに含めて考える．"バンド理論"では，金属中における10^{23}個以上の自由電子のうちの1電子のみを取り出し，考察する．

いずれにしても，次章以下における量子力学のアルゴリズムは1電子，1光子を対象とするのが主である．

1.2 量子力学に基づく自然諸現象の解釈から最先端技術への応用まで

前節のように考えてくると，量子力学は自然諸現象，物性の基礎ではあるが，日常の生活には縁遠いものと思われがちであるが，実は身近で至極当然のことが量子力学ではじめて解釈がつく．以下で，身近な自然現象から話を始め，最後に量子力学が必須の科学，技術分野の例を示していく．各表題の後の括弧の中に，その物理現象を説明するのに用いる量子力学における概念を示す．もちろんこの段階では量子力学の概念の理解は不可能であるが，後出する際に慣れるためである．

人が物体を認知する最も敏感なセンサは眼であり多くの情報を得ているが，話題はそれより始める．さらにスペクトルへと話を進め，葉緑素において表面反応に移る．効率良く反応を進めるために自然は表面を用意しているが，その際たるものが酵素であり，化学工業では触媒反応にみる．今後とも表面は注目の的であり，表面科学，表面工学は進展すると思われる．次に自然に最もありふれていながらキー・マテリアルである水を取り上げる．原子では，Ⅳ族，

それも炭素，シリコンがキー・アトムであり，複雑な生体の根幹，先端技術の中心的話題へとつながる．

1.2.1 物体の色（光の輻射，吸収，限定されたエネルギー準位）

春になると野山は草木の新緑，菫の紫，菜の花の黄，庭にはチューリップの赤，黄，白といろいろな色に溢れる．ところが，なぜ，チューリップは赤なのかとは疑問に思ったりもしない．それがわからないからといって日常の生活に困ったりもしないし，昔から変わらないからである．しかし，この何でもないようなことにも疑問を抱いていくと物質の本質がわかってくる．図1.4に示すように，物質に白色光が当たると，物質中の色素分子における電子（分子にゆるく結合している電子）が青緑光を吸収する．透過，反射して出てきた光は吸収波長の補色である赤色光に見えることとなる．このような現象1つとってみても，物質の色が決まっているのは吸収波長が限定されているからであり，さらに，エネルギーを吸収して遷移する前後の電子のエネルギー状態が決まっているからとわかる．また，そのエネルギーの値より物質の化学構造が推測される．

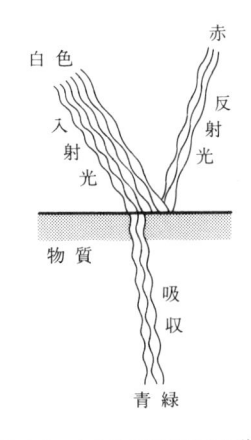

図 1.4 白色光の吸収による着色

陶器には発光せんばかりの赤，青の鮮やかな色で絵が描かれているが，この発色の素となった顔料は陶器を焼く前の絵付けの段階では薄茶などのくすんだ灰色系の色にすぎなかったのである．このように色素分子は加熱されて化学変化を起こし，光を吸収する電子のエネルギー状態も変化する．

さらに，不思議と思われることは，完全に光を通し透明であるダイヤモンドとまったく光を通さなく黒色である黒鉛（炭）とがどちらも同一単元素の炭素のみよりなることである．ダイヤモンドにおいては電子はすべて原子内に拘束されて光と相互作用しないためにそこに入った光はそのまま通り抜けるが，黒鉛では価電子は自由電子となって固体内に分布し，これが光と相互作用し，光が通り抜けずに吸収されるからである．

なお，有機染料，たとえば鮮やかな紫がかった赤色をするマゼンタは分子の非対称性に基づいてエネルギーは2準位をとり，この間で1つの振動数に対する強い吸収を生ずるからである．

1.2.2 赤方偏移（原子固有の特定スペクトルおよび電子のエネルギー準位）

宇宙の構造，変化の様子に対して，人類はギリシャ時代からすでに興味をもっていた．その歴史の中で，ハッブル（Hubble）による「遠方の星からの光の赤方偏移の測定[*10]」は宇宙を理解する上での1つの転機となった．それは，地球からの距離が遠ければ遠いほど後退速度が速い，すなわち，現在の宇宙は膨張過程にあることを表していた．ところが，人類が到底到達できないようなはるか数億光年彼方から発した光の性質は直接確認する手立てはないはずであり，赤方偏移する前の元々の波長の同定について疑問が抱かれる．実はここでも，量子力学で裏づけられた原子の分光分析の成果が利用されている．地球上において各原子の発光スペクトルが調べられ，スペクトルは原子固有のいくつかの特定波長だけが存在すること，発光が可視光であり，それの波長をプリズムで分離すれば，特定波長だけが輝線となることがわかっていた．この特定スペクトルは原子，また，状態（基底状態か励起状態か）によってすべて異なり，あたかも地球上の人がすべて異なる指紋をもち個人個人を確認する手立てとなっているようであった．事実，この特定スペクトルを finger mark と呼ぶ．この各原子の発光スペクトルの特徴が宇宙の彼方でも維持されているとすれば，観測光における特定スペクトル線の順番，間隔から発光した元々の原子を類推し，そのスペクトル線からの各線での偏移量を算出すれば，それが赤方偏移量として求まる．図1.5に地球に対する後退速度が異なるいくつかの星からのスペクトル観測概念図を示す．

この特定スペクトル線が各原子固有の電子のエネルギー準位間の遷移に伴って発せられるものであることを，水素原子について古典量子論からはじめて説明したのがボーアであった．

なお，宇宙からのこのスペクトル線を調べることにより地球では到底想像もできないような粒子，たとえば，電子がほとんどはぎ取られた Fe イオンが存在することなども明らかにされている．

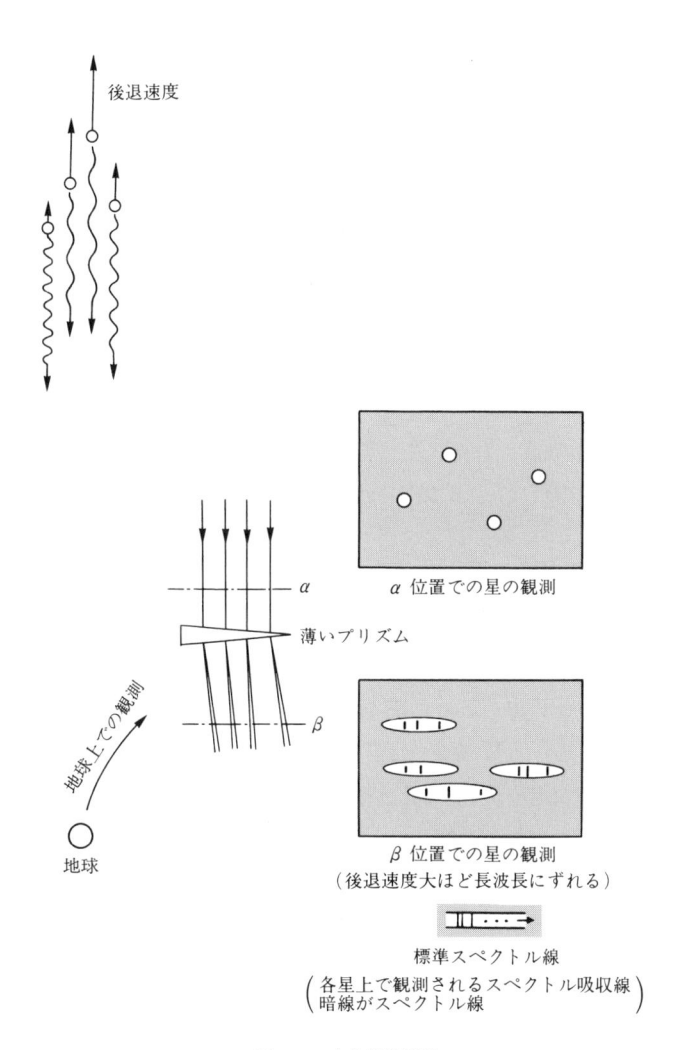

図 1.5 赤方偏移測定

1.2.3 原子，分子，イオンの同定（分光）

原子の同定には分光分析が有力な武器であることは，量子論が始まる以前より認識されていた．

電子のエネルギーが減少する遷移の際には発光する（蛍光現象）が，電子の

エネルギーが増加する遷移の際にはそのスペクトル線だけが吸収される．可視光をプリズムで分光すれば，明るい帯に抜けた暗線が出てくる．この暗線を発見者の名前をつけて，**フラウンホーファー**（Fraunhofer）**暗線**と呼ぶ．発光の場合には電子のもつエネルギーが輻射エネルギーに変換されたわけでこれを「発光スペクトル」と呼ぶが，暗線となる場合には輻射エネルギーを電子が吸収したわけでこれを「吸収スペクトル」と呼ぶ．

原子，分子，イオンの同定には発光スペクトルを用いるより吸収スペクトルを用いる場合が多い．発光スペクトルを得るためには，その原子をあらかじめ励起しておいて電子が遷移するのを待たねばならないが，吸収スペクトルを得るためには連続スペクトル（白色光）を原子に当て，通過する際の遷移に伴う特定スペクトルが吸収された光を分析すればすむ．

分光することは異なるエネルギー状態の光子の量を知ることであるが，準位間の遷移に伴うエネルギー，すなわち，原子の構造を知るための信号の運び手（プローブ）は光子に限ってはいない．たとえば，プローブを電子とした場合，遷移に伴うエネルギーは電子の運動エネルギーとして与えられる．電子の運動エネルギーを横軸，その個数を縦軸にとって求めるのも分光分析（英語で spectroscopy）といい，得られた結果を吸収スペクトル線と呼ぶ．

現在，物性の分野において新素材を開発，新しい現象（高温超伝導，強誘電現象等）を解明する際，分光分析は物質の構造分析，相互作用を明確にしうるということで必須であり，プローブの種類（光子，電子，陽電子，中性子，イオン等），プローブに与えるエネルギーの大きさによって非常に多種類の分析機器があり，その適用に当たっては対象の十分な検討が必要となる．

1.2.4 葉緑素（安定構造）

生命体であふれた地球を，「緑なす地球」と形容されて呼ばれるが，事実この緑の色を出している植物が地球の全生命の根源となっているのである．当初何もなかった地球上に生命体が存在するということは，次第に秩序が形成されてきたことであり（熱力学的にいうと地球外からエネルギーが入り，これが固定されてエントロピーが下げられたこととなる），これの源が植物となる．

植物の緑は葉緑素の色であり，それの中心部分は**クロロフィル**である．太陽

光が反射されて緑となるのは，補色の赤色光のエネルギーによって光合成が最も効率良く行われるからである．宇宙からの電磁波のうちγ線，X線，紫外線は厚い大気層に阻まれ，地上に到達するのは可視光と電波の一部であり，可視光の中でも赤色は波長が最も長く，霧や雲を透過しやすい．すなわち，生命体は自然淘汰によって環境に対して最も効率の良い機構となってきたのである．

このような生命体の分子構造の解明にはじめて量子力学を適用したのがライナス・ポーリングである．図1.6にクロロフィルを示すが，5員環のピロール4つから構成されるポルフィリン環よりなり，中心にMgを有する．このポルフィリン環の原子配列には多くの対称性があり，分子は安定である．また，クロロフィルは偏平であるため，アスペクト比（表面積/体積）が大きく，外界のH_2O，CO_2を取り入れて合成するのには都合がよい．光合成過程では，太陽光エネルギーを用いてH_2O分子がH_2とO_2に分離され，このH_2と別に取り込ん

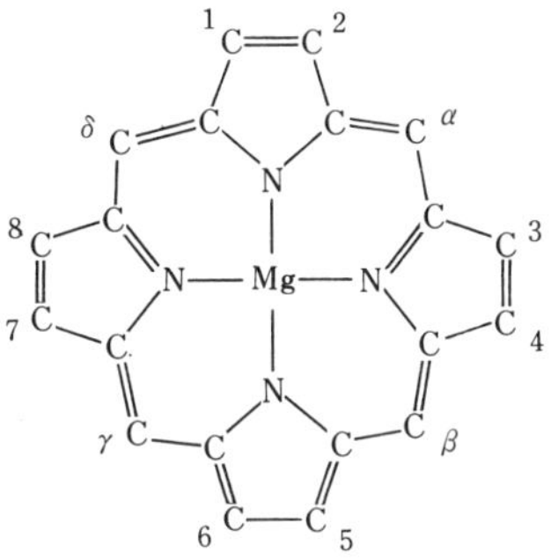

図 1.6 クロロフィルの構造

ポルフィリン環＝4つのピロール基を＝CH-が架橋

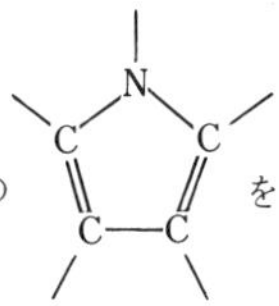

Nで囲んだ真中のポケットに金属を包み込む
1～8，α～γ位置に各種基を接続しいろいろな種類すべて，Hがついたものをポルフィン

だ CO_2 とで炭水化物が合成され，有機物の元となる．結局，希薄な太陽光エネルギーを濃縮した化学エネルギーに変換して蓄積するわけである．

1.2.5 ヘモグロビン，一酸化炭素中毒（π 結合，σ 結合）

ヘモグロビンは赤血球の主要なタンパク成分であるが，その概略の構造を図 1.7 に示す．体積の 97% を占めるのがグロビン分子であるが，この分子はヘモグロビンの構造体を形成するのみで，機能は表面に 4 個つくヘム分子が担う．ヘムはクロロフィルと同一の安定したポルフィリン環よりなり，中心に Fe を有することのみが異なる．このように機能が似た物質をほぼ同一の分子で構成するのは自然が示す経済性の 1 つである．ヘモグロビンの Fe は O_2 分子と緩やかな結合（π 結合）をし，酸素をつけて移動し，必要に応じて酸素を放出，すなわち，肺の毛細血管で酸素分子と緩く結合してオキシヘモグロビンとなり，細胞に酸素を与えてヘモグロビンに戻る．ところが，CO の C 原子は 2 個の電子空席を有し，ヘモグロビンの Fe と出会うと強い結合（σ 結合）をする．いったん CO が結合すると O_2 はヘモグロビンにつくことができなくなる．植物によって炭水化物として固定された太陽エネルギーは動物体内で高エネルギーリン酸結合のアデノシン三リン酸となっている．それとヘモグロビンが運んできた O_2 と反応して燃焼し，人もしくは動物の活動エネルギーとなる．したがって O_2 の補給が CO によって跡絶えると生命の危機に至る．これが，一酸化炭

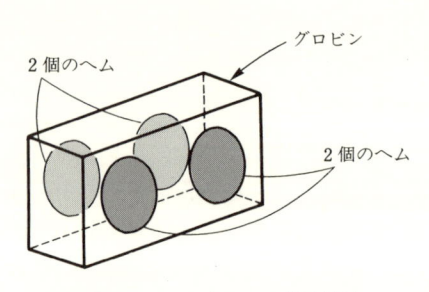

図 1.7 ヘモグロビンの概略構造

π 型結合
[弱い結合→O_2 分子 を肺，細胞間で輸送]

σ 型結合
[強い結合→ 一酸化炭素中毒]

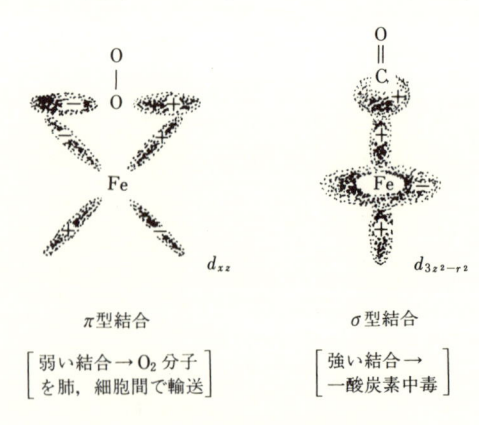

図 1.8 ヘモグロビンの働き

素中毒である．

Fe の価電子は d 電子であり，これが O_2，CO と π 結合，σ 結合している状態を図 1.8 に示す．なお，電子の空間状態密度分布は水素原子における電子の固有状態を解き，多電子原子に適用して求める．結合強さは結合前後の電子のエネルギー差を求めることにより得る．

1.2.6 酵素（電荷パターン，化学ポテンシャル）

葉緑素，ヘモグロビンのように物質の表面に機能が集中している最も典型的な代表例としては**酵素**があげられる．図 1.9 に示すように，A+B→C の化学反応があり，エネルギーが A+B より C の方が低くてもこのままでは化学反応は進行しない．反応の間には高い障壁をなす化学ポテンシャルがあり，無理やり反応を進めようとすれば，化学ポテンシャルに見合う熱エネルギーなどを加えなければならない．生体内でも，細胞組織を形成したり，エネルギーを取り出すため，反応を進めなければならないが，その都度高いポテンシャルを越えるためのエネルギーを加えていてはとても生体を維持することはできない．そこで，このエネルギーをほとんど加えることなく反応を進めることができるようにするのが酵素である．

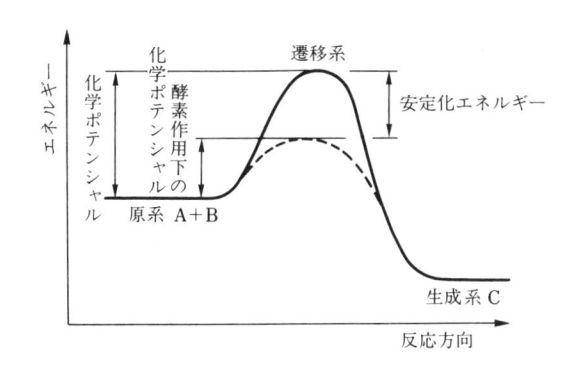

図 1.9 酵素作用下の化学反応

酵素はタンパク質の多数を占め，タンパク質の要素であるアミノ酸は両端に"アミノ基（$-NH_2$）"と"カルボキシル基（$-COOH$）"をもち，特定の場所で湾曲，折れ曲がり，折り畳まれ，側鎖が綿毛のように突き出した 3 次元物体で

ある．表面に突き出た側鎖は非常にバラエティに富んだ状態をとることができ，酵素は特有の形状を呈する表面，電荷パターン，化学的傾向を有し，きわめて少数の密接に関連した分子の1つにだけくっつき，それらに対して速い化学反応を可能にさせる．すなわち，A物質をBに反応しやすい形にしておき，Bを待つことにより，化学ポテンシャルを越えることなく反応を進める場所を表面の特定箇所に用意するわけである．酵素反応は著しく効率の良い反応で1grのアミラーゼは1.5 tonのデンプンを15分で液化し，デキストリンに変える．したがって，ごく小さな細胞の中でも生物エンジンが稼働し，生命を維持しうる．

　細胞中の何千もの異なった酵素を染色体が支配する．すなわち，染色体中のDNAが酵素の合成を命令し，この酵素が化学的活性を司り，生命体を特徴づけるすべての機能を支配することとなる．生物を無生物から区別する特徴的な性質は自己複製能力，エネルギー代謝，物質代謝で後2者は酵素の働きによる．食事にビタミンが欠乏するとエネルギー生産に不可欠な酵素が機能停止し，細胞は正常に機能しなくなる．ある種の酵素は金属原子が存在するときだけに適切に機能し，特定の金属（Cu, Mn, Mo）の微量が食物に不可欠となる．ただし，逆に少量でも，重要な酵素と結合すると，その機能を妨げ，生命体を死に至らせる金属もある．

　酵素作用のメカニズムを明らかにすることは，生命現象を理解する上で重要な鍵となる．酵素を結晶化し，X線解析によって立体的高次構造を明確化，さらに，量子力学によって構造，酵素反応を解明することが進行中で，現在の重要な研究課題の1つとなっている．

　なお，反応の間に化学ポテンシャル障壁が存在するというのは，反応前物質がポテンシャルの入れ物の中に収まっているともいえる．もし，仮にこのポテンシャル障壁がなければ，すべての物質はエネルギーの低い状態へすべて変換してしまい，必要なときに必要なものが得られなくなる．

1.2.7　触媒（量子化学）

　細胞はどんな人工部品よりはるかに融通性があり，かつ完備した化学工場であり，とくに酵素は反応を司る大きな要素である．当然，実際の工業において

も一種のバイオミメティックスで酵素に似た働きを有する物質が反応に使われるよう求められた．それが，**触媒**であり，化学反応には加わらないが，その化学反応が急激に進行するための表面を提供するような分子，分子集団で，特有な電子，電荷パターンをもち，反応に関与する分子は触媒表面で「錯化合物」を形成し，分子単独の場合より反応しやすくなる．

ただし，自然の酵素に比べれば効率は及びもよらず悪く，（触媒反応速度）/（酵素反応速度）$= 0.2 \times 10^{-4} \sim 0.3 \times 10^{-12}$ である．

化学工業で行わなければならない主たる仕事は，量子力学を利用して，有効で安全な触媒を見つけ出し，プロセスを進めることである．

1.2.8　日焼け，皮膚ガン（光と物質の相互作用）

紫外線は可視光よりエネルギーが高く，原子によってはその中の電子を励起する．細胞核中のDNAの二重ラセンを結合する塩基の1つチミンTに紫外線が当たると，電子が励起され，2つのTが結び付くこととなり，グアミンGと結合できなくなり，異常細胞ができる．この異常細胞が増殖して皮膚ガンとなる．

1.2.9　特異分子である水（電気双極子，水素結合，パウリの排他律，フント（Hund）の法則）

水は地球上に最もありふれ，生命体を構成しており，普遍的な物質と思われている．ところが，物質の諸々の性質を考えていくと，他の物質が物理量の変化に対して素直な反応を示すのに対し，この水は特異な性質を示す．

温度を下げていくと分子運動が減少し，したがって，他の物質は体積が減り，密度が増加するのが普通である．周知のように，水の密度は4℃で最大，固化して氷となると体積は1.09倍となり，水の上に浮くこととなる．また，この密度変化が，スケートで氷上をよく滑れる理由でもある．スケートの刃先にスケーターの全体重がかかれば，そこの圧力は非常に高くなる．物理現象はエネルギーを下げるように働き，この場合は体積を減少し，密度を上げようとする．したがって，氷は解けて水となり，それが潤滑材となってスケートを滑らすわけである．

水は他の同系列の物質に比べ，異常に高い比熱，融点，沸点，融解潜熱，蒸発潜熱をもっている．ベンゼン，四塩化炭素，アルコールなどは水が溶かすことができないグリース，有機材料を溶かすことができる優れた溶媒と思われがちである．ところが，それらの溶媒に対して塩は不溶で，ほとんど水のみが溶かすことができ，水こそ優れた溶媒といえる．

水分子の構造を図1.10に示す．水の特異な性質の秘密のすべてがこの構造によって解釈される．水分子は全体として電気的に中性で，価電子も共有しあい，分子価はないようである．しかし，結合を子細に検討すると，水素の電子は結合のために酸素の方へ偏り，核の陽子が裸となる．こうなると，正負の電荷が互いにずれた電気双極子をなすこととなる．さらに，構造の形に起因して分極のしやすさの目安である誘電率は高くなる．また，水素核の陽子は局所的な正イオンをもつこととなり，この箇所で電気陰性度（電子の取り込みやすさの尺度）の高い原子と結合しやすくなる．このように，水素核の陽子を仲立ちとする結合を水素結合と呼ぶ．他方，酸素側には2箇所で局所的な負イオンをもつこととなる．合わせて4本の結合が水分子からテトラポット状に手を出すが，この結合手は炭素の一形式と同様となる．したがって，水が固化して氷になると図1.11に示すように結晶化し，ダイヤモンドと似た構造となる．氷が結晶となることは，水の固体の1つである雪が人工では到底及ばない自然の芸術の結晶をもつことでも了解される．一般に構造が形成されると，単に密に詰まる場合に比べ空間が大きく，密度は低い．0℃以上になって水へと溶解してもわずかに構造が残り，空間部もわずかに

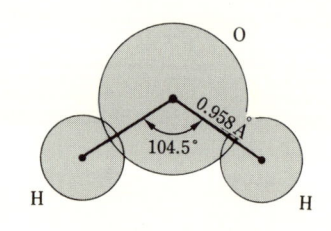

図1.10 H_2O分子

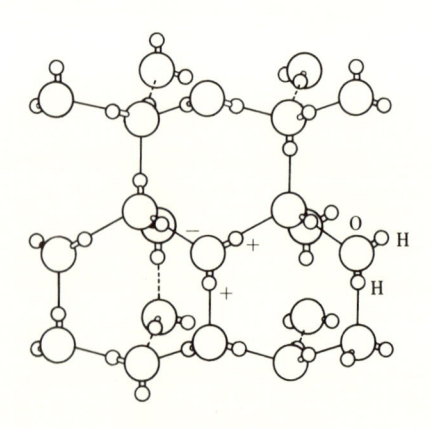

図1.11 氷の結晶構造

残る．それが次第に壊されるに従って，密度が上がり，4℃で密度最大となる．それ以上の温度になると，分子運動によって密度は減少することとなる．

液相の水の状態でも分子の極性は残り，それが分子運動をする場合のお互いの拘束力となり，比熱，沸点，蒸発潜熱は高くなる．

塩はイオン結合によって強固に結合し合っている．たとえば，NaCl は Na^+ イオンと Cl^- イオンの相互間のクーロン引力が結合力となる．溶媒内に入れた場合，塩が溶解するというのは，強固な結合を引き離し，イオンにすることである．これが可能となるためには，溶媒が大きな双極子モーメントさらに誘電率をもつことであるが，その条件に適うのは水以外に HCN，H_2O_2，HF の極性溶媒に限られる．

このように，水分子の特異な性質もその構造を考慮すれば納得できる．しかし，この構造の妥当性といえば，電磁気学のみを考慮しただけでは納得いかない．水素同士の斥力ポテンシャルを小さくするためには，H–O–H と一直線に並んだ方がいいはずである．ところが，2つの水素で酸素に対してなす角は 104.54°である．これを理解するためには電子配置に対するパウリの排他律，フントの法則などを考慮せねばならない．また，電子の安定ポテンシャルを量子力学で計算しなければならない．

1.2.10 物質の結合力，弾性，塑性，破断（エネルギー準位，縮退，パウリの排他律，閉殻，ポテンシャル）

自然界には4種類の力，"重力，電磁気力，強い力，弱い力"が存在するが，それぞれ及ぶ距離，強度が大きく異なる．前の2つの力は媒介粒子の質量が零であるため，無限の距離に到達する．ただし，重力は電磁気力に比べきわめて小さく，陽子・電子間で比較するとほぼ 10^{-37} である．しかし，通常の巨視的大きさの範囲では，電荷は正負で打ち消し合い電磁気力は感じられない．もし，仮に人を構成している原子の0.1%がイオン化していれば，1mまで近づいた人同士の間には，ヒマラヤ山塊の重さを越える力が作用し合うこととなる．一方，人同士が重力でお互いを引き合うことはない．ところが，相手が地球となれば，重力も大きくなり，つねに引き合い，人は地面から離れられない．さらに，太陽までとなるとはるかかなたの冥王星までに力を及ぼす．また，太陽自

身を形成する原子にも力を及ぼし，重力エネルギーが熱エネルギーに変換される過程も含めて水素から電子を剝ぎとってプラズマ状態とし，陽子と陽子を結び付けることができ，地球上で莫大な力を加えても到底不可能な核融合をいともたやすく成し遂げている．このように，重力は宇宙的寸法になると有効になる．

水素以外の核内では，正電荷の陽子同士は1 fm というきわめて近い距離，したがって，きわめて大きな電磁斥力が作用し合っているのに，反発し合ってばらばらになるようなことはない．それは，電磁気力の 10^2 倍以上の強い力が作用し合っているからである．ただし，媒介粒子が質量をもつ中間子であるため，核寸法を越えるといっきょに零となる．弱い力（電磁気力の 10^{-3} 倍程度）の到達距離も同程度であり，この作用は β 崩壊に関係し，この世が物質優勢であることに決定的な役割をなしている．

結局，原子寸法から巨視的な大きさにわたる間で有効な力といえば，電磁気力だけである．原子は核の正電荷による電磁気ポテンシャルに電子を閉じ込め，中性となっている．中性となっていれば，原子同士を結び付ける電磁気力はなく，分子さらに大きな固体もできないはずである．しかし，量子力学によって核による電磁気球対称ポテンシャルに束縛される電子の状態を計算すると，同一エネルギー準位にいくつかの可能な状態が存在し（縮退），さらに，1状態に1電子のみが存在できるという規則（パウリの排他律）によって各エネルギー準位ごとに状態が電子によって完全に占有される電子数（閉殻），すなわち，その場合の原子番号が決まる．閉殻からなる原子（不活性元素）は原子の状態で安定であるが，それ以外では閉殻からわずかの電子が加わった原子（P原子と呼ぶことにする）では，電子は容易に原子から分離し，閉殻にはわずかに電子が少ない原子（N原子）は容易に電子を取り込み，いずれにしてもそのような電子の授受で不安定な状態から安定な状態に移る．これが結合力を生む原因となる．

P原子とN原子が近づいた場合には，P原子からN原子へ電子が移動することにより両原子は安定な電子状態をとり，正負イオンとなる．イオン間に働く静電引力は強く，結晶は硬く，融点，沸点は高い．また，負荷により変位した場合，正負交互の並びがずれ，とたんに結合力は弱まり，もろい．この結合

をイオン結合と呼ぶ.

　N原子同士が近づいた場合には，互いに不足した電子を共有し合うことにより両原子とも安定状態となる．両原子の核の正電荷が共有部分の負電荷を仲立ちとして結合するとも見なしうる．結合には方向性があり，強く，はなはだ硬く，融点，沸点が高い．この結合を共有結合と呼ぶ．現在のところ地球上で最も硬いのがダイヤモンドであるが，この構造（図1.12）を参考にして，ダイヤモンドに匹敵，もしくは越える硬度の新素材の開発を目指し，立方晶窒化ボロン（cBN），窒化炭素（CN）などが合成されている．

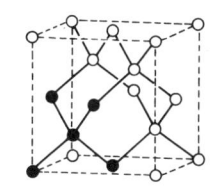

黒丸で繰り返し最小単位を示す

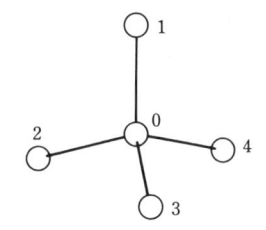

繰り返し最小単位
（炭素0より4本の共有結合手　逆にいうと，炭素1,2,3,4により炭素0は確定し，強固となる）

図 1.12　ダイヤモンド構造

　P原子同士が近づいた場合には，余分な電子を固体となる全体に自由電子として出す．固体全体に広がった自由電子の負電荷の場を仲立ちとして正イオンとなった原子がお互いに結合し合うのが金属結合である．自由電子により，金属は熱，電気の良導体であり，金属光沢があり，可視光線をよく反射する．イオン結合，共有結合に比べ結合力が弱く，方向性なく，比較的軟らかである．場全体で結合しているため，変位しても結合力が急激に落ちることなく，延性，展性に富む．

　分子内の電荷密度分布の揺らぎに基づく結合がファン・デル・ワールス結合で，弱く，軟らかく，融点が低く，容易に昇華する．

　いずれの結合においても原子はそれぞれポテンシャル最小の位置に収まり，原子間距離を保っているが，それに力を加えて変形させた場合，平衡からずれ

た位置でのポテンシャル勾配に応じた力が元に戻すように作用する．このようにして，ポテンシャルの形が決まりさえすれば，弾性範囲の剛性（stiffness）が計算できる．ポテンシャルが零もしくは結合力が零となれば，物質は破断することとなる．金属ではポテンシャルは周期的に増減を繰り返し，容易に破断しなく，周期的なポテンシャルを越えるたびに永久変形が残り，塑性変形をする．

なお，水素原子において述べたように，原子とは，原子の 10^{-4} の大きさ寸法の核の質量の 1/2000 の電子が全空間を占めるというほとんど真空の空間であり，いくら結合して大きくなっても，実体は真空であり，したがって，空間に広がったポテンシャルが大きさを決めていると見てよい．

1.2.11 変幻自在の炭素（混成軌道，IV族元素）

生物の主成分は動物ではタンパク質，植物では炭水化物であり，それらの根幹をなす原子は炭素であり，少なくとも地球上の動植物は炭素生命体といえる．炭素は太陽における核融合循環プロセスの中にある原子であり，超新星爆発を待つまでもなく形成される原子である．地球上の環境では，ダイヤモンドとして鉱物固体の形もとるが，CO_2 などの気体としても存在でき，容易に気相，液相，固相間で循環でき，したがって，地球上の空間で移動も可能であり，地球上でそれを必要とする箇所に存在することになる．

また，生命体の中心となるためには他の元素と激しく反応するようなことがあってはならない．さらに，千差万別の組織となるためには多様な結合方式の可能性をもたなければならない．前者の意味でも，後者の意味でもその可能性をもつものがIV族元素で原子番号の小さい炭素である．

アルファベットは 23 のわずかの文字だけで無限の可能性のある文章を紡ぎ出すことができ，大文学者シェークスピアの文章もつくりうる．それと同様に炭素を中心としたわずかの元素から遺伝子はつくられ，そのゲノムの中にその生命体の全遺伝情報が書き込まれ，地球上にあるすべて異なる個体がつくられる．

このような多様性を生むのも，酵素の項におけるアミノ酸で述べたように，それらは炭素原子を中心にして湾曲，折れ曲がり，折り畳まれるからである．融通むげの形をとれるのも，炭素が結合する際の電子状態が各種の形態に変わ

りうる，すなわち，混成軌道をとるからであり，また，結合軸を中心にして回転しうるからである．それらは量子力学によって，軌道の重ね合わせにおけるエネルギー状態を計算することによってわかる．

　有機化学は炭素を中心とした学問分野で，ベンゼン，脂肪酸を出発として原子数が万を越える高分子があり，対象分子の数はほとんど無限で多くの事柄が量子力学を用いて解釈される．

　炭素固体としてはダイヤモンド以外にグラファイトが周知であるが，最近，炭素結合手4本でつくられる正六角形，正五角形がサッカーボールのように規則的に配列した60個の炭素からなるフラーレン（C_{60}），円筒状に配列したナノチューブが見出され，従来の素材にない電気特性，機械特性が認められ，研究が進んでいる．今後とも，炭素が関連した新素材の開発が期待される．

1.2.12　エレクトロニクス，光制御の心臓部である半導体（バンド構造，電子遷移）

　炭素はその原子構造により多様な可能性をもっていることがわかった．同様のIV族元素で下段の周期のシリコン（Si），ゲルマニウム（Ge）は電気，光などで多彩な特性を有する．現在，第3の産業革命として，人の知能の一部を代替しうる製品に関するエレクトロニクス革命もしくは情報革命が進んでいる．

　20年ほど前までは電気といえば，家庭，職場のどこにいてもすぐ手元までやってくる便利なエネルギーと考えられ，電気関連の製品，器具，装置といえば，電気をいかに効率良く使用するかに限られ，対象材料は電気の良導体に限られていた．ところが，固体素子のトランジスタが発明されるや，キャリヤ（電子はもちろん，正孔も含めた電荷を運ぶ媒体）は情報を伝達するという認識がなされるようになった．すなわち，キャリヤを加減，増幅，蓄積する仕組を次々と組み合わせれば，複雑な演算，記憶機能もできるようになるわけである．その対象材料といえば，絶縁体は当然に考慮外であるが，良導体も大量の電子を流すだけで，それを制御することは不可能である．結局，程々のキャリヤがその中にあり，それを制御することができるといえば，絶縁体と良導体の中間である半導体にキャリヤを与える元素をわずかにドープ（添加）するか，外部ポテンシャルを加えるかである．この半導体の性質を有するのはIV族を中心とす

る元素，とくに，シリコンである．

　量子力学が盛んに適用され，技術革新を促している分野といえば，この半導体技術の分野が真っ先にあげられ，さらに，前述した量子化学，量子生物学，後述するレーザに関連した量子光学の分野である．

　物質の中におけるキャリヤの易動性は，最外殻の電子（価電子）が仮に原子より出て自由電子になったとして，それが占めるべきエネルギー準位を求めることにより判断される．物質中で正イオンの原子のポテンシャル周期に合う波長の電子の運動は束縛され，そのエネルギー準位の自由電子は存在せず，その準位は自由電子のエネルギーとしては欠落し，そこを"エネルギーギャップ"と呼び，許容されるエネルギー準位を"バンド構造"という．良導体はすべての価電子がエネルギー準位を占め，さらにその上に電子が移動するための準位が残る場合である．絶縁体はエネルギーギャップより下の準位を電子がすべて占め（価電子帯），電子が移動する準位が残らない場合で，流動させようとすれば（絶縁破壊），はるかに高いエネルギーが必要となる．一方，半導体は程々のエネルギーギャップで，ドープ，温度，外部ポテンシャル付加等でキャリヤの流れやすさは変わる．

　ドープの元素種，量，形で半導体にはトランジスタ部，ダイオード部，抵抗部，コンデンサ部が思いどおりに作成されるが，それには，量子力学に基づいて半導体のバンド構造，ドープされたことによる準位，境界部のポテンシャル分布の計算が必要となる．

　マイクロエレクトロニクス技術における 2 cm 角に数億，数十億のデバイスがある超 LSI（ULSI）がつくられるようになったのも，無欠陥超高密度半導体結晶が作成できるようになったからであり，とくに，シリコンは最も完全性の高い結晶を人工的に育成できる半導体材料である．20 mm × 12 mm に，MOS トランジスタからなる 256 Mbite（1 bite は 8 bit よりなり，1 bit は on–off の 1 つの情報）の DRAM が試作され，全世界で現在 10^{12} Mbite の半導体メモリが使われている．最小加工寸法は $0.14\,\mu m$ となる．試作ではゲート長 $0.07\,\mu m$ の MOS トランジスタも出現するようになってきたが，電子を $0.01\,\mu m$ の領域に閉じ込めると，非常に強く量子効果を受けることになり，新たな現象が生ずる．CPU（Central Processing Unit，中央演算処理装置）としては，現在 112

MIPSの「ペンティアム（インテル）」が広く使われているが，1992年に400 MIPSの「αチップ（DEC）」も作成されている．このような半導体技術の進展には，システムLSIの設計力と先端MOSデバイスの超高密度集積化に対する総合技術が必要であり，量子力学の基礎も必要となる．

小型化，高性能化したIC，LSIはコンピュータに限らずあらゆる電子機器，通信機器，制御機器，機械装置に常備されるようになってきている．

前述したように半導体のエネルギーギャップは小さく，その大きさは可視光のエネルギーに対応し，光の入射が電子の上準位の遷移に置き換えられ，したがって，光検出デバイス，光電池，逆に上準位から下準位への遷移に伴って光が放射し，発光ダイオード，半導体レーザとなる．ただし，シリコンは間接遷移のため，光電変換素子に向かず化合物半導体が使われる．

半導体のキャリヤは他の物理量である磁場，圧力，温度などとも相互作用し，それらの検出器ともなる．天然に存在しない極微人工構造（量子閉じ込め構造）も量子力学に基づき設計され，革新的応用も進みつつある．

1.2.13　レーザ（誘導輻射，レート特性，遷移確率，電子の平衡分布，反転分布）

地球上には光が満ち満ちており，いろいろな物体の認識を可能としている．太陽からの恩恵が最も大きいが，それ以外にも多くの発光機構がある．したがって，通常の光は位相，波長ともまちまちである．しかし，もし位相，波長とも揃い（コヒーレント光），高い直進性で，大きな強度の光が得られたらそれの利用分野は枚挙のいとまがない．そのような要求を満たすのが，レーザである．

アインシュタインが予言し，量子力学でも計算されるように，光子がすでに場に存在すれば，それに促されるよう同じ位相，波長の光子が雪だるま式に増え，すなわち，誘導して輻射が増幅される．波長の整数倍の間隔で対抗しておかれたミラーで空間を囲えば，多くの光子を，すなわち，高強度の光源がミラー軸方向に得られる．しかし，一般の熱平衡状態における電子の各エネルギー準位の分布は遷移できる電子は遷移しきってそれ以上遷移する余地のない状態で，低エネルギー準位ほど多い分布（ボルツマン（Boltzmann）分布）と

なっており，光子を生成する余地がない．

　何らかのエネルギー（電気エネルギー，光エネルギーなど）を加えて高い準位に電子を励起しておいて誘導輻射の態勢をつくらなければならない．そのためには，励起電子が誘導輻射するまで滞在する上準位，遷移を受け入れる滞在確率の小さい下準位，遷移確率の大きな準位間などの条件を満たす物質が必要となる．そのような物質は限られており，それらを量子力学の計算を基にして見つけ出さねばならない．

1.2.14　磁性（遷移金属，d電子）

　周期律表の中には原子番号8ずつに似かよった性質が繰り返す短周期の典型元素の他に，その間を埋めるように原子番号が変化しても比較的性質がよく似かよう遷移金属がある．その最初に出るのが原子番号21のScで，それより重い原子で3d電子の数が増えていくことにより1周期（長周期）を形成する．d電子の特徴は，原子にへばりついて局在化していることで，隣り合ったd電子の相互のスピンに「ハイゼンベルクの交換力」と呼ぶ相互作用が働く．この交換力の原因は，2つの原子のd電子波が重なり合ってつくる干渉現象である．このスピンが全部揃うと強い磁石となるが，このような性質である強磁性を有するFe，Co，Niといった物質は遷移金属である．

　また，改めて説明するが，物質の色の多くの場合に不対電子となるd電子が関連する．とくに，宝石の輝くばかりの色にはわずかに入る遷移金属イオンの働きである．

　その他，遷移金属はd電子をもつため，指向性結合の成分もあり，典型元素の金属より強固になるとかいった性質もある．

　例題1.4　蛍光性分子は励起光を吸収して，電子状態が基底状態から励起状態に遷移した後，蛍光を出す．蛍光スペクトルが吸収スペクトルより長波長側に位置し，蛍光スペクトルは励起波長によらず一定である．この理由を述べよ．

　（解）基底状態から励起状態に電子が励起するためにはその間のエネルギーより高いエネルギー，すなわちより短波長のエネルギーが供給されなければならない．余った

エネルギーは分子内で吸収され，蛍光の場合には決まった準位の基底状態・励起状態間の遷移で生ずる．

*1 ─── 自然界のフラクタル構造 ───
興味あることに，太陽の半径は 6.4×10^5 km，太陽系の半径（太陽と冥王星の距離）は 5.9×10^9 km と比率は $1:10^4$ 程度であり，この比率は核と原子の寸法比にほぼ一致する．

*2 ─── いわゆる遠心力について ───
周回運動する物体が安定して軌道を保っていることについて，時に，引力に対して遠心力が釣合うという．しかし，遠心力はその根源が明らかでなく，むしろ，自由落下運動しているといった方がよい．地球上で物体を離せば，鉛直に落下する．そこで，物体に地表面と平行に初速度を与えてやれば物体は放物線を描いて自由落下する．地表面が凸曲面をもち，そこで十分な初速度さえ与えれば，物体は地表面に到達することはない．このように周回運動して中空上に浮かぶのが，人工衛星である．原理的には人工衛星に対して高い天空は必須条件でなく，地表すれすれでも構わないが，大気の抵抗が大きくなって運動エネルギーが減少し，周回できなくなる．この自由落下中に加速度運動により重力は局所的に打ち消され，したがって，箱のなかに入れた物体もその箱との間には，（箱と物体の間の万有引力を除けば）力が作用し合わなくなる．このように局所的に重力が打ち消された空間が人工衛星の中である．鉛直に落下させた物体内，高空においてエンジンを止め落下させた（ただし，一定の地表面と平行速度は維持される）飛行機内も人工衛星内と同等となる．

*3 ─── 星の形成 ───
水素より形成される恒星についてその形態を述べると以下のようになる．その質量が太陽質量以下であると，水素総量の質量による重力では全体を凝集できないために星とはならない．太陽程度の質量があると全体の凝集が開始するが，その凝集はいつまでも続くのでなく，大きな重力の作用下で中心部は核と核が接近し合うようになり，核融合が始まる．この核融合熱による輻射圧でこの星がこれ以上収縮するのが防がれ，凝集と輻射

が釣合うところで星の大きさは決まる.

*4

---- **ボーアによる水素原子半径, 基底エネルギーの誘導** ----

バルマーが与えた式によれば, 水素原子から発する輻射の振動数は

$$\nu = Rc\left(\frac{1}{n^2} - \frac{1}{n'^2}\right) \tag{1.2}$$

という離散的な値しかもちえない. n, n' は自然数 ($n<n'$), $R=1.09737 \times 10^7/\text{m}$ はリュードベリ定数と呼ばれる.

また, 光(電磁波)は1つ1つ数えあげることができる光子として, それぞれが

$$E = h\nu = \hbar\omega \tag{1.3}$$

のエネルギーを有する. ここで, h:プランク定数, $\hbar = h/2\pi$, ν:振動数, $\omega = 2\pi\nu$:角振動数である. したがって, 発光のつど水素原子は

$$\Delta E = h\nu = hRc\left(\frac{1}{n^2} - \frac{1}{n'^2}\right) \tag{1.4}$$

のエネルギーを失うが, これは電子のエネルギー減少による. 失うエネルギーが離散値であれば, もともとの電子のエネルギーも離散値に限られていると考えてよい. この限られたエネルギー状態に電子が安定して存在するのであれば, 水素原子は無に崩壊することはない.

発光前後における電子のエネルギーを E_1, E_2 とすれば, エネルギー差は

$$\Delta E = E_1 - E_2 \tag{1.5}$$

で与えられる. 式 (1.4) と (1.5) を等置すれば, 離散化したエネルギー準位を

$$E = -\frac{hRc}{n^2} \tag{1.6}$$

に対応させうる.

電子の定常円運動に対して, 半径方向の釣合いより

$$\text{クーロン引力} = \text{円運動による遠心力} \tag{1.7}$$

および全エネルギーを式 (1.6) と等値することにより

$$E = -\frac{hRc}{n^2} = \text{運動エネルギー} + \text{クーロンポテンシャルエネルギー} \tag{1.8}$$

が成り立つ. 両式より, 2つの未知数である軌道半径 r, 角速度 ω が求め

られ，角運動量 $L=m_e r^2 \omega$ が離散化した量として，
$$L=m_e r^2 \omega = n\hbar, \quad n：量子数 \tag{1.9}$$
で与えられる．ボーアはこれを量子条件とした．なお，リュードベリ定数 R は式 (1.9) が成り立つように電気素量 e，電子静止質量 m_e，光速 c などで与えられる．

*5 ─── **ゾンマーフェルトによる古典量子論の楕円軌道への一般化** ───

3 次元力学系における水素原子に対する極座標表示のハミルトン (Hamilton) 関数は
$$H = \frac{1}{2m_e}\left(p_r^2 + \frac{p_\theta^2}{r^2} + \frac{p_\varphi^2}{r^2 \sin^2\theta}\right) - \frac{e^2}{4\pi\varepsilon_0 r} \tag{1.10}$$
と表される．

ここで，量子条件として，周期運動において作用積分が量子化，すなわち作用空間で
$$J = \oint p\,dq = nh \tag{1.11}$$
が成立するとおく．ボーアの量子条件，$L=n\hbar$，も以下のようにこの量子条件に含まれる．
$$J_\varphi \oint_0^{2\pi} L\,d\varphi = 2\pi n\hbar = nh \tag{1.12}$$

3 次元の式 (1.10) の場合には，極座標における直交 3 方向に対する量子条件
$$J_\varphi = mh, \quad J_\theta = k'h, \quad J_r = n'h \tag{1.13}$$
を課し，若干の式変形の後，エネルギー，角運動量，z 軸方向角運動量が離散化した値のみをとることが導かれる．軌道で考えると，平均半径，長径と短径の比，軌道面の傾きが離散化されていることとなる．

*6 ─── **不確定性関係による水素原子半径の誘導** ───

原子半径を $\Delta q = r$ とすると，電子の運動量，運動エネルギーは
$$p = \Delta p = \frac{\hbar}{r}, \quad \frac{p^2}{2m_e} = \frac{\hbar^2}{2m_e r^2} \tag{1.14}$$
で与えられる．したがって，全エネルギーは
$$E = \frac{\hbar^2}{2m_e r^2} - \frac{e^2}{4\pi\varepsilon_0 r} \tag{1.15}$$

となる．この E が最小となったときが水素原子の半径で

$$\frac{dE}{dr} = -\frac{\hbar^2}{m_e r^3} + \frac{e^2}{4\pi\varepsilon_0 r^2} = 0 \qquad (1.16)$$

より

$$r_0 = \frac{4\pi\varepsilon_0 \hbar^2}{m_e e^2} \qquad (1.17)$$

となり，この特定距離は 0.528 Å のボーア半径に一致する．

*7 ──────── **量子力学の定式化** ────────

(1) 「**行列力学**」：ハイゼンベルク，ボーア，ジョルダン (Jordan) は「行列力学」で，観測量のみを扱い，観測できない電子軌道の時空描像は捨て，遷移に関する関係式を定式化した．

(2) 「**波動力学**」：光と物質の普遍性より**ド・ブロイ** (de Broglie) が唱えた「物質波」の概念より，**シュレーディンガー** (Schrödinger) は時空描像の下に「波動力学」を定式化した．波動関数の重ね合わせが満たされる方程式は線形であるべきであり，1価，連続，有限性の条件で束縛状態において離散した E を与える．

(3) 「**非可換代数**」：シュレーディンガーによって行列力学と波動力学の「数学的同等性」が証明され，それによって両理論を形式的に統一することが進められた．それが，ディラック (Dirac) の行った「変換理論」に基づいた非可換代数であり，これによって現在の量子力学のアルゴリズムは確立した．量子条件である「不確定性原理」は共役な変数間の非可換性であり，この代数ではそれを「正準な交換関係」と呼んだ．

(4) 「**経路積分**」：ファインマンは，ハミルトンの最小原理を出発点にして量子力学のアルゴリズムを立てた．この原理では，"被積分関数である**ラグランジアン** (Lagrangian) は作用量であり，古典力学で許される経路はこの積分を最小にするものである"という．一方，量子力学では作用量は不確定であり，確率最大の古典力学許容の経路を中心として，その近傍のいくつかの経路も許されるとして定式化した．その経路積分はファインマン・ダイアグラム (Feynman diagram) を用いれば，見通しよく容易に計算される．このアルゴリズムは相対論的量子力学である場の量子論において非常に有効とされている．

注　釈

*8 ──── 同一粒子について ────
　貨幣の百円玉がまったく同一に製造されているといっても，1つ1つをとれば，重さ，汚れが微妙に違い，さらに金属組織，結晶サイズで見れば2つと同じものはなく，区別がつき，同一粒子ないしは同一物ではない．

*9 ──── 単位，標準，次元について ────
　物理，化学各分野における理論の比較，議論および工業製品の互換性その他のために，必要最小限の単位として国際的に7基本単位が決められ，他の物理量の単位はそれらから誘導されるとされている．基本単位の選択は，人間世界での利便性，共通認識に基づき，時空寸法などである．単位の大きさは人間に比較して知覚できる量で，たとえば，1 m は身長程度である．ただし，国際単位のうち，物質量のモルと光度のカンデラは他の単位から誘導でき，独立な単位は5単位である．
　図1.13に示すように，人間世界の単位から見れば量子世界に関連する基礎物理量（表1.1）は概桁数でいって45桁の間に広がっている．この開きはたまたま，人間世界を基準とするからである．量子世界では，時空を単位とする必然性もなく，別の単位系が有効といえる．ここで，原子単位系から5つの基礎物理量を単位として選ぶ．これらの単位，たとえば，作

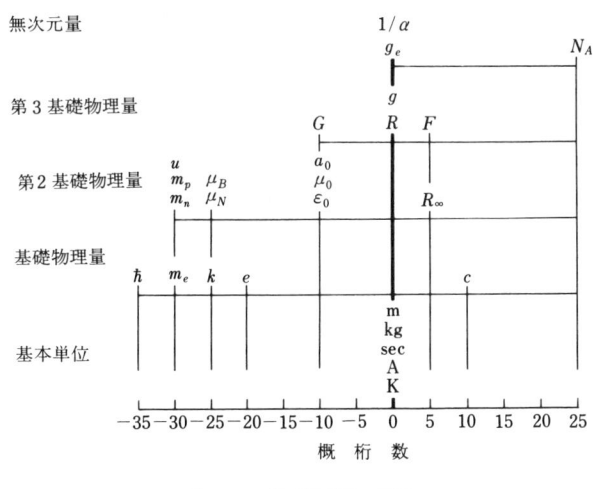

図 1.13　基礎物理量の概数

表 1.2　基礎物理量の次元

		基本単位(ヒト世界の単位)				
		m	kg	sec	A	K
基礎物理量 (量子世界の単位)	$\hbar$	2	1	−1	0	0
	c	1	0	−1	0	0
	m_e	0	1	0	0	0
	e	0	0	1	1	0
	k	2	1	−2	0	−1

量子世界から見たヒト世界の単位

$[\mathrm{m}] = [\hbar/cm_e]$
$[\mathrm{kg}] = [m_e]$
$[\mathrm{sec}] = [\hbar/c^2 m_e]$
$[\mathrm{A}] = [ec^2 m_e/\hbar]$
$[\mathrm{K}] = [c^2 m_e/k]$

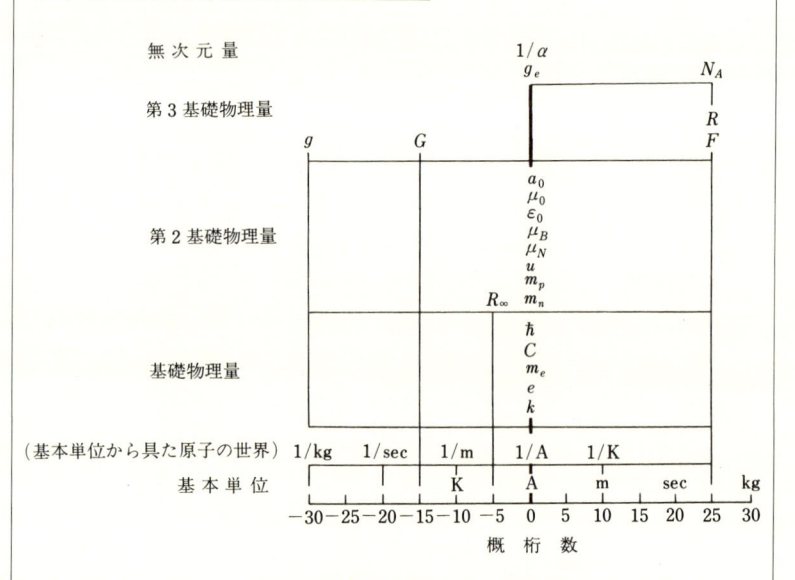

図 1.14　基礎物理量を単位とする見方

用 $\hbar=1$), 速度 ($c=1$) と人間世界の 5 基本単位とが過不足なく変換されることは表 1.2 の次元表からも確認できる．図 1.14 に基礎物理量を単位として他の物理量を示す．他の基礎物理量（表 1.1 では第 2 基礎物理量と書いた）も同一程度の大きさである．人間世界から見れば，原子の世界は軽く（10^{-30}），瞬時（10^{-20}），極微（10^{-10}），高温（10^{10}）である．

*10 ─────── **宇宙の安定性** ───────
　原子と宇宙ではその大きさが 10^{46} 程度と異なるのに，安定性問題はよく似る．宇宙に散在する天体相互間には万有引力が作用し合い，そのまま

は平衡が保てず，たちまちの内に一点に集約するはずである．ニュートンも考察した難問であり，宇宙全体に及ぼす多くの影響が検討された．アインシュタインは静的モデルで斥力（宇宙項）を考慮したが，その後，動的モデルの方が高い可能性であると指摘された．すなわち，星の間の距離は宇宙開闢以来，つねに離れつつあり，引力で減速されたといってもお互いに接近するようにまでは至っていないと考えられる．したがって，ハッブルによる赤方偏移測定は膨張宇宙を明らかにしたことで意義高い．また，3 K 輻射とあいまってガモフ（Gamow）のビッグバンモデルの緒ともなった．

例題 1.5 中性子（一辺 10^{-14} m の立方体と仮定）が角砂糖（一辺 10 mm の立方体）の大きさに隙間なく凝集した場合の質量は以下のどの物体の質量とほぼ等しいか．
(a) 人，(b) 高さ 200 m の高層ビル，(c) エベレスト山，(d) 地球

（解）中性子の凝集体の質量 $M_n = 1.67 \times 10^{-27} \times 10^{-6}/(10^{-14})^3 = 1.67 \times 10^9$ kg，一方，(b) の質量は $M_b = 200 \times 50^2 \times 3 \times 10^3 = 1.5 \times 10^9$ kg となり，(b) のビルの質量にほぼ一致する．このように原子は元来スカスカであるが，核物質のみを凝集すれば大質量となる．

演習問題

1.1 ボーアの相補原理を説明せよ．
1.2 ボーアの対応原理を説明せよ．
1.3 物体は電気的にほぼ中性である．仮に，人（体重 60 kg）を構成する原子の半数がイオン化されており，そのようにイオン化された人同士が 1 m の距離に近づいた場合に及ぼし合う電気的反発力は以下の重さのどの程度か．人が炭素のみで構成されているとして計算せよ．
(a) 人，(b) 高さ 200 m の高層ビル，(c) エベレスト山，(d) 地球
1.4 もし，酸素分子（質量 $=5.3133 \times 10^{-26}$ kg）が 1 cm の長さの空間に捕らえられたなら，速度の不確定性はどの程度か．
1.5 飛行するジェット機と電子の運動エネルギーが測定時間 10^{-3} sec で測定された．
(a) 各場合についてエネルギーの不確定量を求めよ．

(b) 各場合について全エネルギーと不確定量の比を求めよ.
1.6 300 m/sec で飛行する電子の速度の不確定量は1%と知れている.
(a) 位置の不確定量を求めよ.
(b) 電子が1 km 飛行する時間の不確定量を求めよ.
1.7 滞在時間 10^{-15} sec の電子状態を考えよう.
(a) その状態のエネルギーの不確定量を求めよ.
(b) 有限幅のスペクトル線が得られるか.
1.8 ある原子において滞在時間 10^{-10} sec の励起状態から遷移して 5461 Å の光が発せられる. この場合の波長の広がりを求めよ.
1.9 ルビー, サファイヤといった宝石について問う.
(a) なぜ暗闇では光らないか.
(b) 各宝石の主成分はほとんど同一でありながら, なぜそれぞれ特有な色の光を発するのか. また, 宝石から発する特有な色の光は, それに当たる光の色となぜ異なるのか.
1.10 量子力学形成の歴史を, 次の人々の寄与に触れながら述べよ.
ボーア (Bohr), ラザフォード (Rutherford), プランク (Planck), ゾンマーフェルト (Sommerfeld), ハイゼンベルク (Heisenberg), リュードベリ (Rydberg), シュレーディンガー (Schrödinger), ド・ブロイ (de Brogile), パウリ (Pauli), ディラック (Dirac), ファインマン (Feynman)
1.11 ヘモグロビンの活性基であるヘムの構造と機能を述べよ.
1.12 次の物理定数, 物理量より長さの次元の量をつくり, 概略値を計算し, どのような長さかを述べよ.
(a) h, m_e, c (b) e, m_e, c, ε

2 量子力学の基礎

量子力学は他の学問と独立に成立してきたわけではなく，多くの概念を既存の学問から取り入れてきた．とくにとって変わるべき古典力学，それもラグランジアン，ハミルトニアンと洗練されてきた解析力学を下敷きにするところが多く，それらについて述べる．また，輻射，場，特殊相対論，観測といった概念については早い段階でコンセンサスを得ていた方がよく，ここで述べる．

2.1 量子力学の位置づけ

図 2.1 に量子力学成立の理論的・実験的基礎，量子力学発展過程において提案された諸方程式および諸概念，量子力学適用の諸分野を描く．基礎という意味で古典物理を根に，電子，光に関する実験事実が古典物理学に刺激を与え，量子力学の発生，発展を促したという意味で雨を降らす雲の中に示した．また，幹には量子力学の定式化の流れ，果実に量子力学の成果を示した．

古典物理のほぼ全範囲が場で解釈されるが，見方によっては粒子で考えた方がよい場合もある．おおまかに 4 分野に分けたが，明確に分かれるものでもない．統計熱力学は原子，分子といった粒子の運動を統計的にまとめたものであり，輻射，熱伝導には電磁波，電子が関連する．量子力学は主に電子と光を対象とするもので，電磁気学，力学とも関連しており，両者を結び付ける鍵となる原理は特殊相対性理論であり，四角で囲い強調した．

幹に示した量子力学の定式化には主に解析力学の各手法が下敷きになっており，量子力学の各方程式と関連する古典力学の原理，方程式に同じアルファベットをつけた．

すべての自然現象に量子力学は関わり合っているが，とくに，量子力学を適用することによって明らかになったものを成果として示した．応用範囲につい

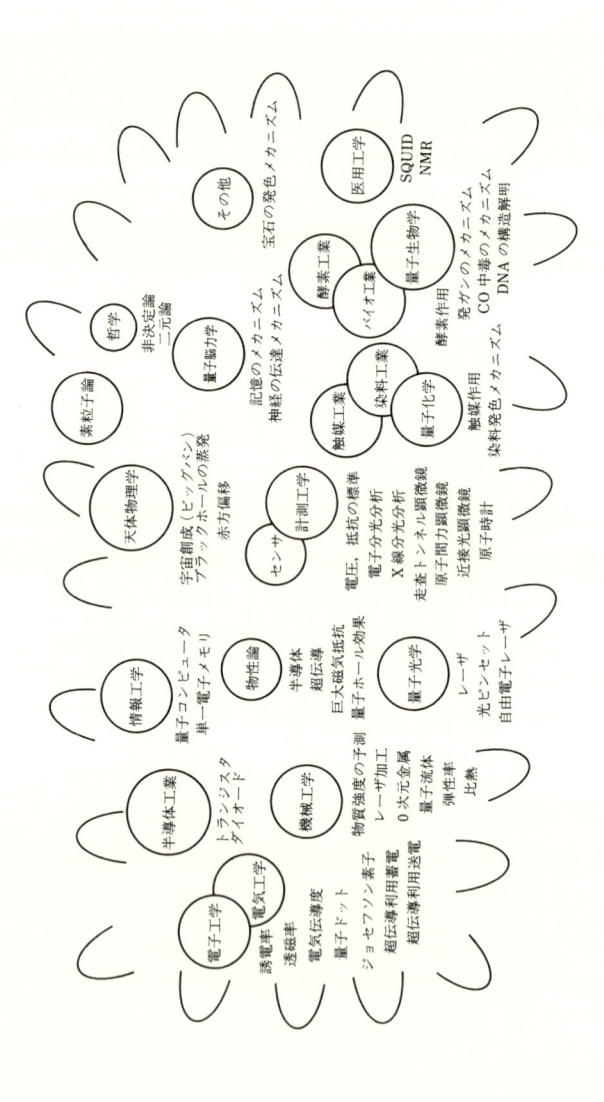

40　2章　量子力学の基礎

- 電子工学
  - 誘電率
  - 透磁率
  - 電気伝導率
  - 量子ドット
  - ジョセフソン素子
  - 超伝導利用蓄電
  - 超伝導利用送電
- 電気工学
- 半導体工業
  - トランジスタ
  - ダイオード
- 機械工学
  - 物質強度の予測
  - レーザ加工
  - 0次元金属
  - 量子流体
  - 弾性率
  - 比熱
- 量子コンピュータ
  - 単一電子メモリ
- 情報工学
- 物性理論
  - 半導体
  - 超伝導
  - 巨大磁気抵抗
  - 量子ホール効果
- 量子光学
  - レーザ
  - 光ピンセット
  - 自由電子レーザ
- 計測工学
  - 電圧、抵抗の標準
  - 電子分光分析
  - X線分光分析
  - 走査トンネル顕微鏡
  - 原子間力顕微鏡
  - 近接光顕微鏡
  - 原子時計
- センサ
- 天体物理学
  - 宇宙創成（ビッグバン）
  - ブラックホールの蒸発
  - 赤方偏移
- 素粒子論
- 哲学
  - 非決定論
  - 二元論
- 量子脳力学
- その他
  - 記憶のメカニズム
  - 神経の伝達メカニズム
  - 宝石の発色メカニズム
- 量子化学
  - 触媒工業
  - 染料工業
  - 酵素作用
  - 染料発色メカニズム
  - 触媒作用
- バイオ工業
  - 酵素工業
- 量子生物学
  - 発ガンのメカニズム
  - CO中毒のメカニズム
  - DNAの構造解明
- 医用工学
  - SQUID
  - NMR

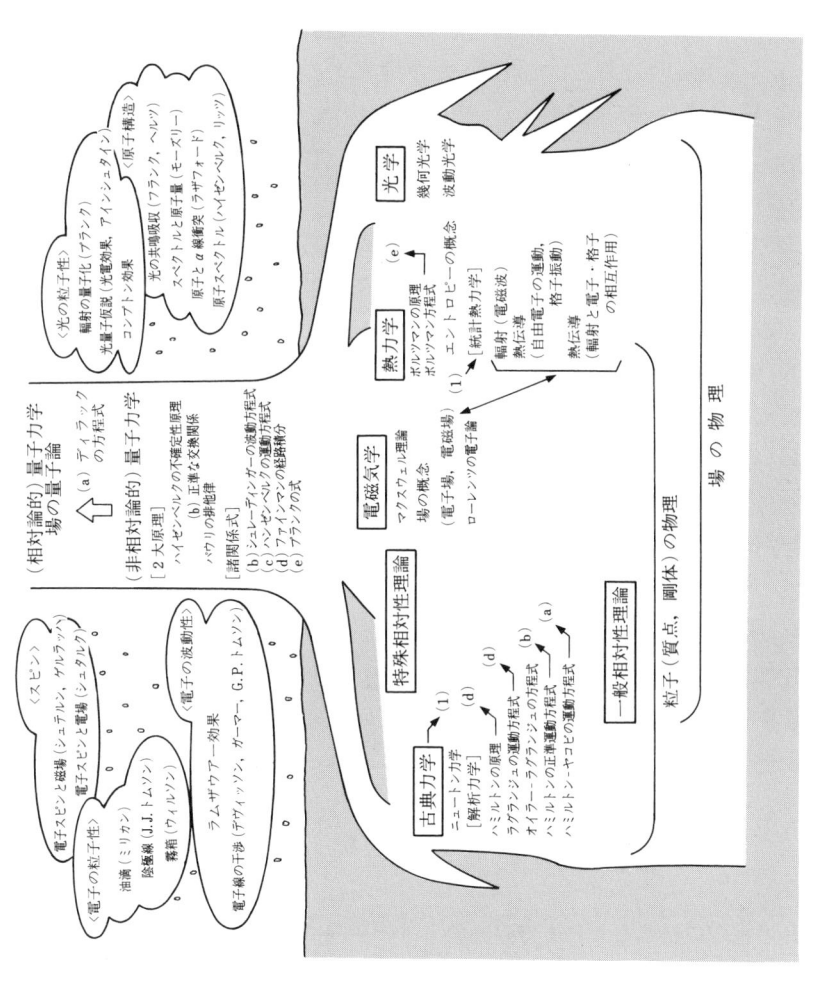

図 2.1 量子力学成立の基礎，発展，成果

て明確に分けることは不可能であるが，おおまかに次のように整理される．

① 束縛された電子（たとえば，原子核の引力ポテンシャル中）は離散化したエネルギー準位を有し，準位間のエネルギー差も明確に決まっている．すなわち，宇宙の中でも最も正確なエネルギーの物差しである．

エネルギーはプランク定数を仲立ちとして電磁波の振動数，つまり時間，ボルツマン定数を仲立ちとして温度と結び付き，それら物理量の標準となる．真空中の光速が唯一無二とすれば，長さの標準ともなる．電子スピンの磁気モーメントが標準となり，磁場が量子化されることにからんだ量子ホール効果で電気諸量の標準ともなる．

しかも，各原子，分子は宇宙至るところにあり，構成素粒子の数さえ同じであれば，本質的な意味でまったく同一である．日本の水素も，アメリカの水素も，火星の水素も同一である．

② 物質を同定するためには，各原子が固有のスペクトルをもつことを利用する．

③ 化学においては，分子間の結合力，反応の解明，または，新機能を有する分子（主に触媒）の開発で量子力学は威力を発する．これらの現象に関連する電子は分子内で数十，数百ある電子のうち，ほんの数個の電子で，それらの状態，エネルギーが分子軌道法，フロンティア軌道法で解かれる．

④ 固体に関する問題は固体全体に広がった電子の状態（いい換えると，固体中ではどこでも行きうる可能性のある電子の状態）が検討される．これら自由電子のエネルギーが形成するバンド構造が議論される．

量子力学の応用をこれらに従って，おおまかに分けている．

2.2 量子力学の基礎となった学問分野

19世紀末に至るとそれまでの物理学は体系的にまとめられ，一応の完成がなされたかに見え，粒子を対象とする古典力学と場を対象とする電磁気学に大きく分けられた．その他の分野はこの2分野における必要な部分を取り上げ，新たな形でまとめあげて成り立っている．たとえば，統計熱力学は粒子に対して分子運動の統計，場に対して輻射，さらにエントロピーの概念を導入すること

で完成された.

　古典力学は精緻なまでの解析力学，電磁気学は電気，磁気の間で数学的に美しい対称なマクスウェル方程式などによって体系が確立された.

　ところが，これらの学問間でほんのわずかずつの矛盾も指摘され，それを発端として新たな2つのパラダイムが形成されることとなった．いずれも電子と輻射に関連し，1つは相対性原理を扱う際の変換が古典力学と電磁気学とでは異なること，他は系を小さくしていった場合またはエネルギーを大きくしていった場合に場の量など連続量と思われていたものが離散化または粒子の位置が不明確になることである．これらの矛盾を解決する形で，20世紀の初頭に，前者はアインシュタインが時空を思考実験で考察して特殊相対性理論として確立した．後者は多くの物理学者によって取り組まれて量子力学として育っている．とくに，前章で述べたように量子力学なしにはすべての物理現象の解釈，新たな物理現象の予測も不可能である．

　なお，量子力学はそれまでの物理理論とまったく無関係に成立したわけでなく，むしろ，古典力学の積み重ねがあってこそ成立したのであり，時空の対称性，各種保存則など満たしながら，定式化は古典力学を下敷き（図中に関連を(a)などで示す）にして類推され，また，そのチェックは系を大きくしていった場合に古典力学となるという対応原理を使っている．したがって，量子力学の定式化を提示する前に，まず，古典力学の定式化の変遷，古典力学と量子力学の関連を述べる．なぜなら，量子力学における各方程式が天下りに与えられて解を見つけるより，方程式の意味するところの妥当性を納得して進む方が将来における未知の問題解決に有効と思われるからである．

2.3　古典力学における定式化の変遷，古典力学と量子力学の関連

　古典力学における高級な種々の定式化は物理現象の概念の把握の助けとなり，近代物理学のいろいろな分野へのスプリングボードとして役立ってきた．量子力学においても，必要な多くの数学的な手段を修得する機会を与えてきた．

　物理量の量子表示に関連した基礎物理定数であるプランク定数 h の次元は

作用量［J・s］であり，この値を単位として整数倍に量子化しようとするのが量子力学の最初の試みである．ボーア，ゾンマーフェルトによる前期量子力学では運動に伴う作用量を対象とする数学，すなわち，"作用変数と角変数の方法"が使われた．**"ハミルトン–ヤコービの方程式"**および"最小作用の原理"はシュレーディンガーが波動力学を誘導する準備を与えた．"ポアソン（Poisson）の括弧式"および**"正準変換"**はディラックによる新しい量子力学の定式化においてきわめて有力な手段を与えた．

"剛体回転の行列変換への読み換え"は，別々の題目に対する統一的な数学的取り扱いを可能とし，近代量子力学では重要な鏡映操作および擬テンソル量の

- 宇宙万象に普遍な力の法則

  | ニュートンの運動方程式 | $\quad m_i \ddot{r}_i = F_i^{(e)} + \sum_j F_{ji}$ (2.1)

  ○ ① 加速度，慣性質量の定義　② 運動量保存則　③ 作用，反作用

- 拘束：困難点　　　　　　　解決法

  ① 座標が独立でない　→　一般化座標の採択

  ② 拘束力は未知量　　→　拘束力が消える力学方程式

  ［基礎］(a) 仮想仕事の原理　$\sum_j \boldsymbol{F}_i^{(a)} \cdot \delta \boldsymbol{r}_i = 0$ (2.2)

  (b) ダランベールの原理　$\dfrac{d}{dt}\left(\dfrac{\partial T}{\partial \dot{q}_j}\right) - \dfrac{\partial T}{\partial q_j} = Q_j$ (2.3)

  | ラグランジュ方程式 | $\quad \dfrac{d}{dt}\left(\dfrac{\partial L}{\partial \dot{q}_j}\right) - \dfrac{\partial L}{\partial q_j} = 0; \quad L = T - V :$ ラグランジアン

  (2.4)

  ○ 「ニュートンの方程式が多くのベクトル的な力，加速度を扱う」のに対し「ラグランジュ方程式は2つのスカラー関数 T, V を扱えばよい」

- 定式化の一般化，適用の拡張

  | ハミルトンの原理 | $\quad \delta I = \delta \displaystyle\int_{t_1}^{t_2} L(q_1 \cdots q_n, \dot{q}_1 \cdots \dot{q}_n) dt = 0$ (2.5)

  $\qquad I = \displaystyle\int_{t_1}^{t_2} L\, dt :$ 作用または作用積分 (2.6)

  オイラー–ラグランジュの微分方程式がラグランジュの運動方程式

  ○ 変分原理による定式化の利点

  ① エレガント　② 不変量のみを含む　③ 場の性質を記述できる

図 2.2　古典力学

2.3 古典力学における定式化の変遷，古典力学と量子力学の関連

概念を取り入れることができ，ケーリー-クライン（Cayley-Klein）のパラメータに関連して"スピノル"（spinor）を導入できた．

図 2.2 に古典力学が種々の定式化を経てきた流れを示す．各定式化は漫然と行われたのでなく，その定式化に進むまでに何らかの困難が存在しており，それを解決するため，または，概念を包括し，一般化するためであった．図においては，●印で定式化の動機を示す．定式化後にその式，概念にはそれ以前の方程式にはなかった事項が盛り込まれる場合があり，それを○印で示す．

● 「ニュートン，ラグランジュ方程式は n 次元配置空間における 2 階の微分方程式」であるので，現象の把握，解の見通し，演算の容易さのため，「1 階の微分方程式（$2n$ 個の独立変数の位相空間）」とする．

$\boxed{\text{ハミルトンの正準方程式}}$ $\quad \dot{q}_i = \dfrac{\partial H}{\partial p_i}, \quad -\dot{q}_i = \dfrac{\partial H}{\partial q_i}$ (2.7)

$$H(p, q, t) = \dot{q}_i p_i - L(q, \dot{q}_i, t) \tag{2.8}$$

○ 利点
① 力学構造に対する深い見通しを与える　② 力学の物理的内容を抽象的な形で記述
③ 物性論において本質的な役割　　　　　④ 統計力学，量子力学の出発点

● 変数に対して対称な形をしているハミルトン正準方程式の活用

$\boxed{\text{ポアソンの括弧式}}$ $\quad [u, v]_{q, p} = \dfrac{\partial u}{\partial q_i}\dfrac{\partial v}{\partial p_i} - \dfrac{\partial u}{\partial p_i}\dfrac{\partial v}{\partial q_i}$ (2.9)

運動方程式　　$\dfrac{\partial u}{dt} = [u, H] + \dfrac{\partial u}{\partial t}$ (2.10)

○ ハミルトニアン力学の枠組みはポアソンの括弧式を用いていい直せる

● 力学問題＝すべての運動量が運動の定数となる正準変換を求める問題

正準変換　　$H(q, p, t) + \dfrac{\partial F}{\partial t} = K, \quad p_i = \dfrac{\partial F}{\partial q_i}, \quad p_i = -\dfrac{\partial F}{\partial Q_i}$ (2.11)

● 時刻 t における (q, p) を $t=0$ における初期値 (q_0, p_0) の定数の組へ正準変換すれば解が求まる

$\boxed{\text{ハミルトン-ヤコービの方程式}}$ $\quad \dfrac{\partial S}{\partial t} + H\left(q_i, \dfrac{\partial S}{\partial q_i}\right) = 0$ (2.12)

○ ハミルトン-ヤコービの方程式（1 階偏微分方程式）」はハミルトンの正準方程式（$2n$ 個の連立 1 階微分方程式）」と等価

定式化の流れ

2.3.1 ニュートンの運動方程式

逸話にもあるように，ニュートンは「月にも，枝を離れたリンゴにも同じ力学法則が成立，すなわち，同様に地球との万有引力が作用し合っているはずである」「それなのに，月は天空に浮かび，リンゴは地上に落下する」「月が地球に落下しないのは，自由落下中に月は水平運動し，地球は丸いからである」と考え，それがポイントとなって各法則および運動方程式（2.1）を導いた．

人工衛星内の人，綱の切れたエレベーター内の人，スカイダイビング中の人，などいずれも重力を感じないのは自由落下（加速度運動）することにより重力を相殺するからであり，けっして無重力ということはない．それに対して，人工衛星と同様に空に浮かんでも飛行機内では浮力が重力に抗し，地上では地面が重力に抗し，いずれにしても重力を感じる．

2.3.2 ラグランジュ方程式

球面上に拘束された物体（たとえば，サーカスで球面籠内を疾駆し，逆さまにさえなるオートバイのライダー），ジェットコースターの動きなどを直線直交座標で表せば，拘束条件が入るために非常に厄介となる．3次元空間の3座標系の内，1拘束条件が入れば，自由度が2となるということであれば，はじめから拘束条件を打ち消すような2座標系を選んでやるというのが"一般化座標"である．球面籠内の運動であれば，2つの角度（経角，緯角）を座標と選べばよい．

この例でもみるように座標の次元は長さである必要はない．拡張して考え，座標をフーリエ展開し，変換関係が成立し，自由度が同じであれば，振動数を一般化座標に選んでもよい．これが波動のエネルギーを導出する助けとなる．分子は1自由度当たり $(1/2)kT$ のエネルギー，輻射も1振動数当たり $(1/2)kT$ のエネルギーを分配する．

静的釣合状態では各質点において作用力の総和は零である．その状態で拘束を満たしながら各点を微小量だけ仮想変位させたとしても仕事の総和は零であるとするのが，"仮想仕事の原理"（2.2）である．この原理は材料力学などで未知作用力を求めたいときなどに効力を発する．ここで，未知量で知る必要もな

い拘束力によってなす仕事は当初より零に選んでおく．

加速度 $\dot{p}_i$ を作用力の 1 つと考えれば，動的問題を静的釣合問題の 1 つとなしうる．これに"仮想仕事の原理"を施したのが"ダランベール (d'Alembert) の原理"である．式 (2.3) の運動エネルギー T には，直線直交座標系では座標の時間微分項のみが含まれ，したがって，左辺第 2 項は零となり，式はニュートンの運動方程式 (2.1) に帰着する．極座標における運動エネルギーは

$$T = \frac{1}{2} m(\dot{r}^2 + r^2\dot{\theta}^2) \qquad (2.13)$$

であり，これをダランベールの式に代入すれば，半径成分力

$$F_r = m(\ddot{r} - r\dot{\theta}^2) \qquad (2.14)$$

が容易に誘導できる．この例でもみるように，ダランベールの式 (2.3) の左辺第 2 項は曲線座標において値をもつ．

一方，作用力が保存力であれば

$$Q_j = \frac{\partial V}{\partial q_j}, \quad \frac{\partial V}{\partial \dot{q}_j} = 0 \qquad (2.15)$$

の関係式があり，これとダランベールの式を用いれば，**ラグランジュの運動方程式** (2.4) が導かれる．このラグランジュの運動方程式は力学諸分野において解法の有力な武器である．

2.3.3 ハミルトンの原理（変分原理）

物理法則に限らず，対象となる式もしくは手続きはまったく同一であるが，その見方を変えることにより間口が急に広がり，適用範囲が広がることは往々にしてある．その意味で，"**ハミルトンの原理**"は"粒子に対する力学"を"場の力学"に拡張したことで非常に重要である．

ダランベールの原理 (2.3) を基礎としても，ハミルトンの原理 (2.5) を基礎としても同一のラグランジュの運動方程式 (2.4) が導かれる．しかし，どちらを基礎としたかで式のもつ意味はまったく異なってくる．

ダランベールの原理は瞬間状態における作用力間の動的平衡を扱う"微分原理"であり，この原理を基礎とする限りラグランジュ方程式は粒子の運動を対象とするだけである．

一方,ハミルトンの原理では力の概念は陽に含まれず,1つのスカラー関数ラグランジアンを運動エネルギーとポテンシャルエネルギーから定義し,ある時刻間における系の運動全体を対象とした"積分原理"であり,粒子にこだわることなく弾性場,電磁場,素粒子場といった場の性質を記述できる.この"変分原理"は物理学のほとんどすべての分野における"運動方程式",すなわち,古典力学に対する"ニュートンの方程式",電磁気学に対する"マクスウェルの方程式",量子力学に対する"シュレーディンガーの方程式"を表しうる.粒子,場,それを統合する量子力学に接点が見出されることとなる.

2.3.4 ハミルトンの運動方程式

定式化して境界条件,初期条件を与えさえすれば,力学は解けると思われがちであるが,実際には多くの問題は完全には積分できない.しかし,完全な解が得られない場合でも,系の運動の物理的性質についての知識が得られるような定式化を行うことは可能である.運動方程式の第1積分(first integral)のいくつかは直ちに得られることがあり,この1階の微分方程式にはいろいろな保存則が含まれる場合がある.各保存則は,必ず時空に対する力学構造の対称性と結び付いている.時間の経過に対してはエネルギー,場所の変位に対しては運動量,回転に対しては角運動量が保存される.たとえば,角運動量保存は,ポテンシャルが球対称であれば,成立する.

以上の検討の下に,運動量の定式化として,それが位置座標とほとんど対称となるように,座標 q_j に対応する**一般化運動量**(generalized momentum)[*1]

$$p_j = \frac{\partial L}{\partial q_j} \tag{2.16}$$

をとる.この p_j は正準運動量(canonical momentum)または共役運動量(conjugate momentum)ともいう.

ラグランジアンの代わりに**ハミルトニアン**(Hamiltonian)を用いることとなる.前者の変数 $(q, \dot{q})$ はルジャンドル(Legendre)[*2] 変換(2.8)により後者の正準変数(canonical variables) (q, p) に変換される.系の運動は正準変数 (q, p) を用いて位相空間(phase space)内の点で記述される $2n$ 個(n:自由度の数)の1階偏微分方程式よりなるハミルトンの正準方程式(canonical equations of Hamilton）で記述される．

　一般化座標の定義式に時間を含まず，力が保存ポテンシャルから導かれるなら，ハミルトニアンは自動的に全エネルギーとなる．

　ある一般化座標が H の中に現れなければ，それに共役な運動量は保存される．また，ある一般化座標に対しては H は保存されるが，他の選び方をすると H が時間的に変わることもある．

　なお，ラグランジアンとの間には以下の関係がある．

$$-\frac{\partial L}{\partial t} = \frac{\partial H}{\partial t} \tag{2.17}$$

2.3.5　ポアソンの括弧式

　位置と運動量に対して定義されたハミルトンの運動方程式は，2つの関数 u, v の正準変数 (q, p) に関する**ポアソンの括弧式**（Poisson bracket）(2.9) を用いることにより，さらに一般の物理量 u に拡張でき，式 (2.10) が成立する．こうして，ハミルトニアン力学のほとんど全部の枠組みは，ポアソンの括弧式を用いていい直すことができる．u が運動の定数ならば

$$[H, u] = \frac{\partial u}{\partial t} \tag{2.18}$$

であり，系の運動を探したり，ある量が運動の定数であるかの証明に対する一般的な方法として有用である．任意の2つの運動の定数のポアソンの括弧式はまた運動の定数となる．

　特別な場合として，ハミルトンの運動方程式をポアソンの括弧式で書き直すと

$$\dot{q}_i = [q_i, H], \quad \dot{p}_i = [p_i, H] \tag{2.19}$$

となる．この正準変数自身のポアソンの括弧式をポアソンの基本括弧式（fundamental Poisson bracket）と呼び，正準変数から別の正準変数の組への正準変換の下で，ポアソンの基本括弧式は不変であり，すべてのポアソンの括弧式は正準不変量である．したがって，正準変換の特徴として，ハミルトンの運動方程式の形が変換された後にも不変であることがいえる．

　ポアソンの括弧式による定式化はすべての正準変換に対して同じ形であるこ

とが，古典力学から量子力学へ移行する場合に有用となり，"対応原理"(correspondence principle) で古典的なポアソンの括弧式を対応する量子演算子で定義されたディラックの正準な交換関係に置き換えられた．

変換によって座標と運動量を，時刻 t における値から $t+dt$ における値へと変えることができ，結局，任意の時刻 t における q, p の値は，その初期値から時間の連続関数である1つの正準変換によって求めることができる．

また，座標 q_i がハミルトニアンに陽になく，したがって，ハミルトニアンが運動の定数である場合には，現象の把握は容易であり，そのように，正準変換を行えばよい．すなわち，力学の問題はすべての運動量が運動の定数となる正準変換を求める問題といえる．

2.3.6 ハミルトン-ヤコービの方程式

正準変換を用いて，力学的な問題を解く一般的な手順を与える2つの方法
① すべてがサイクリックな新しい正準変数へ変換
② 時刻 t における (q, p) を，$t=0$ における初期値 (q_0, p_0) の定数の組へ変換する正準変換を探す

である．

変換されたハミルトニアンが零であれば，新しい変数は時間的に一定であり，それを用いれば，求める母関数に対する $(n+1)$ 個の変数 $q_1, \cdots, q_n, t$ に対する偏微分方程式が得られ，それをハミルトン-ヤコービの方程式と呼ぶ．ハミルトンの主関数 (Hamilton's principal function) を解 $S=S(q_1, \cdots, q_n; \alpha_1, \cdots, \alpha_n; t)$ として定式化したのが，式 (2.12) である．結局，ハミルトン-ヤコービの方程式を解けば，同時に力学の問題の解が得られることとなる．

幾何光学と古典力学との対応，すなわち，アイコナール方程式とハミルトン-ヤコービの方程式の間における形式上の次の対応関係

$$\text{アイコナール（光学距離）} L \Leftrightarrow \text{特性関数 } W$$
$$\text{屈折率 } n \Leftrightarrow \sqrt{2m(E-V)}$$

より，ハミルトン-ヤコービの方程式は "古典力学が，ある波の運動の幾何光学的な極限の場合に対応している" ことを示している．また，概念でも以下の対応関係をみる．

波面に直交している光線　⇔　$S=$一定の面に直交する質点の軌道

ホイヘンス（Huygens）の光の波動論　⇔　ニュートンの光の粒子説

幾何光学におけるフェルマー（Fermat）の原理　⇔　最小作用の原理

以上の対応関係およびド・ブロイの物質波の概念を基にして，シュレーディンガーは量子力学における波動方程式を誘導した．

例題 2.1　支点が振動する単振り子の運動方程式をラグランジュ方程式を用いて求めよ．支点の運動は $x_s = x_0 \cos \omega t$ とし，支点の質量は無視する．

（解）　おもりの座標は $(x+x_s, y)$; $x=l \sin \theta$, $y=l \cos \theta$ と表すことができ，運動エネルギー T，ポテンシャルエネルギー V は

$$T = \frac{1}{2} m \left((\dot{x}+\dot{x}_s)^2 + \dot{x}^2 \right), \quad V = mgl \cos \theta$$

と表され，したがってラグランジュ関数は

$$L = \frac{1}{2} m \left(l^2 \dot{\theta}^2 + 2 l \dot{\theta} \dot{x}_s \cos \theta + \dot{x}_s^2 + \right) + mgl \cos \theta$$

となる．広義座標 θ による微分は

$$\frac{\partial L}{\partial \theta} = -ml\dot{\theta}\dot{x}_s \sin \theta - mgl \sin \theta, \quad \frac{\partial L}{\partial \dot{\theta}} = ml^2 \dot{\theta} + ml\dot{x}_s \cos \theta$$

$$\frac{d}{dt}\left(\frac{\partial L}{\partial \dot{\theta}}\right) = ml^2 \ddot{\theta} + ml\ddot{x}_s \cos \theta - ml\dot{x}_s \sin \theta$$

であるから運動方程式は $x_s = x_0 \cos \omega t$ を考慮して

$$\ddot{\theta} + \omega_0^2 \theta = \frac{x_0}{l} \omega^2 \cos \omega t; \quad \omega_0^2 = \sqrt{g/l}$$

2.4　特殊相対性理論について

特殊相対性理論は，それまでマクスウェルの電磁気学とニュートンの古典力学との間に横たわっていた相互矛盾を解消すべく**アインシュタイン**によってなされた検討によって立てられた理論である．

相対性理論は「同一の物理現象を観測した場合，それを支配する物理法則は任意の1つ座標系においてもそれに対して一定の速度で運動する座標系においても同一となるべきである」ということを保証する理論である．

列車に乗り込み，出発前につい寝込んでしまい，目を覚ましたとき列車が走っているのかどうか一瞬戸惑い，窓の外を眺めてはじめて列車が走っているか止まっているかがわかったという経験はあるであろう．また，出航前の船の船室で寝込み，目を覚ました時に船室内でどのような物理現象を利用しても，たとえば，物を落とす，転がす，振り子を振ってみるとかしても，船が定速で航行している限りその速度はわからなく，デッキに出て外を眺めて見てはじめてわかる．1,000 km/hr 近くという非常に速い巡航速度で飛ぶ飛行機内で落とした物も地上と同様に垂直に落下する[*3]．したがって，ガリレオ (Galileo) の相対性理論は至極当然の原理と思われる．

実験室において静止しているといっても，その実験室は地球上にあり，地球は速い速度で自転，公転をしている．したがって，絶対速度はありえない．これによっても，ガリレオの相対性理論が正しいことがわかる．

以上はニュートン力学に対するガリレイ変換，すなわち，ガリレオの相対性原理である．座標 (x, y, z) に対して z 方向に速度 v で移動する座標 (x', y', z') のガリレイ変換は

$$x' = x, \quad y' = y, \quad z' = z - vt \tag{2.20}$$

で表され，(x, y, z) 座標系のニュートンの運動方程式

$$F = m\frac{d^2 r}{dt^2} \tag{2.21}$$

はガリレイ変換後も同一形式の運動方程式

$$F = m\frac{d^2 r'}{dt^2} \tag{2.22}$$

で表される．

ところが，電磁気学における法則の中には速度に関連する力が入っており，同一物理現象を相対運動する別の座標系で見るために，ガリレイ変換を施すと，同一の法則が成り立たなくなる．たとえば，電界 E，磁界 B の中で運動する荷電粒子にはローレンツ (Lorentz) 力

$$F = q(E + v \times B) \tag{2.23}$$

が作用しており，同一現象でありながら相対運動する座標系ごとに測定される力が異なってくる．

2.4 特殊相対性理論について

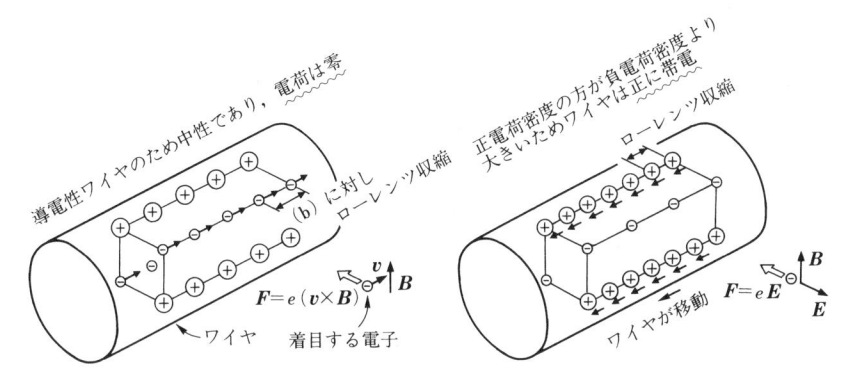

図中ラベル:

左図(a): 導電性ワイヤのため中性であり，電荷は零 / (b)に対しローレンツ収縮 / $F=e(v\times B)$ / v / B / ワイヤ / 着目する電子

右図(b): 正電荷密度の方が負電荷密度より大きいためワイヤは正に帯電 / ローレンツ収縮 / $F=eE$ / B / E / ワイヤが移動

(a) ワイヤに固定した座標系, S
(運動する電子はワイヤ内の電子がつくる磁場 B より引力を受ける)

(b) 電子に固定した座標系, S'
(電子は正電荷のワイヤがつくる電場 E より静電引力を受ける)

図 2.3 特殊相対性理論の原点

電磁場において，座標系が異なっても物理が同じであるためにはローレンツ変換が必要であり，アインシュタインはそれを一般力学に拡張する．

図2.3に示すように，電流が流れている金属線があり，それに平行に動いている1個の電子に作用する力を考える．金属線中の電子も，外部で動く1個の電子も同方向に速度 v で流れているとする．

金属線に固定した座標系を S，外部で動く電子に固定した座標系を S' とする．

S からながめると，電流 I が流れているため磁場 B により，電子は

$$F = qv \times B \tag{2.24}$$

のローレンツ力（金属線に向く）を受ける．なお，導体の金属線は帯電せず，電子箇所に電場 E はない．

S' においても正イオンによる磁場はあるが，電子の速度 $v=0$ であるので磁気によっての力は作用しない．ガリレイ変換を考える限り電場もないので，結局，電子には力が作用しないこととなる．

ところが，相対性原理から同一現象の結果がそれを検討する座標系の速度が変わっただけで変わることはありえない．ここで，S と S' の間の変換に**ローレンツ変換**を考える．

座標系Sでは帯電なく中性であるので，正電荷密度と負電荷密度は同一である．座標系S'へとローレンツ変換すると正電荷部分はローレンツ収縮を受けて正電荷密度は増加，逆に負電荷部分は座標系Sでのローレンツ収縮が戻り，座標系S'で負電荷密度は減少する．したがって，差し引きして座標系S'では針金に正電荷が存在する．この電荷による電場Eが電子を針金の方に引き寄せ，座標系Sで観測される物理現象とまったく同一の物理現象を示す[*4, *5]．

以上の結果は，次の重要な事実を示している．

① 電磁気学で相対性原理を成立させるためにはローレンツ変換を考慮する必要がある．

② 電気力，磁気力とはまったく独立な力を指しているのでなく，観測する座標系が変わるとその大きさは相互に変わり，電磁気力と総称すべきものである．ただし，観測される物理現象は変わらない．

ポアンカレ (Poincaré)，ローレンツは相対性原理を満たすために，電磁気学には作業仮説としてローレンツ変換を，質点系のニュートン力学にはガリレイ変換をと考えていた．

それに対して，アインシュタインは物理現象ごとに相対性原理を満たす変換が個々に異なるのは恣意的であり，ローレンツ変換かガリレイ変換のどちらかが正しいのであって，どちらかは近似変換であると考えた．そこで電磁気学に対するマクスウェル方程式と質点系の運動方程式を比較すると，前者は対称性の高い数学的形式の美しさといい，完成度の高さといい，変更する余地はなく，後者に検討を加えるべきだとの直観に導かれた．その場合，これまで牢固に守られてきた物理諸概念に大きな変革を加えるべき必要に迫られた．すなわち，時間，空間は物理現象とは独立して絶対的なものとして存在すると思われ，質量は不変と思われていたが，これらを決定するための手続きに思考を加えていった．時間は周期的に繰り返す現象が基準となってそれの倍数値を，空間は基準となるスケールの倍数値を，質量は力と加速度の比を表したものに過ぎない．

このようにして，電磁気学に限らずすべての物理法則はローレンツ不変性を満たすべきだという要請をするのが特殊相対性理論である．

アインシュタインは，思考実験で特殊相対性理論を確証した．等速走行中の

2.4 特殊相対性理論について

列車内で光を前端より発し,後端の鏡で反射,前端で受ける実験を列車の内と外で観察し,光速一定の条件に合う時計の進み,列車の長さを計算した.

この理論より日常感覚とは結び付きにくい概念「① 光速度一定,② 運動方向に長さの収縮,③ 運動する粒子の時計の遅れ,④ 運動する粒子の速度は光速度を超えることができない」が出る.

なお,相対論的力学は4次元時空ミンコフスキー(Minkowski)空間)で検討すると理解しやすい[*6].

量子力学は主に電子と輻射(電磁波),すなわち電磁気学に関連した学問で,厳密には特殊相対性理論で扱う必要がある.また,ド・ブロイが物質波を着想したとき,相対論が指導原理となっていた.

アインシュタインの特殊相対性理論は比較的早い段階で確認されることとなった.時間基準となるのは量子的粒子における周期的諸現象,多くは振動数に結び付いたものである.宇宙線は光速に近い速度で地球大気に飛び込み,大気の粒子と反応して新たな粒子(ミューオン)を生成するが,その粒子は寿命が短く,粒子速度と寿命の積によって走行距離を求めても,地上には到達しないはずである.ところが,他の粒子に混じってミューオンも検出される.高速粒子では時間が延びると考えれば,この現象は解釈がつく.また,低空(重力効果を同等にするため),高速の飛行機中において原子時計で時間を測定しても時間が延びることが判明している.

例題 2.2 μ 中間子の平均寿命(電子と2つのニュートリノに崩壊)は静止系では 2.22×10^{-6} s である.速さ $v = 0.99c$ で大気中に降ってくる宇宙線中の μ 中間子を地上で観測した場合に平均寿命を求めよ.また,古典論で求めた走行距離(平均寿命 $= 2.22 \times 10^{-6}$ s)と相対論で求めた走行距離を求めよ.

(解) 平均寿命は $t = 2.22 \times 10^{-6} / \sqrt{1 - 0.99^2} = 1.57 \times 10^{-5}$ sec と長くなる.

古典論の走行距離は $x_{classic} = 2.22 \times 10^{-6} \times 0.99 \times 3 \times 10^8 = 6.59 \times 10^2$ m と短いが,相対論の走行距離 $x_{relative} = 1.57 \times 10^{-5} \times 0.99 \times 3 \times 10^8 = 4.66 \times 10^3$ m と十分長く,大気中で生成した μ 中間子を地上で観測しうる.

例題 2.3 走行中の電車内の中央から前後に発した光は車内から見れば,両端に

同時につくが，地上から見ると異なる．前後端での到着時間差を電車長 25 m，時速 200 km の場合で求めよ．

（解）　時間差は $\Delta t = (2l_0/c)(\beta/(\beta/\sqrt{1-\dot{\beta}^2})) \doteqdot 2l_0 V/c^2$ で与えられ，l_0，V の値を代入して，$\Delta t = 1.55 \times 10^{-5}$ sec を得る．

2.5 場の概念（とくに，電磁場について）

湾内でボートを浮かべていて，それがひっくり返った場合，人は「2 m の高さの波がやってきたのでひっくり返った」といい，「はるか 700 m 先の大型客船がボートに力を及ぼした」とはいわない．つねに，現象が生じた場での作用反作用を想定するのが習わしである．すなわち，ボートのある場所には 2 m の高さの波の強度，別の場所には 1.8 m の高さの波の強度といったように，場所ごとに波の強度が分布し，湾内一面を覆えば，波の場ができるのである．ボートに作用する力は波の強さとボートの質量等が既知であればわかることとなる．なお，波の原因が船であろうが，風であろうが問わなくてよい．

固体内で温度が分布すれば温度場が，流体内で全圧（静圧と動圧の和）が分布すれば流体速度の場が存在し，それぞれ熱の移動現象，流体内粒子の挙動が決定される．

このように，多くの物理現象がその場で媒体と直接作用し合うこと，すなわち，近接作用で検討されてきており，実感ともよく合っていた．ところが，重力，電気力，磁気力の概念が出ると，これらはいずれも直接接触し合わなくて力を及ぼし合う遠達力によって表現された．重力はさておき，クーロン力といわれた電気，磁気の遠達力は馴染めないものであった．電荷が一定で静的な場合には，瞬間的に力が伝わるとして計算される遠達力でもよかったが，電荷が移動，変動する場合には光速といっても有限であり，それが伝わる有限時間の考慮が必要となってきた．こうなると，海における波と同様に電磁波を伝える媒体が何かの検討が必要となってきて，一時期多くが検討されたが，実体として明らかなものは見当たらなかった．しかし，磁石のまわりに鉄粉を蒔けば，磁気力に応じたパターンができることはその場所に磁性をもった鉄粉の向きを

2.5 場の概念（とくに，電磁場について）

変化させる能力が備わっている証拠であり，1つの電荷に対して別の電荷をいろいろな場所にもってくれば，異なった方向に異なった大きさの電気力が作用することは最初の電荷がその場所に電気的能力を備えさせた証拠と見なせた．したがって，実体を明示できなくても電磁気力を発生させる能力が各場所に実在するということができ，これを電磁場と呼んだ．遠達力に代わって，それらの相互作用を媒介する「力の場」を与えたのである．1つの電荷が他の電荷に直接働きかける「電荷⇔電荷」の形式の代わりに，1つの電荷が場を生み出し，その場が他の電荷に作用するという「電荷⇒場⇒電荷」という形式になったのである．他方の電荷があるなしにかかわらず，最初の電荷は場を形成しているのである．また，その場を球面上に分布した電荷がつくり出しても球の中心に集中した点電荷がつくり出しても及ぼす作用は同一で場は自律性をもつのである．仮に，場を形成した源が消滅した後でも場からは電荷に相互作用が及ぼされるのである．先ほどのボートの例でいうと，湾内の島影に大型客船が隠れた後でもボートは波により転覆するのである．

クーロンの法則では，2つの電荷には電荷積を両者間の距離の2乗で割った力が2つの電荷を結ぶ方向に働くという．場の概念では，第1の電荷は他に電荷があるなしにかかわらず，距離の2乗に逆比例する強さの電場と呼ばれる空間の状態を生み出す．別の電荷をこの空間のどこにおいてもそれに働く力はその地点の場からの作用とみる．

あらゆる影響が空間内の点から隣接点へ伝わるとすれば，場（強さ）を支配する方程式を源からの距離で表すより，時空間で無限小近傍点間における場の値の間の方程式，すなわち偏微分方程式で表した方が明確となる．場の本当の原因は遠くの電荷，磁荷でなく，無限小近傍，直前の場ということとなる．電場，磁場があれば，真空がエネルギー，運動量をもつことであり，場に一定量のエネルギーが蓄えられエネルギー保存則が成り立つ．

次に場自身の構造を調べる．

まず流体力学における速度の場を考える．流体の湧き口（泉）があれば，泉を中心とする球面を通して流れ出す水の量は

$$（球面の面積）\times（球面に直角な水の速さ）\times（水の密度）=（湧き出し量） \tag{2.25}$$

で表される．これとの類推から

$$(球面の面積) \times (球面に直角な電場) = (電場の泉) = (電荷) \quad (2.26)$$

が成り立つ．一方，磁場の場合，単一磁荷というものは存在せず，いくら空間を小さく限ってもつねに正負磁極が存在し

$$(磁場の泉) = 0 \quad (2.27)$$

となる．

ファラデー（Faraday）の誘導法則を考えると，

$$(磁場の変化) \propto -(電場の渦), \quad (電場の変化) \propto (磁場の渦) \quad (2.28)$$

の一対の法則が立てられる．

これらを微分方程式の数式の形にまとめたのが以下のマクスウェルの方程式である．

$$\mathrm{div}\,\boldsymbol{D} = \rho, \quad \mathrm{div}\,\boldsymbol{B} = 0, \quad \mathrm{rot}\,\boldsymbol{E} = -\frac{\partial \boldsymbol{B}}{\partial t}, \quad \mathrm{rot}\,\boldsymbol{H} = \frac{\partial \boldsymbol{D}}{\partial t} + \boldsymbol{j} \quad (2.29)$$

ここで，$\boldsymbol{D} = \varepsilon \boldsymbol{E}$，$\boldsymbol{B} = \mu \boldsymbol{H}$，真空中であれば，$\varepsilon_0 \mu_0 = 1/c^2$ と与えられる．

電磁場が形成される一般的な空間では，電荷，電流が零であるからこの方程式は

$$\mathrm{div}\,\boldsymbol{E} = 0, \quad \mathrm{div}\,\boldsymbol{B} = 0, \quad \mathrm{rot}\,\boldsymbol{E} = -\frac{\partial \boldsymbol{B}}{\partial t}, \quad \mathrm{rot}\,\boldsymbol{B} = \frac{1}{c^2}\frac{\partial \boldsymbol{E}}{\partial t} \quad (2.30)$$

と対称性の高い方程式となる．第3式の係数は負，第4式の係数は正であることより，これらの式は波動（振動）を表すことがわかる．一点を中心にして弾性振動する物体を支配する方程式は

$$(位置の変化) \propto (運動量), \quad (運動量の変化) \propto -(位置) \quad (2.31)$$

の形をもっている．第1の関係より運動につれて位置は原点からずれて行くが，第2の関係よりずれるに従い運動量が減少するという復元力が働く．電磁場も事情はまったく同一で，電場と磁場が相互に働き合い，すなわち，式 (2.28) における磁場，電場の時間変化の原因となる相反の場の渦の一方が正，他方が負で効くことが，場の復元力になり，波動現象を起こす．式 (2.30) における電場，磁場の項を消去し合い

$$\nabla^2 \boldsymbol{E} = \frac{1}{c^2}\frac{\partial^2 \boldsymbol{E}}{\partial t^2}, \quad \nabla^2 \boldsymbol{B} = \frac{1}{c^2}\frac{\partial^2 \boldsymbol{B}}{\partial t^2} \quad (2.32)$$

というように光速の位相速度で進む電磁波（光）の式が求められる．

(弾性振動のエネルギー)=(運動エネルギー)+(ポテンシャルエネルギー)
$$\tag{2.33}$$

の類推より，電磁場のエネルギー密度は

$$u = \frac{1}{2}\varepsilon \boldsymbol{E}^2 + \frac{1}{2}\mu \boldsymbol{H}^2 \tag{2.34}$$

と与えられ，電磁波が運ぶエネルギーとして**ポインティング**（Poynting）**ベクトル**が

$$\frac{\partial u}{\partial t} = \boldsymbol{E}\frac{\partial \boldsymbol{D}}{\partial t} + \boldsymbol{H}\frac{\partial \boldsymbol{B}}{\partial t} = \boldsymbol{E}\,\mathrm{rot}\,\boldsymbol{H} - \boldsymbol{H}\,\mathrm{rot}\,\boldsymbol{E} = \mathrm{div}(\boldsymbol{H}\times\boldsymbol{E}) = -\mathrm{div}\,\boldsymbol{P},$$
$$\tag{2.35}$$

$$\boldsymbol{P} = \boldsymbol{H}\times\boldsymbol{E} \tag{2.36}$$

と表される．

なお，場の量は

(場の量)=grad（ポテンシャル） (2.37)

で与えられ，電磁気学においても電気ポテンシャルは定義され，各点の電位として与えられる．電磁場において電場ポテンシャルをϕとすると，電場は

$$\boldsymbol{E} = -\mathrm{grad}\,\phi \tag{2.38}$$

となるはずである．

ところが，スカラーポテンシャルϕの他に磁場に関連して

$$\boldsymbol{B} = \mathrm{rot}\,\boldsymbol{A} \tag{2.39}$$

で定義される**ベクトルポテンシャル** $\boldsymbol{A}$ も考慮しなければならない．電場も

$$\boldsymbol{E} = -\mathrm{grad}\,\phi - \frac{\partial \boldsymbol{A}}{\partial t} \tag{2.40}$$

と修正される．

[場の概念のまとめ]

結局，場とは何らかの物理量を伝播，保存する空間の能力を指す．海の波でもわかるように，媒体自身（海の波では，海水の各粒子）は空間に留まったままであるが，その箇所で振動することにより場の量は各点から各点へと波動として伝わっていく．電磁場では媒体を特定できないが，空間に電磁波を伝播さ

せる調和振動子（通常の線形ばね）が埋め込まれていると見ることができる．

2.6 輻　　射

　物理対象，とくに，量子力学の世界に対しては，物質とエネルギーの本質の理解が重要である．それには，物質相互間，物質内部でなされる輻射の授受による相互作用に関する知識が前提となる．輻射と一口にいっても，エネルギー，波長，生成機構，物質への作用の程度，検出法等どれをとっても広範囲，バラエティに富んでいる．

　次章以下で量子力学を展開していくが，輻射の相互作用はその仲立ちをしているようなものであり，十分に把握しておくことが力学の理解も助ける．家を建てる際，大工道具の説明も受けずに取りかかるより，道具の特徴，使用法をよくのみこんでおいて仕事をした方が能率が上がるようなものである．

　図 2.4 は輻射を各項目でまとめたものである．

　エネルギーはいろいろな単位で表示することができる．ここでは，輻射の波長，電子ボルト，温度で目盛った．どの単位を用いるかは目的に応じる．電波天文学において天体の星からの情報は水素の電子スピン反転に伴うマイクロ波 21 cm 水素線を用いるというように波長で表す．ビッグバンの名残りとして現宇宙に満ちている光は 3 K 輻射と温度で表す．素粒子物理および量子力学の多くの場合では eV でエネルギーを表す．特殊相対性理論でエネルギーと質量は等価であることが証明されており，素粒子物理では質量を eV で表す．電子の質量は $0.511\,\text{MeV}/c^2$ であり，これと陽電子とで対消滅すると，1.022 MeV の γ 線が出る．なお，赤外線分光においては波長の逆数で，cm 当たりの波の数で表し，カイザー (kayser) と呼ぶ．ただし，単位間のおおよその関係を知っておくことは有意義である．

　最初に，図の中央に配置した可視光に着目する．人の視覚は $0.4\sim0.7\,\mu\text{m}$ に対応し，この範囲が可視光領域である．輻射全領域に対して対数目盛をとった場合，可視光はほんのわずかの範囲になってしまうので，ここを広げ，両端に行くに従って，再び対数的に間隔を狭めて目盛を表示した．非常に広い輻射範囲に対して，なぜ可視光領域が狭い領域に限られ，さらに，その範囲で人の視

2.6 輻　　射

覚が精緻なまでの感度になっているかはそれなりの意義がある．

　輻射に対する眼の機能は，網膜の感光物質をつくっている原子，分子内のエネルギー準位で決まる．輻射の網膜への入射，電子の遷移，視神経へのイオン電流の伝達の一連の過程を経て，大脳へ画像情報が伝わるためには，ある程度のエネルギーをもつ入射光でなければならない．一方，エネルギーが高すぎて網膜細胞自身が改変，すなわち，原子，分子の結合状態が変わるようなことがあってはならない．そのエネルギーは最上段の絵にもあるように，外殻電子の遷移に対応する．このエネルギーは 2 eV 程度であり，ちょうど区切りのいい値である．網膜の大きさは可視光の分解能に合わせた大きさになっている．地球表面には太陽光が降り注ぐが，高エネルギーの宇宙線は大気で遮られている．細胞の有機結合体である人はこのような地球表面に存在するよう適応，身体を構成する細胞の1つである網膜の感度もそれに合わせて高まったものと思われる．網膜に限らず人の細胞は紫外線以上のエネルギーをもつ輻射で細胞は壊される．そういった意味で宇宙線を遮断する地球上の大気はかけがえがない．

　輻射エネルギーが X 線，γ 線と大きくなるに従って，放出系は高エネルギー部分である原子，核の極微領域における機構となる．赤外線，マイクロ波と大きくなるに従って，放出系は分子，固体の原子間の伸縮，原子と原子を結ぶ軸の振動となる．

　一般に輻射の生成機構は大きく2つに分けられる．1つは電子を加速したことによる輻射である．電子と輻射が関連する諸物理現象を「アンテナからの電波の発信，X 線管からの X 線の放射，シンクロトロンからの極端紫外から X 線にかけての強力放射光，伴星をもつ中性子星またはブラックホールからの X 線の放射」とあげていった場合，これらはまったく別機構の輻射現象と見える．ところが，この輻射機構はすべて同一で，「電子（または他の電荷をもった粒子）を加速したことによる加速方向と垂直方向への輻射」と一言でいえる．この現象自身は，古典的なマクスウェルの電磁気学によって双極輻射を解くことにより解釈される．アンテナへは発振電気回路より振動電流が与えられ，つねに電子は加減速を受け，アンテナ線と垂直方向に電波が発信されることとなる．X 線管内において，陰極から加速された電子を電子線とは 45° 傾けておか

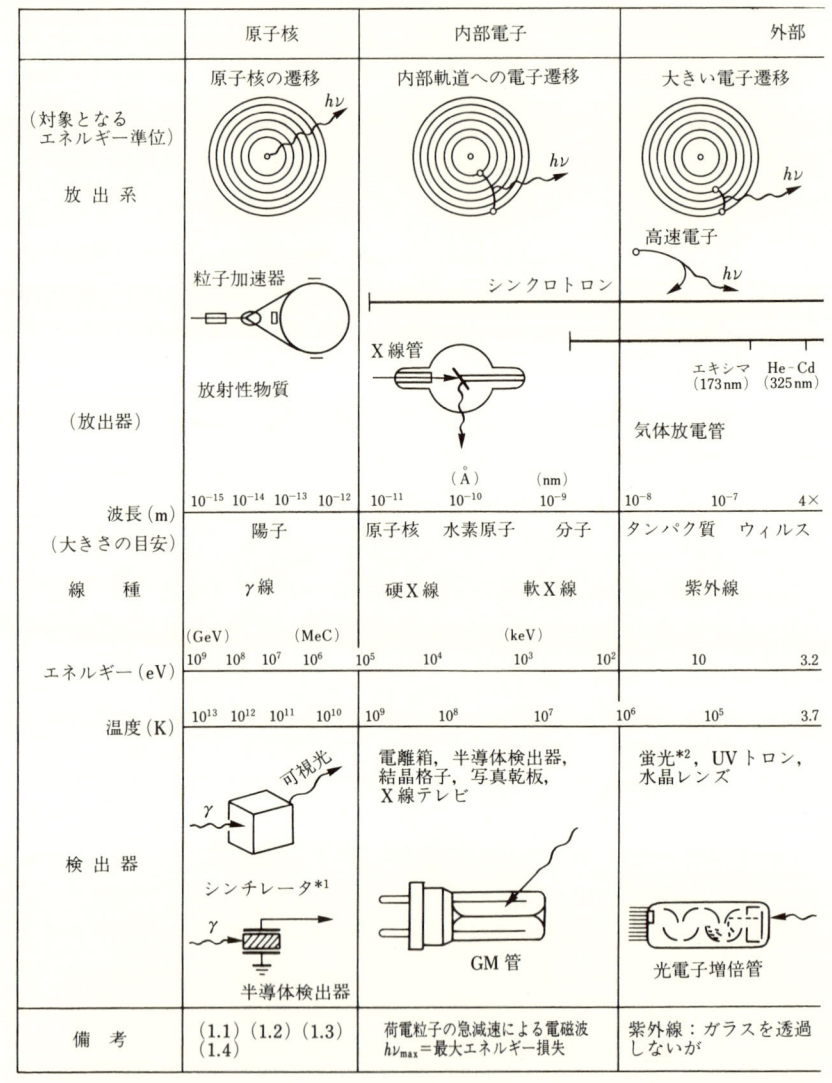

(対象となる エネルギー準位)	原子核	内部電子	外部
放出系	原子核の遷移	内部軌道への電子遷移	大きい電子遷移 / 高速電子
(放出器)	粒子加速器 / 放射性物質	X線管 ← シンクロトロン →	エキシマ (173 nm)　He-Cd (325 nm) / 気体放電管
波長 (m)	10^{-15}　10^{-14}　10^{-13}　10^{-12}	10^{-11}　(Å) 10^{-10}　(nm) 10^{-9}	10^{-8}　10^{-7}　$4\times$
(大きさの目安)	陽子	原子核　水素原子　分子	タンパク質　ウィルス
線種	γ線	硬X線　軟X線	紫外線
エネルギー (eV)	(GeV)　　(MeC) 10^9　10^8　10^7　10^6	10^5　10^4　(keV) 10^3　10^2	10　3.2
温度 (K)	10^{13}　10^{12}　10^{11}　10^{10}	10^9　10^8　10^7	10^6　10^5　3.7
検出器	可視光 / シンチレータ*1 / 半導体検出器	電離箱, 半導体検出器, 結晶格子, 写真乾板, X線テレビ / GM管	蛍光*2, UVトロン, 水晶レンズ / 光電子増倍管
備考	(1.1) (1.2) (1.3) (1.4)	荷電粒子の急減速による電磁波 $h\nu_{max}$ = 最大エネルギー損失	紫外線：ガラスを透過しないが

(1.1) 原子核内部のエネルギー準位, (1.2) 放射性同位元素か高エネルギー粒子, (1.3) 超音速粒子の減速, (1.4) 粒子と反粒子の対消滅；(5.3) 帯間隔の測定により結晶格子構造の正確な知識；(6.1) 金属板か細い針金の網, (6.2) パラフィンのプリズム；(7) 増幅のためには輻射の一周期内に電子が増幅管内を横切る必要があり, したがって, 長波長になるに従い輻射を得るのが容易となる

*1 シンチレーション効果：蛍光物質に放射線が当たり鋭い発光, *2 蛍光：高エネルギー（短波長）の紫外線が低エネルギー（長波長）の可視光に変わること, *3 人の視覚：輻射に対する目の内部の実際上の機能は網膜の感光物質をつくっている原子・分子内部の電子のエネルギー準位で決まる.

図 2.4　輻射の放出系,

2.6 輻　　射

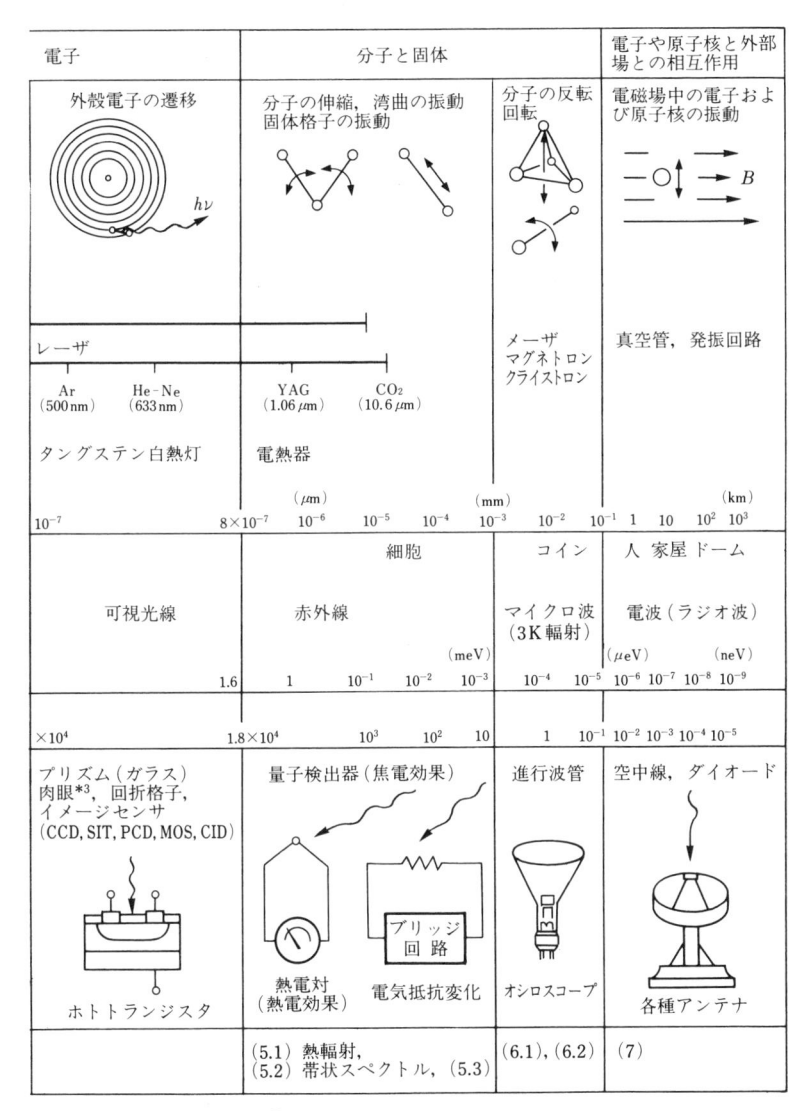

電子	分子と固体		電子や原子核と外部場との相互作用	
外殻電子の遷移	分子の伸縮，湾曲の振動 固体格子の振動	分子の反転回転	電磁場中の電子および原子核の振動	
レーザ Ar (500 nm)　He-Ne (633 nm)	YAG (1.06 μm)　CO_2 (10.6 μm)	メーザ マグネトロン クライストロン	真空管，発振回路	
タングステン白熱灯	電熱器			
10^{-7}	$8×10^{-7}$ (μm) 10^{-6} 10^{-5} 10^{-4}	(mm) 10^{-3} 10^{-2}	10^{-1} 1 10 (km) 10^2 10^3	
	細胞	コイン	人　家屋　ドーム	
可視光線	赤外線	マイクロ波 (3K輻射)	電波（ラジオ波）	
	(meV) 1.6　1　10^{-1}　10^{-2}　10^{-3}	10^{-4}　10^{-5}	(μeV) 10^{-6} 10^{-7} 10^{-8} (neV) 10^{-9}	
$×10^4$	$1.8×10^4$　10^3　10^2　10	1　10^{-1}	10^{-2}　10^{-3}　10^{-4}　10^{-5}	
プリズム（ガラス） 肉眼[*3]，回折格子， イメージセンサ (CCD, SIT, PCD, MOS, CID) ホトトランジスタ	量子検出器（焦電効果） 熱電対（熱電効果）　電気抵抗変化（ブリッジ回路）	進行波管 オシロスコープ	空中線，ダイオード 各種アンテナ	
	(5.1) 熱輻射， (5.2) 帯状スペクトル，(5.3)	(6.1), (6.2)	(7)	

［エネルギー値の各種表示法］

基礎式：$E = h\nu = \dfrac{hc}{\lambda} = kT = \dfrac{1}{2}mv^2$,

物理定数：$h = 6.626×10^{-34}$ (J・s), $k = 1.38×10^{-23}$ (J/K), $c = 2.998×10^8$ (m/s), $m = 9.11×10^{-31}$ (kg)

各種表示間の対応関係：$1 \text{(eV)} = 2.4×10^{14} \text{(Hz)} = 1.16×10^4 \text{(K)}$; $\lambda(\text{m}) = 1.243×10^{-6}/E(\text{eV})$;
$v(\text{m/s}) = 5.93×10^5 \sqrt{E(\text{eV})}$

エネルギー，検出系

れた陽極ターゲット（Cu, Mo 等）に当てると，そこで瞬時に運動が止められること，すなわち，急激な逆方向の加速を電子は受け，電子線と垂直方向に X 線が出る．シンクロトロン装置の全体は，径数 m から百数十 m の楕円軌道をなす電子が通る超高真空の筒からなり，そこを電子が光速近い速度で周回している．この軌道を細かく見ると，空洞共振器で電子が加速を受ける直線部分とマグネットで急速に曲げられる曲線部分よりなる．曲線部分では電子運動方向と垂直方向に加速を受け，接線方向に強力な放射光が出て，放射で失われた電子の運動エネルギーは直線部分で補われる．なお，ウイグラー，アンジュレータというのはマグネットを多重にし，多段で電子運動を曲げてその放射光を重ね合わせ，干渉により強度を高めるようにしたものである．X 線星による放射は，中性子星，ブラックホールの強い重力で伴星からの物質が引き寄せられる際，荷電粒子が加速を受けることによる．

なお，"電子を加速することによる輻射" とは逆に "輻射によって電子は加速を受ける"．共振回路の共振周波数を電波と同一とすることにより受信ができ，輻射で物体は加熱（電子レンジは可視光より低振動数のマイクロウェーブで水の分子運動を加速）される．

以上述べた制動輻射は古典電磁気学で解釈されるものであるが，量子力学においても荷電粒子と輻射の相互作用を検討する場合に念頭におかなければならない．また，原子のラザフォード・モデル，長岡モデルが多くの物理学者によって受け入れられなかったのも「周回運動する電子は輻射を放出してエネルギーを失い，核の正電荷によるクーロン引力により一瞬のうちに核と電子が合体し，原子を維持できない」と考えられたからである．これに対して，ボーアは説明はつかないが必要だとして「電子円軌道が安定であるための量子条件」を天下り的に与えた．

もう 1 つの輻射は決まったエネルギー準位間において電子が遷移する場合である．次章以下の量子力学で述べるが，電子が原子，分子，人工の超格子等のポテンシャル内に束縛されていると固有エネルギー準位に分かれ，その準位間で電子遷移が生ずると，特定の線スペクトルで輻射が起こる．高機能で性能の高いレーザ光も遷移に伴う輻射である．

なお，前述したように質量はエネルギーであり，質量が消滅するとき，すな

わち，粒子と反粒子の対消滅で輻射が起こるが，この輻射は非常に高エネルギーのγ線である．輻射の検出はエネルギーにあった物理現象を利用して主として電気エネルギーに変換した後，記録される．

例題 2.4 波長 $0.51\,\mu m$ の光の可視限界は瞳孔への入射エネルギー 4×10^{-17} J のときである．光の 10% が網膜感光物質を刺激して視覚を生じさせるとして，視覚を発生させる最小の光子数を求めよ．

（解）$0.1nhc/\lambda \geq 4\times10^{-17}$ より最小光子数は 1000 個となる．

2.7 量子像の観測について

　計測とは"何らかの目的をもって，事物を量的にとらえるための方法・手段を考究し，実施し，その結果を用いること（JIS Z 8103-1001）"と定義されている．応用科学，工学における計測をとってみても，このように測定者自身による対象の十分な把握を前提としており，客観的な計測はなく，測定者の意識が入る．
　純粋科学における実験においても，研究者は装置を準備，組み立てる前に予測されることについて見通しをもたねばならず，装置の設計は予測に決定的に左右されることとなる．観察は人の知性で検討，消化され，結果を解釈するとか，結果によって理論的概念を導くとかがなければ無意味となる．
　さらに量子の世界における観測に対しては，言葉のもつ困難さ，曖昧さ，また，自分の考えや意見を表現する手段の制約が非常な足かせとなる．言葉の意味やニュアンスは個人的な経験で相違し，意味が違ってくる．電子，光，波動，粒子，質量といった用語はいまさら定義するまでもない周知の共通認識語と思われがちであるが，いざ量子の世界で扱うと不分明となってくる．
　量子力学の対象となる電子，光そのものは直接観測できず，物質（具体的には，その中の電子など）と電子，光などを相互作用させ，その前後における特性値の変化で電子，光の性質を類推するより他ない．その場合，観測目的，観測手段を設定するのはつねに観測者の主観であり，客観的な観測法はありえな

い．量子力学の世界は人が経験しえない観測領域の事項であり，したがって，人が知覚できる概念で量子の世界をモデル化しようとしても元来不可能である．

ここで，物質（電子など），輻射に対する観測および結果に対する粒子像，波動像の解釈を図2.5に示すトランプに例えてみる．

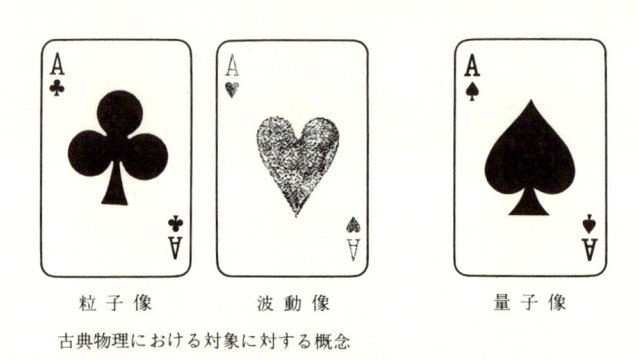

粒 子 像 　　　　 波 動 像 　　　　 量 子 像
古典物理における対象に対する概念

図 2.5 量子像の観測

人が経験して知っている概念はクラブとハートの2通りで，これらは相反する概念であり，観測結果をどちらかに是非とも当てはめようとするものとする．一方，量子の世界は知覚できなく，まったく別の1つの概念であるスペードとする．

量子力学の対象（電子，光など）に対する観測も観測者の主観の下における行為ということであれば，それは観測者が質問を設定して，それに対して「はい（Yes）」「いいえ（No）」の2通りの答を得る応答とみることができる．

観測者がクラブの形状特徴の1つを思い浮かべ，「それには足があるか」と問えば，「はい」の答を得，さらに「色は黒いか」と問うても「はい」の答を得，この概念はクラブで間違いないとする．ところが，「上下の一方に1つの尖り，他方に2つのふくらみがあるか」と問うた場合でも「はい」の答を得ることとなり，今度はハートではないかと疑問をもつ．ただし，先ほどは「クラブ」と答えたではないかと反論しても無意味となる．それは質問を発する観測者が勝手に判断しただけで，実際の量子像は経験していない概念であるスペードであるからである．

2.7 量子像の観測について

クラブを粒子像，ハートを波動像，スペードを永久に経験できない量子像とすれば，おおよそ量子の観測の状況を説明することとなる．すなわち，電子，光を粒子として遇すれば粒子としてのふるまいを示し，波動として遇すれば波動としてふるまうのである．結局，粒子でもあり波動でもありといったものでなく，粒子でもなく波動でもないまったく別ものである．量子像の最も正しい記述は，「量子の世界の電子，輻射は人が経験する何らかの概念に例えることはできないが，……と……と……の性質を有する」とするより他はない．

例として，図 2.6 に示す"2 スリットによる光の干渉"を取り上げる．波動光学で知るように，十分な量の光を当てた場合，両スリットを通った光は互いに干渉し合い，スクリーン上に干渉縞をつくり，波動性を示す．一方，光量を絞っていくと，やがてスクリーン上には光子 1 つ 1 つに対応する点となって光が到達し，粒子性を示す．ところが，この光の点を長時間かけて記録していくと，それは再び，干渉縞となって現れ，波動性が戻る．

この現象を古典物理の世界で考える．粒子は"分割不可能でエネルギーの局

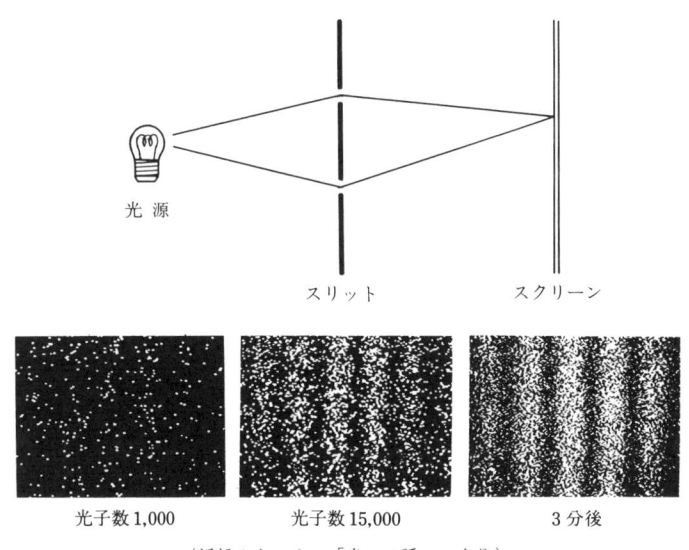

光源　　スリット　　スクリーン

光子数 1,000　　光子数 15,000　　3 分後

（浜松ホトニクス「光への誘い」より）
光源から出た各光子は両方のスリットを通りスクリーン上に光点をつくる

図 2.6　2 スリットにより光の干渉

在したもの"，反対に波動は"空間に広がり，エネルギーも空間に広がり，周期的特性を有するもの"である．干渉は2つのスリットを通った波動性を有するものが重なり合わねばならない．一方，光子1つ1つがスクリーン上に記録されるのであれば，光は粒子である．多数で干渉縞となれば，個々の光子も干渉，すなわち，1つの光子が空間に広がり，両スリットを通り，自分自身と干渉せねばならない．分割不可能な粒子で，波動性ももたないとすれば，これは矛盾である．

一方，量子の世界であれば，このような矛盾は起こらない．すなわち，スクリーンに当たる前は波動性の特徴で光は両スリットを通過し，自分自身との干渉の記憶をもち，スクリーンに当たるやいなや局在して粒子の特徴をもてばよい．

光の粒子性を表す現象とされている"光電効果"でも同様のことがいえる．光から電子に与えられるエネルギーは光子のもつ決まった量である．ところが，光と電子が出会う確率を計算すると，電子とエネルギーの授受があるまでは光は空間に広がっていると考える必要がある．

以上のように古典の論理と量子の論理は異なってくる．したがって，量子の現象を人々が知覚する古典の論理で説明しようとしても不可能なことがある．ただし，本書では量子の論理で説明が必要な現象はなるべく避けることとする．

---

*1 ─── **一般化運動量と力学的運動量の関係** ───

位置座標のみに依存するポテンシャルから導かれる力の作用下の質点系では，一般化運動量と力学的運動量は一致するが，ポテンシャルが速度に依存する場合には一般化運動量と力学的運動量は一致しない．電磁場の一般化運動量は

$$p_{ix} = \frac{\partial L}{\partial x_i} = m_i x_i + \frac{q_i A_x}{c} \qquad (2.41)$$

で力学的運動量と付加項の和となる

*2 ─── **ルジャンドル変換** (Legendre transformation) ───

2つの変数 x, y の関数 $f(x, y)$ の微分

注　釈

$$df = udx + vdy; \quad u = \frac{\partial f}{\partial x}, \quad v = \frac{\partial f}{\partial y} \qquad (2.42)$$

より，x, y を変数とする記述 $f(x, y)$ から，u, y を変数とする記述への変換は

$$g = f - ux \qquad (2.43)$$

で与えられる．

たとえば，熱力学では断熱（等エントロピー，isentropic），等圧過程で有用な次のエンタルピー（enthalpy）X の記述から

$$dX = TdS + VdP; \quad \frac{\partial X}{\partial S} = T, \quad \frac{\partial X}{\partial P} = V \qquad (2.44)$$

等温，等圧過程で有用なギブスの自由エネルギーにルジャンドル変換される．

$$G = X - TS, \quad dG = -SdT + VdP \qquad (2.45)$$

──────── 相対性原理について ────────

*3　物体が閉空間でなく開空間にあると，それがどの座標系に所属するかについての錯覚に基づく言動は多々ある．ガリレオの新科学対話にあるように，錯覚者は「帆走するヨットのマストの頂上から落とした物は，落下中にヨットが進むからその分マストの根元より後に落ちる」というが，帆走中に落とした限り物体はヨットと同一座標にあり，やはりマストの根元に落ちる．飛行機から落とす物体，たとえば，援助物資，また物騒な話であるが爆弾など「狙った地点からはるかに離れた地点に落ち，下手だ」というが，これは飛行機から物を落下させる場合，落下点の真上に来て落とせばよいとの錯覚で，実は飛行機の速度，風の速度も考慮して落下させるのは容易なことではない．ヨットであればマストのまわりを囲った中，飛行機であればその下にぶら下げた大きな箱の中にいれば，間違いなく移動する座標系において物が垂直に落下するのを観察するであろう．

──────── 座標系 S, S' におけるローレンツ力 ────────

*4　座標系 S における正電荷密度，負電荷密度および正味の電荷密度を ρ_+，ρ_-，ρ，座標系 S' におけるそれらを ρ_+'，ρ_-'，ρ' とする．

座標系 S における力は

$$F = \frac{1}{4\pi\varepsilon_0 c^2} \frac{2qIv}{r} = \frac{q}{2\pi\varepsilon_0} \frac{\rho - A}{r} \frac{v^2}{c^2} \qquad (2.46)$$

と与えられる．ここで，A は金属線の断面積とする．

ローレンツ収縮
$$L' = L\sqrt{1 - v^2/c^2} \tag{2.47}$$

および正（負）電荷量一定の条件，$\rho_+ L = \rho_+' L'$，より与えられる正，負電荷密度の関係式

$$\rho_+' = \frac{\rho_+}{\sqrt{1 - v^2/c^2}} \tag{2.48}$$

$$\rho_-' = \rho_- \sqrt{1 - v^2/c^2} \tag{2.49}$$

および，座標系 S で金属線が中性である条件
$$\rho = \rho_+ + \rho_- = 0 \tag{2.50}$$

より，座標系 S' における正味の電荷密度は

$$\rho' = \rho_+' + \rho_-' = \frac{\rho_+}{\sqrt{1 - v^2/c^2}} + \rho_- \sqrt{1 - v^2/c^2} = \rho_+ \frac{v^2/c^2}{\sqrt{1 - v^2/c^2}} \tag{2.51}$$

と与えられる．したがって，電場 E' は

$$E' = \frac{\rho' A}{2\pi\varepsilon_0 r} = \frac{\rho_+ A v^2 c^2}{2\pi\varepsilon_0 r \sqrt{1 - v^2/c^2}} \tag{2.52}$$

となり，力 F' は

$$F' = \frac{q}{2\pi\varepsilon_0} \frac{\rho_+ A}{r} \frac{v^2/c^2}{\sqrt{1 - v^2/c^2}} \tag{2.53}$$

で，両座標系の力はほぼ等しい値を与える．時間間隔に対する

$$\Delta t' = \Delta t \sqrt{1 - v^2/c^2} \tag{2.54}$$

の関係式を使うと，両座標系の運動量は

$$\Delta p_y' = F' \Delta t' = F \Delta t = \Delta p_y \tag{2.55}$$

と等しくなる．

　以上，変換を半ば陰に説明してきたが，最後に，マクスウェル方程式に陽に適用してみる．

ダランベルシアン[*5]
$$\Box = \Delta - \frac{1}{c^2} \frac{\partial^2}{\partial t^2}$$

にガリレイ変換
$$x' = x, \quad y' = y, \quad z' = z - vt, \quad t' = t \tag{2.56}$$

を施すと，

$$\Delta - \frac{1}{c^2} \frac{\partial^2}{\partial t^2} = \left(\Delta' - \frac{1}{c^2} \frac{\partial^2}{\partial t'^2} \right) + \frac{2v}{c^2} \frac{\partial^2}{\partial t' \partial z'} - \frac{v^2}{c^2} \frac{\partial^2}{\partial z'^2}$$

注　釈

または，
$$\Box = \Box' + \frac{2v}{c^2}\frac{\partial^2}{\partial t'\partial z'} - \frac{v^2}{c^2}\frac{\partial^2}{\partial z'^2} \tag{2.57}$$

と不変でないが，ローレンツ変換

$$x'=x, \quad y'=y, \quad z'=\frac{z-vt}{\sqrt{1-v^2/c^2}}, \quad t'=\frac{t-vz/c^2}{\sqrt{1-v^2/c^2}} \tag{2.58}$$

を施すと

$$\Delta - \frac{1}{c^2}\frac{\partial^2}{\partial t^2} = \Delta' - \frac{1}{c^2}\frac{\partial^2}{\partial t'^2}$$

または，
$$\Box = \Box' \tag{2.59}$$

と不変となる．

*5 ── **ラプラシアン（Laplacian）とダランベルシアン（d'Alembertian）** ──

熱伝導および流体など3次元空間における流動の場を記述する場合には，2階偏微分方程式として，以下のラプラシアンが使用される．

$$\Delta = \frac{\partial^2}{\partial x^2} + \frac{\partial^2}{\partial y^2} + \frac{\partial^2}{\partial z^2} \tag{2.60}$$

これに対してガリレイ変換を施しても不変で

$$\Delta = \Delta' \tag{2.61}$$

となる．

一方，電磁場は4次元時空間の場で，対応する2階偏微分方程式は

$$\Box = \frac{\partial^2}{\partial x^2} + \frac{\partial^2}{\partial y^2} + \frac{\partial^2}{\partial z^2} - \frac{1}{c^2}\frac{\partial^2}{\partial y^2} = \Delta - \frac{1}{c^2}\frac{\partial^2}{\partial y^2} \tag{2.62}$$

で表され，これをダランベルシアンという．第3節で示したように，ローレンツ変換を施した場合には不変で

$$\Box = \Box' \tag{2.63}$$

が成立するが，ガリレイ変換を施すと不変でなくなり

$$\Delta = \Delta' + \frac{2v}{c^2}\frac{\partial^2}{\partial t'\partial z'} - \frac{v^2}{c^2}\frac{\partial^2}{\partial z'^2} \tag{2.64}$$

となる．

なお，ラプラシアンは3次元空間の演算子で記号は三角形であり，ダランベルシアンは4次元時空間の演算子で四角形である．

*6 ── **4次元時空における相対論的力学** ──

4次元時空（ミンコフスキー空間）

$$\vec{x} = (ict, x_1, x_2, x_3) \tag{2.65}$$

に対応する 4 次元運動量は

$$\vec{p} = \left(i\frac{E}{c},\ p_1,\ p_2,\ p_3\right) = (imc,\ mv_1,\ mv_2,\ mv_3) \tag{2.66}$$

で表される．静止質量を m_0 とすると，運動質量は

$$m = \frac{1}{\sqrt{1 - v^2/c^2}} m_0 \tag{2.67}$$

で表され，運動している質点とともに動く座標系での時刻である固有時は

$$d\tau = \sqrt{1 - v^2/c^2}\, dt \tag{2.68}$$

で表される．

　運動している質点のエネルギーは

$$E = mc^2 = m_0 \frac{1}{\sqrt{1 - v^2/c^2}} c^2 = m_0 c^2 + \frac{1}{2} m_0 v^2 + \frac{3}{8} m_0 \frac{v^4}{c^2} + \cdots \tag{2.69}$$

と表される．ここで，$m_0 c^2$ は静止エネルギー，$(1/2) m_0 v^2$ は運動エネルギーである．また，エネルギーは関係式

$$\left(\frac{E}{c}\right)^2 - p^2 = m^2(c^2 - v^2) = m_0 c^2 \tag{2.70}$$

により

$$E = c\sqrt{p^2 + m_0 c^2} \tag{2.71}$$

とも表される．

　なお，エネルギーに作用時間も考慮した作用量は 4 次元運動量と 4 次元座標の積で

$$S = -Et + p_1 x_1 + p_2 x_2 + p_3 x_3 \tag{2.72}$$

と表される．

演習問題

2.1　図 2.7 に示すようにばねと滑車で束縛されている 2 つの等質量の質点の運動方程式をラグランジュ関数を使って求めよ．

2.2　図 2.2 に示す二重振り子の運動方程式をラグランジュ関数をつくって導き，微小振動のときの規準振動数を求めよ．

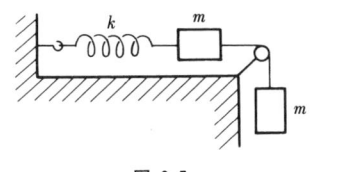

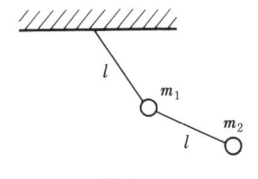

図 2.7 　　　　　　　　図 2.8

2.3 中心力ポテンシャル $V(r)$ を受けて平面運動する質点のハミルトン関数を r, θ, p_r, p_θ の関数として書き出し，それよりハミルトンの運動方程式を導け．

2.4 長手方向に $v=0.7c$ で運動する長さ 1 m の棒を静止系の観測者が測定した場合の長さを求めよ．

2.5 電圧 V で加速される電子の速度の式を古典論と相対論の両者で書き出し，加速電圧 1 万 V で両者の値を計算せよ．また，古典論で電子が光速となる加速電圧を求めよ．

2.6 ある座標系に対して，それぞれ反対方向に $0.99c$ の速さで動く 2 個の粒子の相対速度を求めよ．

2.7 速度 $V=\beta c$ で動く点電荷がつくる電場を求めよ．さらに，$\beta=0.9$，$\beta=0.99$ の場合の電場の電気力線を描け．

2.8 $V_x=0.8c$ で運動する荷電粒子が一様電場 E_y の領域に入ったとき，V_x が減少することを示せ．

2.9 運動エネルギーが 0 の電子を 100 V の電圧で加速して得られる電子ビームの波長 λ を求めよ．また，この電子の運動エネルギーを温度で表示せよ．

3 量子力学の定式化 I

―作用を位相とした複素数の重ね合わせ―

> 量子力学の原理の1つの不確定性原理の意味するところを説明し，それを満足させるためには位置，運動量，プランク定数からつくられる複素関数の重ね合わせの関数を境界条件を満たすようにすればよく，状態の運動量，エネルギーが求められる．それにより簡単な問題である井戸型ポテンシャル，散乱の問題を解く．

3.1 不確定性原理（量子条件）

　物理現象を正しく解釈するには，どのような場合でも量子力学を用いるべきであるが，日常の時空尺度に比べ量子の尺度が小さく，それを無視しても差し支えない物理現象であれば，古典力学が通用することとなる．

　古典力学で物理現象が解釈しきれないのは，対象物理現象の時空，正しくは作用が極微になってきたときで，極微小の原子の世界，高振動（ごく短い時間の現象）の輻射，低エネルギーである低温の世界である．

　古典力学と量子力学の相違は，前者に量子条件を課すことであり，量子化を規定するプランク定数の意味を問うことである．

　プランク，デバイ，ボーア，ゾンマーフェルト，ハイゼンベルク，シュレーデュンガーらはそれぞれに量子化条件に対する物理的解釈を立てた[*1]．

　これらの量子化または量子条件は，半ば数式の上で観測事実に合うようアプリオリに与えられてきた．しかし，ここで理論を一貫した体系的方法で扱うという本質的な変革に迫られることになり，量子化に対する何らかの物理原理ないし物理法則を立てる必要が出た．ハイゼンベルクは電子の観測に対する思考実験を行うことにより，共役な物理量 A, B の不確定量 $\mathit{\Delta}A$, $\mathit{\Delta}B$ に対して，以下の不確定性原理が成立していることが量子力学における条件とした．

$$\Delta A \cdot \Delta B \geq h \tag{3.1}$$

運動量 p，位置 q で表示すると

$$\Delta p \cdot \Delta q \geq h \tag{3.2}$$

となる．すなわち，電子等の量子力学における対象は点として確定して存在するのでなく，物理空間，運動量空間でしみのような状態で存在し，個々にその大きさの限界値が決まるのでなく，一方の不確定量を小さくすれば，他方の不確定量は大きくなる[*2]．

例題 3.1 地球から通信衛星に情報を送るアンテナ設計において，ビームの広がり角度 θ を不確定性原理より求めよ．ここで，使用するマイクロ波の波長を λ，光子の位置不確定量 Δx をパラボラアンテナの直径 $2R$ とせよ．

(解) ビームの広がり角度 θ はビーム方向の運動量に対する横方向の運動量の比として表せるから，$\theta = p_x/p_y$ となる．p_x は不確定性関係より $p_x = \Delta p_x \div h/\Delta x = h/2R$ と与えられ，また，p_y は $p_y = h/\lambda$ と与えられる．したがって，$\theta = \lambda/4R$ となる．この式は波動光学の分解能に対応する．

3.2 作用を位相とする複素数の重ね合わせによる量子化（不確定性原理の適用）

「不確定性原理」を課すこと，すなわち，量子化は対象粒子の存在確率 P に対して状態を表す関数 ϕ を

$$\phi = \sum_S c_S e^{i\frac{S}{\hbar}} \tag{3.3}$$

$$P = \phi^* \phi \tag{3.4}$$

で定式化できる．

言葉で表現すると

『状態を表す関数 ϕ を，作用量 S を位相 θ（$= S/\hbar$ のように $\hbar$ で無次元化）とする複素数 $e^{i(S/\hbar)}$ の**重ね合わせ**で表し，その状態関数の 2 乗がその粒子の存在確率 P を表す』ことで満たされる．

複素数の重ね合わせは，複素平面においてベクトル和として表すことができる．$S = p_x x$ の p_x が異なった複素数の重ね合わせであれば，x の変化につれて各

ベクトルの交角が変化し,ベクトル和の絶対値は増減する.p_x が異なることが Δp_x に対応し,x の変化が Δx に対応する.ベクトル和が存在することができる両変数の広がり Δp_x,Δx は相反の関係にあり,不確定性原理の数学的表示となる[*3].

3.3 状態関数に対する注釈

状態関数によって個別粒子の状態を表すということによって,この関数に対して以下の制約が加わる.

(1) 状態関数の変数

状態関数は共役な物理量の一方のみを独立変数とした関数であり,両者とも変数とした関数とはならない.たとえば,物理量として,位置 q と運動量 p をとると,状態関数は $\phi(q)$ か,$\phi(p)$ であり,$\zeta(q, p)$ とはならない.これは,不確定性原理 $\Delta p \cdot \Delta q \geq h$ によって,q,p を同時に正確に決めれないからである.

(2) 規 格 化

状態関数とは対象とする1つの粒子(たとえば,電子,光子など)の状態を表すものである.したがって,空間全体でその確率を積分すれば1となるはずであり,連続変数で表された波動関数に次の規格化の条件が課せられる.

$$\int_V |\phi|^2 dV = \int_V \phi^* \phi dV = 1 \tag{3.5}$$

なお,微小体積 dV における確率は $|\phi|^2 dV (=\phi^* \phi dV)$ であり,$|\phi|^2 (=\phi^* \phi)$ を確率密度という.

(3) 直 交 性

状態関数は,重ね合わせで求めることができ

$$\phi = c_1 \phi_1 + c_2 \phi_2 + c_3 \phi_3 + c_4 \phi_4 + \cdots = \sum_{n=1}^{\infty} c_n \phi_n \tag{3.6}$$

と表される.ただし,重ね合わせる関数は相互に独立,すなわち

$$\int_{-\infty}^{\infty} \phi_m^* \phi_n dq = 0 \tag{3.7}$$

でなければならない．この条件は運動量として異なる値 k_m, k_n を用いる限り，関数 e^{ikx} の周期性により

$$\int_{-\infty}^{\infty} e^{i(k_n - k_m)x} dx = 0 \tag{3.8}$$

と証明される．

（4） 状態関数の図式表示

状態関数は作用を位相とする複素数の重ね合わせというだけで，振動という概念を用いていない．ところが，よく実部のみを取り出し，もしくは状態関数そのものがそうであるかのように図3.1の正弦波形の図を見る．状態関数の実部が意味のあるものでなく，もちろん振動を表しているものでない．強いて図式表示しようとすれば，各位置において複素平面をとって振幅，位相の2変数を表示する図3.2を描くべきである．両者の相違は確率を表示することによってよくわかる．図3.3，図3.4は図3.1，図3.2を2乗して求めた確率である．正しく図示した図3.4では，Δx 区間全体に存在確率が広がっているが，正弦波からの図3.3では Δx 区間内がいくつかの局在した小領域に分けられる．

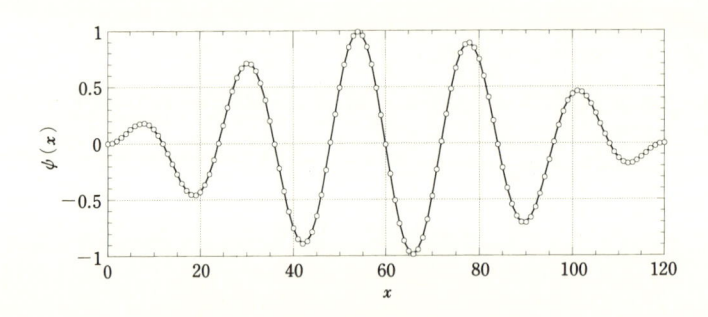

図 3.1　波束（実部のみを取り出した表示）

図 3.2　波束（絶対値，位相の同時表示）

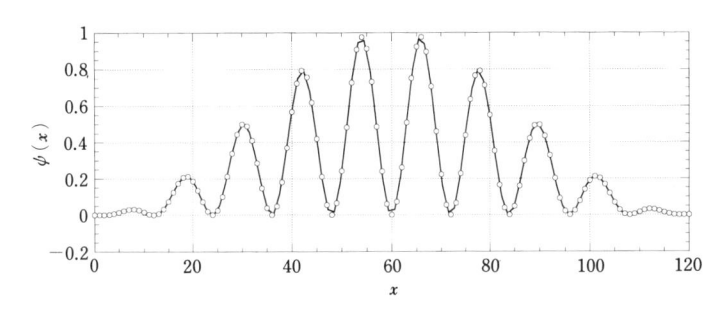

図 3.3 図 3.1 の 2 乗

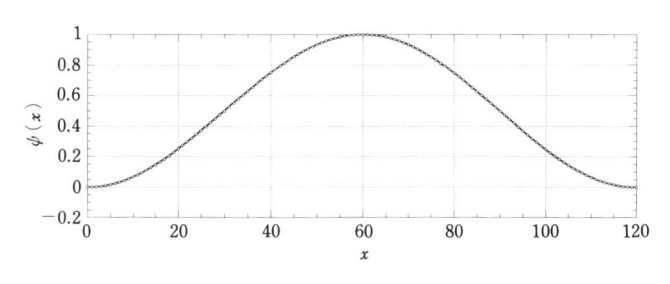

図 3.4 図 3.2 の 2 乗

3.4 井戸型ポテンシャル(束縛された状態)

具体的に量子力学における(たとえば,電子の)状態を求めようとすれば,与えられたポテンシャルエネルギー場に合うように関数 e^{ikx} の重ね合わせをつくればよい.

その中でも**井戸型ポテンシャル**の問題は量子力学の多くの問題を理解する導入となる.複雑な(後述する)微分方程式を使うことなく解け,また,関数 e^{ikx} すら用いるまでもなく不確定性関係を用いるだけで状態のおおまかの見積りは可能となる.図 3.5 の作用空間に描くように,井戸型ポテンシャルの幅自身が位置の不確定量 Δx で存在領域,粒子は束縛されているので運動量の平均値は零,したがって,ばらつきとしてもつ運動量自身が運動量の不確定量となる.

3.4.1 無限の深さの井戸型ポテンシャル

ポテンシャルエネルギーで最も簡単な形は

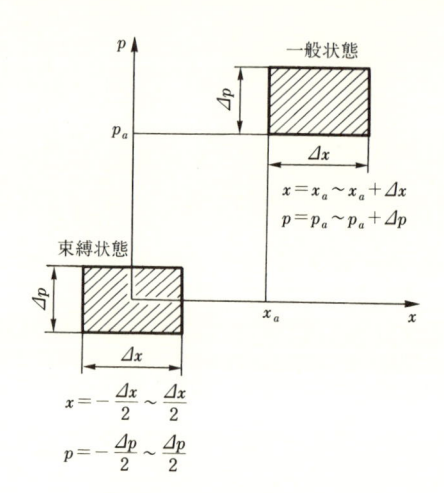

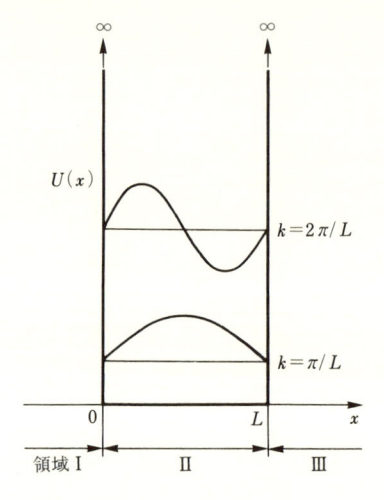

図 3.5 位置，運動量のとる範囲 **図 3.6** 無限の深さの井戸型ポテンシャル

$$U(x)=0 \quad : 0<x<L \text{（領域Ⅱ）} \tag{3.9}$$

$$U(x)=\infty : x\leq 0 \text{（領域Ⅰ）}, \quad x\geq L \text{（領域Ⅲ）} \tag{3.10}$$

の1次元井戸型ポテンシャルで，図3.6に示した．

このようなポテンシャルエネルギー中では領域Ⅰ，Ⅲに電子は存在できず，領域Ⅱのみに存在する．

この問題に対する解を不確定性関係を直接使う方法と状態関数の重ね合わせによる方法で求める．

（1） 不確定性関係を直接用いる方法

束縛された状態では，平均位置は移動することなく運動量の平均値を0とおくことができ，これによって問題が簡単となる．すなわち，運動量の最大値 p_{max} と最小値 p_{min} の間には

$$p_{max}+p_{min}=0 \tag{3.11}$$

の関係があり，この両者の間が不確定量であり

$$p_{max}-p_{min}=\Delta p \tag{3.12}$$

が与えられる．両式より

$$p=p_{max}=|p_{min}|=\frac{\Delta p}{2} \tag{3.13}$$

3.4 井戸型ポテンシャル（束縛された状態）

を得る.

井戸全体に粒子が広がった場合（最低エネルギー），位置の不確定量は $\varDelta x = L$ である．この値を不確定性関係 $\varDelta p \cdot \varDelta x \geq h$ に代入すると，$\varDelta p \geq h/L$ を得る．運動量不確定量として限界値をとり，$\varDelta p = h/L$ とする．式（3.13）に代入することにより

$$p = \frac{h}{2L} \tag{3.14}$$

となる．

運動エネルギー（ポテンシャルエネルギー＝0とすると，全エネルギーでもある）は

$$E = \frac{p^2}{2m_e} = \frac{h^2}{8m_e L^2} \tag{3.15}$$

と与えられる．

（2） 状態関数の重ね合わせによる方法

$x = 0, L$ の境界で，$\phi(x) = 0$ の条件を満たす状態関数は，位相が前進する状態関数と後退する状態関数の重ね合わせで

$$\phi(x) \propto \frac{i}{2}(e^{ikx} - e^{-ikx}) = \sin kx, \quad k = \frac{n\pi}{L} \tag{3.16}$$

と与えられる．さらに，規格化の条件（3.5）を課すと，係数を確定することができ

$$\phi_n(x) = \sqrt{\frac{2}{L}} \sin\left(\frac{n\pi x}{L}\right) \tag{3.17}$$

となる．エネルギーは

$$E = \frac{\hbar^2 k^2}{2m_e} = \frac{n^2 h^2}{8m_e L^2} \tag{3.18}$$

と離散化した値で与えられる．（1），（2）でエネルギー値は合致する．

図3.6内に式（3.18）のエネルギー値，そのエネルギーを表示する線を基準線として式（3.17）の状態関数を描いた．

この問題の解法を振り返ると，運動量 $\hbar k$，エネルギー E は境界条件を満たすような固有値として得られ，状態関数はそれに対する固有関数として得られている．

また，状態関数の節が増えるに従って粒子は区切られた小領域に局在し，その状態関数は高いエネルギー状態を表す．あらゆる形状のポテンシャルに対し，「n 番目のエネルギー状態に対する状態関数は $(n-1)$ 個の節をもつ」といえる．

（3） 工学的問題に対するおおよその見積り

式 (3.18) のエネルギーの固有値は物理定数と量子数 n 以外は井戸の幅のみで決まり，局在化した空間に閉じ込められるほどエネルギーは高くなる．たとえば，水素原子の幅の約 0.1 nm を L にとると，$E_1 = 60.243 \times 10^{-19}$ J $= 37.65$ eV となるが，ブタ-1,3-ジエン $CH_2=CH-CH=CH_2$ の分子長 0.56 nm を L にとると，$E_1 = 1.921 \times 10^{-19}$ J $= 1.2$ eV とはるかに低い．ここで，2つのエネルギー準位間の差

$$\Delta E = (n_{n+1}^2 - n_n^2) \frac{h^2}{8m_e L^2} \tag{3.19}$$

と，エネルギーと光波長の間の関係

$$\lambda = \frac{hc}{E} \tag{3.20}$$

により与えられる特性波長の関係式

$$\lambda = \frac{8m_e L^2 c}{(n_{n+1}^2 - n_n^2)h} \tag{3.21}$$

にブタジエンの値を代入すると，$\lambda \sim 576, 207, 148, 114$ nm の可視から紫外光にわたる特性線を与える．

次の項に進む前に用語について確認する．

本節で扱っているように1位置変数 x のみ，すなわち1次元とは，直交する2方向 y, z には変化がないことを指し，yz 面ではポテンシャルに変化がなく，x 方向のみにポテンシャル変化することを指す．井戸型ポテンシャルとはそこのみに粒子に対して引力が作用することを指し，対象粒子が電子であれば，正電荷が作用すること，たとえば，金属において自由電子が抜けた後の正イオン芯などを指す．

$E = 1 \sim 10$ eV 程度の現象を量子力学で扱う場合，この値を式 (3.18) より求められる井戸幅 L の次式

$$L = \frac{nh}{2\sqrt{2mE}} \tag{3.22}$$

に代入して,電子,$n=1$ の場合を解くと,$L=0.61\sim0.19$ nm($6.1\sim1.9$ Å)と与えられる.

したがって,本節で扱う無限の深さの井戸型ポテンシャルの具体的な物理的対象とは

"絶縁体にサンドイッチされた数原子層の金属内における電子の挙動を扱う問題"

などといえる.

3.4.2 有限な深さの井戸型ポテンシャル

$$U(x)=0 \quad : -\frac{L}{2}<x<\frac{L}{2}\ (領域\text{II}), \tag{3.23}$$

$$U(x)=U_0 \quad : x\leq -\frac{L}{2}\ (領域\text{I}),\quad x\geq \frac{L}{2}\ (領域\text{III}) \tag{3.24}$$

で与えられる図 3.7 に示す有限な深さの井戸型ポテンシャルを考える.

領域 II における状態は $E>U=0$ で古典力学的にも許容されるが,領域 I,III における状態は $E<U=U_0$ で古典力学的には許容されない.しかし,量子力学では不確定性原理によって,$\Delta t = h/\Delta E$ 時間以内であれば,E より ΔE だけ高いエネルギーも許されるはずである.したがって,$E+\Delta E \geq U=U_0$ であれば,量子力学では領域 I,III にほんのわずかの間存在し,再び領域 II に戻ることが許される.ただし,境界から離れれば,存在確率は急速に減ずる.

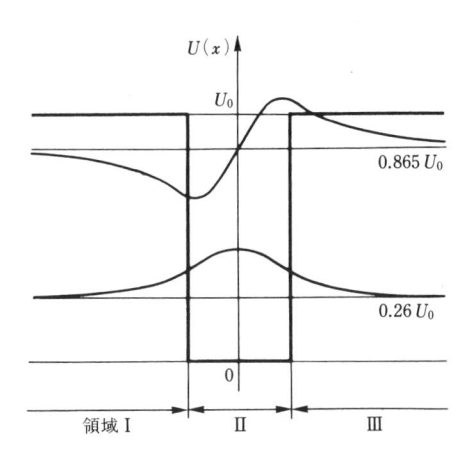

図 3.7 有限な深さの井戸型ポテンシャル

領域 II における解は

$$\phi(x)=A\cos kx \quad \text{または} \quad A\sin kx \tag{3.25}$$

となる．領域 I, III においても存在が許されることは，無限の深さのポテンシャルに比べ幅が L から $L+\varDelta L$ に広がったことに対応し

$$k=\frac{n\pi}{L+\varDelta L} \tag{3.26}$$

となる．

領域 I, III における解は

$$\phi(x)=Be^{\kappa x},\ x\leq-\frac{L}{2}\ （領域\mathrm{I}）;\ \phi(x)=Be^{-\kappa x},\ \frac{L}{2}\leq x\ （領域\mathrm{III}） \tag{3.27}$$

$$\kappa=\frac{\sqrt{2m_e(U_0-E)}}{\hbar} \tag{3.28}$$

と与えられる．

$x=L/2$ における ϕ, $d\phi/dx$ の連続性および k, κ の定義より E, k, κ が求められる．得られた固有関数を図 3.7 中に示す．（解法は章末で詳述する[*4]）

ポテンシャルの井戸が深いか浅いかは井戸幅に対する相対的なものであり，井戸内に数準位が含まれるものを浅いということであれば，式 (3.18)(3.26) から類推されるように井戸幅が狭くなればポテンシャル U_0 は高いものを指す．

図 3.7 のポテンシャル深さは $2U_0=(8h)/(m_eL^2)$ としたが，この場合，2 準位が含まれる．$E=0.865U_0$ では，かなりの確率で古典的に許されない領域に電子がしみ出している．

1 次元井戸型ポテンシャルの問題は，当初，水素原子の状態を解析するための演習的要素が強かったが，最近の半導体技術の進展によりこのポテンシャルを研究ないし技術の対象としようとする動きがある．すなわち，エネルギー E の固有値はポテンシャルの幅以外は，物理定数を用いて求めうる．したがって，このエネルギー準位は空間につくられた高精度のエネルギーの物差しと見ることができる．ただし，幅 a は $h/\sqrt{m_e}$ と同程度の値としなければならない．今日の進んだナノオーダーの加工の半導体技術によって，固体素子中にこのような井戸型ポテンシャルをつくり込むことが可能となった．井戸型ポテンシャルを 3 次元，2 次元，1 次元で有するデバイスを量子ドット，量子細線，量子平面と呼ぶ．電場，磁場を相互作用させることにより量子化された各情報を得ることができ，各物理量の標準となりえている．

3.4.3 位置とともに変化するポテンシャル

図3.8に示すように，位置とともにポテンシャルが変化する場合，場所ごとで正負の運動量が重ね合わされるとすると

(a) 井戸の中

$$k^2(x) = \frac{2m}{\hbar^2}[E - U(x)] \quad (3.29)$$

であるので，$E - U(x)$ が大きいほど，$k(x)$ も大きく（節の数が多く，限られた空間に集中），$\phi(x)$ の曲率は鋭くなる．

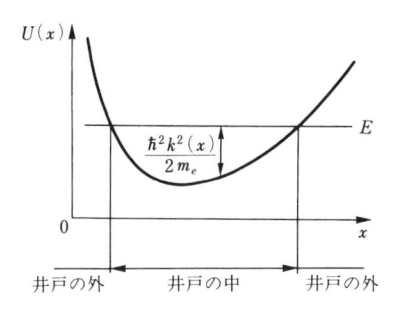

図 3.8 位置とともに変化するポテンシャル

(b) 井戸の外

$$\kappa^2(x) = \frac{2m}{\hbar^2}[U(x) - E] \quad (3.30)$$

であるので，$U(x) - E$ が大きいほど，曲率が大きく，速く減衰する．

状態関数の最大値についての検討は図3.9に示す階段型ポテンシャルで行う．各領域で満たす状態関数を次式とする．

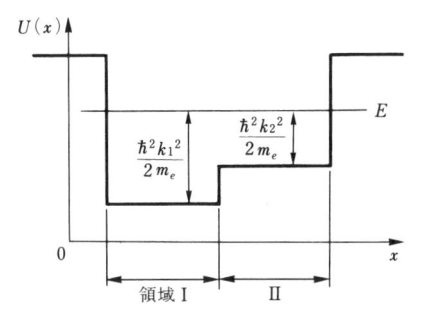

図 3.9 階段型ポテンシャル

$$\phi_1(x) = A_1 \sin(k_1 x + \phi_1) : (領域\text{I}), \quad \phi_2(x) = A_2 \sin(k_2 x + \phi_2) : (領域\text{II}) \quad (3.31)$$

両領域の境界 $(x = x_b)$ における ϕ, $d\phi/dt$ の連続条件より

$$\frac{A_2^2}{A_1^2} = \frac{\phi^2(x_b) + \dfrac{\phi'^2(x_b)}{k_2^2}}{\phi^2(x_b) + \dfrac{\phi'^2(x_b)}{k_1^2}} \quad (3.32)$$

または，

$$A^2 \propto \phi^2(x_b) + \frac{\phi'^2(x_b)}{k^2}$$

が与えられ，k が大きいほど状態関数の最大値（係数）A は小さくなる．物理的にいうと，k，すなわち，運動量が大きいほど粒子は速く動き，そこで粒子を見出す確率密度は小さくなるわけである．この関係は連続するポテンシャルについてもいえる．

ここで，階段型ポテンシャルまでは具体的に状態関数が求められるといえ，さらに複雑なポテンシャルとなると求めることが不可能で，何らかの算出法が必要となってくる．

3.4.4　一方向に進行する一定運動量の状態関数

ポテンシャルエネルギーがすべての位置で同一値（たとえば，0）であり，電子の全エネルギーがそれより高ければ，運動量は一定値でその領域全体に存在確率が広がる．

例題 3.2　深さ V_0，幅 L の1次元井戸型ポテンシャル中では n 個にエネルギー準位が量子化される粒子が，次のように1次元井戸型ポテンシャルが変わった場合におよその量子化準位はいくつか．
　（i）深さ V_0，幅 $2L$ ，（ii）深さ $2V_0$，幅 L，（iii）深さ $2V_0$，幅 $2L$，
　（iv）深さ $V_0/4$，幅 $2L$

（**解**）　およその見積りとして無限の深さの井戸型ポテンシャルのエネルギーの式(3.18) を用い，以下の式を得る．

$$V_0 \geq E = \frac{n^2 h^2}{8 m_e L^2} = a \frac{n^2}{L^2}, \quad \text{すなわち，} \quad n = bL\sqrt{V_0}$$

ただし，$a = h^2/8m_e$，$b = 1/\sqrt{a}$
　この式を用いて各場合は次となる．
　（i）$n_1 = a'(2L)\sqrt{V_0} = 2n$,　　（ii）$n_2 = a'L\sqrt{2V_0} = \sqrt{2}\,n$,
　（iii）$n_3 = a'(2L)\sqrt{2V_0} = 2\sqrt{2}\,n$,　（iv）$n_2 = a'(2L)\sqrt{V_0/4} = n$

3.5 散乱現象

3.5.1 散乱現象とは

前述したように原子,原子核そのものを単独に取り出して観察することは不可能である.したがって,原子,原子核の構造(束縛された電子のエネルギー準位,軌道運動量,スピン,核スピンなど)については,それらに何らかの粒子(高速電子,X線など)を入射させ,原子,原子核内の粒子と相互作用したのち出射した散乱実験より情報を得る.加速器,放射線源からの粒子を対象原子,原子核が含まれる標的に衝突させ,このときの散乱粒子の数,角度分布,エネルギー分布から粒子間の相互作用が推論される.その場合,標的粒子のポテンシャル分布を仮定し,量子力学解析を行い,実験結果と比較する.

この粒子の散乱実験はラザフォードが金箔を標的としてα粒子を当てて衝突断面積を求め,核半径が原子半径の$10^{-5} \sim 10^{-4}$であることを明らかにして原子模型を提出したのを始めとして,デヴィッソン(Davisson),ガーマー(Germer)による電子波動性の実験,ラウエ(Laue)による原子に対するX線回折実験と続き,最近の各種エネルギー分析機器,たとえば,EPMA, ESCA, SIMS, Auger electron spectroscopy などはこの散乱実験を行っていることとなる.

ここでは,容易に散乱現象の概念を把握しうるということで1次元の問題を扱うが,それらには「反射,透過」,「確率の流れ」,「井戸型ポテンシャルとの共鳴」,「トンネル現象(電場放出,α崩壊)」などがある.

3.5.2 反射,透過(階段型ポテンシャル,確率の流れ)

ポテンシャルの階段による散乱としては金属内の電子が異種金属界面で散乱される場合などがある.図3.10に示すように,いずれの領域においても粒子のエネルギーがポテンシャルエネルギーを上回るとき,古典粒子は散乱されることなく通過する.ところが,量子力学では,領域Ⅰにおいて入射波$A_0 e^{ik_1 x}$と反射波$A e^{-ik_1 x}$,領域Ⅱにおいて透過波$B e^{ik_2 x}$が存在するので,各領域の解は

$$\phi_1(x) = A_0 e^{ik_1 x} + A e^{-ik_1 x}, \quad k_1 = \frac{\sqrt{2mE}}{\hbar}, \quad x<0 \text{ (領域 I)} \tag{3.33}$$

$$\phi_2(x) = B e^{ik_2 x}, \quad k_2 = \frac{\sqrt{2m(E-U_0)}}{\hbar}, \quad x>0 \text{ (領域 II)} \tag{3.34}$$

で与えられる．$x=0$ における ϕ, $d\phi/dx$ の連続条件より，係数および確率密度は

$$A = \frac{k_1 - k_2}{k_1 + k_2} A_0, \quad B = \frac{k_1}{k_1 + k_2} A_0 \tag{3.35}$$

$$|\phi_1(x)|^2 = \frac{2[k_1^2 + k_2^2 + (k_1^2 - k_2^2)\cos(2k_1 x)]}{(k_1 + k_2)^2} A_0^2, \quad |\phi_2(x)|^2 = \frac{4k_1^2}{(k_1 + k_2)^2} A_0^2 \tag{3.36}$$

となる．$A_0=1$ とし，さらに，具体的な場合として，$k_2=k_1/2$ を考えると

$$A_0=1, \quad A=\frac{1}{3}, \quad B=\frac{4}{3}, \quad |\phi_1(x)|^2 = \frac{10}{9} + \frac{6}{9}\cos(2k_1 x), \quad |\phi_2(x)|^2 = \frac{16}{9} \tag{3.37}$$

であるが，この（存在）確率を表すと，図3.10の下図となる．この図を見ると，入射波の確率1に対して，透過波の確率が16/9と1より大きくなり，奇異な感じがするが，散乱現象に対しては，粒子の流れを見なければならない．入射してきた粒子の一部が反射して同一速度で戻り，残りが透過波となって抜けていく．透過波の速度が遅くなれば，抜けてくる粒子流量の確率が1以下でも領域IIの各場所で長く滞在することとなり，領域Iにおける確率より相対的に増える．

したがって，入射量に対する反射量の比，透過量の比で表される**反射係数** R, **透過係数** T が次式で表されることが了承される．

$$R = \frac{|A|^2}{|A_0|^2} = \left(\frac{k_1 - k_2}{k_1 + k_2}\right)^2, \quad T = 1 - R = \frac{4k_1 k_2}{(k_1 + k_2)^2} = \frac{k_2 |B|^2}{k_1 |A_0|^2} \tag{3.38}$$

とくに，透過領域IIでは透過係数は確率密度の他に速度を考慮しなければならない．なお，位相速度の比は

$$\frac{v_2}{v_1} = \frac{p_2}{p_1} = \frac{k_2}{k_1} \tag{3.39}$$

と波数の比となり，「**確率の流れ**＝確率密度×特性速度」となっている．

3.5 散乱現象

$A_0 e^{ik_1 x}$
$Ae^{-ik_1 x}$
$Be^{ik_2 x}$

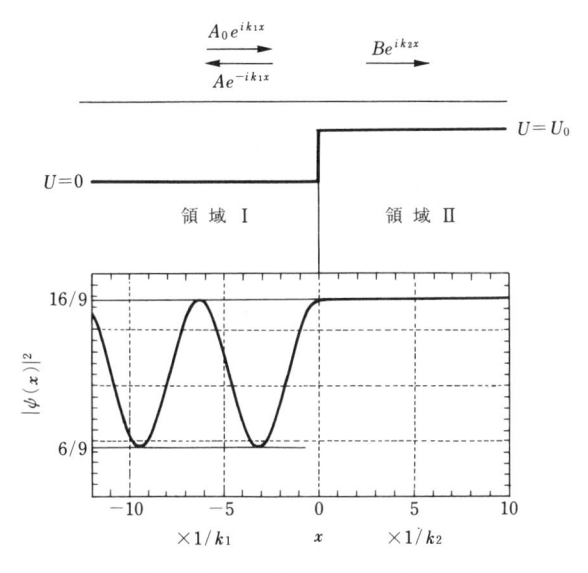

$U = 0$　$U = U_0$
領域 I　領域 II

$|\psi(x)|^2$
16/9
6/9
-10　-5　0　5　10
$\times 1/k_1$　x　$\times 1/k_2$

図 3.10　階段型ポテンシャルによる散乱

3.5.3　浅い井戸型または低い障壁ポテンシャルによる散乱（共鳴による完全透過）

古典粒子は経路の途中に図 3.11 に示すポテンシャル井戸または低いポテンシャル障壁があっても散乱を受けない．しかし，量子力学ではこれらポテンシャルに段差がある部分で一部が反射される．各領域における波動関数は次式で与えられる．

$A_0 e^{ik_1 x}$　$Be^{ik_2 x}$　$De^{ik_1 x}$
$U(x)$
$Ae^{-ik_1 x}$　$Ce^{-ik_2 x}$

0　L　x
$-U_0$
領域 I　II　III

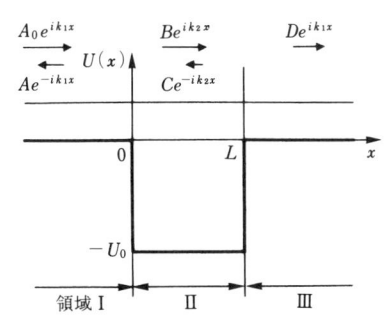

図 3.11　浅い井戸型ポテンシャルによる散乱

$$\phi_1(x) = A_0 e^{ik_1 x} + A e^{-ik_1 x}, \qquad x<0 \text{ （領域 I）} \tag{3.40}$$

$$\phi_2(x) = B e^{ik_2 x} + C e^{-ik_2 x}, \qquad 0 \leq x \leq L \text{ （領域 II）} \tag{3.41}$$

$$\phi_3(x) = D e^{ik_1 x}, \qquad L<x \text{ （領域 III）} \tag{3.42}$$

$$k_1 = \frac{\sqrt{2mE}}{\hbar}, \quad k_2 = \frac{\sqrt{2m(E-U_0)}}{\hbar} \tag{3.43}$$

なお，領域 I，III のポテンシャルを 0 とし，領域 II のポテンシャル U_0 は井戸の場合，負，障壁の場合，正をとる．係数 A, B, C, D と A_0 の比は $x=0$, L における ϕ，$d\phi/dx$ の連続の条件により求めることができる．ここで領域 I から領域 III への透過係数 T を求めるが，両領域の特性速度は等しいので，T は確率密度の比となり

$$T = \left|\frac{D}{A_0}\right|^2 = \left|\frac{4k_1 k_2}{[(k_1+k_2)^2 e^{-ik_2 L} - (k_1-k_2)^2 e^{ik_2 L}] e^{ik_1 L}}\right|^2 = \frac{1}{1 + \frac{1}{4}\left(\frac{k_2}{k_1} - \frac{k_1}{k_2}\right)^2 \sin^2(k_2 L)} \tag{3.44}$$

を得るが，この透過係数には非常に興味深い性質ある．以下の**共鳴条件**

$$\sin(k_2 L) = 0 \quad \text{すなわち} \quad k_2 L = n\pi \tag{3.45}$$

において，井戸は入射粒子に対して完全に透明（$T=1$）となることである．共鳴条件を波長 $\lambda_2 = 2\pi/k_2$ で表示すると

$$L = n\frac{\lambda_2}{2} \tag{3.46}$$

であり，井戸の幅 L が井戸中の波動関数の半波長の整数倍であれば，粒子はそこに何もないかのように素通りするのである．

井戸を特徴づける無次元化パラメータ $\beta = L\sqrt{2mU_0}/\hbar$，$E$ の無次元化量 $\varepsilon = E/U_0$ を用いて共鳴条件，透過係数を表すと

$$\beta = n\pi\left(1 - \frac{1}{2}\varepsilon\right), \quad n\Delta\varepsilon = 2, \quad T(\varepsilon) = \frac{1}{1 + \frac{1}{4\varepsilon(1+\varepsilon)}\sin^2(\beta\sqrt{1+\varepsilon})} \tag{3.47}$$

となる．ここで，$\Delta\varepsilon$ は共鳴条件を満たす隣り合わせの ε 間とする．

具体的な数値として，共鳴条件を満たす最小の ε を 0.05，$\Delta\varepsilon$ をほぼ 0.1 とした場合，$\beta = 19.5\pi$ となるが，この場合を描くと図 3.12 となる．図でわかる

3.5 散乱現象

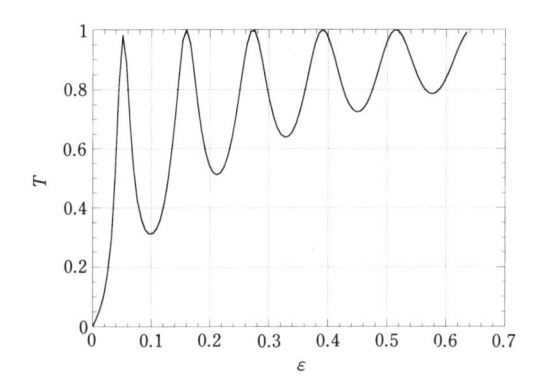

図 3.12 浅い井戸型ポテンシャルによる散乱における透過係数

ように，狭帯域の波長，とくに共鳴最大波長（最小 ε）でよく選択透過される．これはガラス等の光学的干渉フィルタに利用できる．

　量子力学が扱う問題は，このように代表寸法が状態関数の波数（または波長）と合致するかどうかという共鳴問題が多く，以下においても形を変えて共鳴問題が出る．

3.5.4 障壁の通過（基礎：トンネル効果）

　前述した有限な井戸型ポテンシャルの場合，井戸内に束縛された粒子のいくらかは階段の中に侵入するが

$$R = \left|\frac{A}{A_0}\right|^2 = 1, \quad A = \frac{ik+\alpha}{ik-\alpha} A_0 \tag{3.48}$$

のように完全に反射され，通り抜けたり，吸収されたりすることはない．ところが，階段が壁となり，壁の向こうで古典的にも許容された領域が存在すると，そこへ粒子が通り抜けるようになる．このようにわずかの時間であれば，不確定量分だけエネルギーの補填を受けるような形で障壁を越え，入射粒子のいくらかが通過するようになることを「**トンネル効果**」と呼ぶ．図 3.13 に示すポテンシャルにおける状態関数

$$\phi_1(x) = A_0 e^{ikx} + A e^{-ikx}, \quad x<0 \text{（領域 I ）} \tag{3.49}$$

図 3.13 障壁の通過

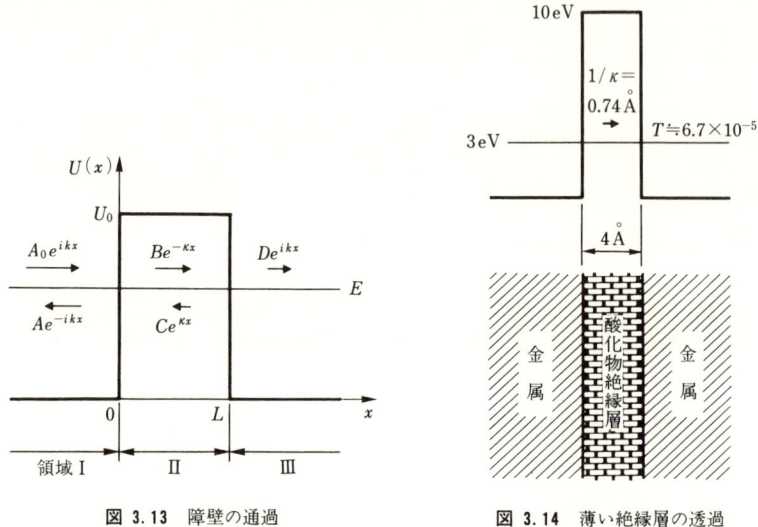

図 3.14 薄い絶縁層の透過

$$\phi_2(x) = Be^{-\kappa x} + Ce^{\kappa x}, \quad 0 < x < L \text{（領域Ⅱ）} \tag{3.50}$$

$$\phi_3(x) = De^{ikx}, \quad L < x \text{（領域Ⅲ）} \tag{3.51}$$

に $x=0$, L における ϕ, $d\phi/dx$ の連続条件を課し，貫通率（透過係数）を求めると

$$T = \left|\frac{D}{A_0}\right|^2 = \left|\frac{4ik\kappa}{[(\kappa+ik)^2 e^{-\kappa L} - (\kappa-ik)^2 e^{\kappa L}]e^{ikL}}\right|^2 \tag{3.52}$$

と与えられるが，$L \gg 1/\kappa$，$(\kappa L \gg 1)$ の場合

$$T = \left|\frac{D}{A_0}\right|^2 = \frac{16\kappa^2 k^2 e^{-2\kappa L}}{(\kappa^2+k^2)^2} = 16\left(\frac{E}{U_0}\right)\left(1-\frac{E}{U_0}\right)e^{-2\kappa L} \tag{3.53}$$

となる．

例として，図3.14に示すように2つの金属の間に障壁高さ 10 eV，厚さ 4 Å である 1，2原子の酸化物絶縁層がある場合に，3 eV のエネルギーをもつ電子が通り抜ける貫通率を求めると，$\kappa = 1.35 \times 10^{10}$ m^{-1}，$2\kappa L = 10.8$ より $T = 6.7 \times 10^{-5}$ が与えられる．

3.5.5 障壁の通過（例1：電場による電子放出）

走査電子顕微鏡をはじめとして物性を調べる各種分析機器においては，試料

3.5 散乱現象

に当てるプローブとなる1次電子を得る必要がある．その場合，電子源となる物質中に存在する自由電子をその物質中から引き出すために，エネルギーを加えなければならない．タングステン電極（熱陰極）を抵抗加熱することにより電子にエネルギーを与え，熱電子を取り出し，それをプローブ電子にできる．しかし，最近では電極（冷陰極）に高電界を加えて取り出す場合もある．

図 3.15 に示すように，金属中の自由電子はその電子が抜けて正イオンとなった格子原子が形成するポテンシャル井戸に束縛され，それより高い真空準位の金属外には飛び出せない状態となっている．そこに電場を作用させると，真空準位は図 3.16 のように下がることとなる．したがって，電場による電子放出は矩形でないポテンシャル障壁を電子がトンネリングする問題を解くこととなる．

ここで，位置とともに変化するポテンシャル障壁に対する透過係数を求める．幅 L の矩形障壁に関しての

$$\phi(L) \approx \phi(0)e^{-\kappa L} \tag{3.54}$$

より，小区間 $x \sim x + \Delta x$ については

$$\phi(x+\Delta x) \approx \phi(x)e^{-\kappa(x)L} \tag{3.55}$$

がいえる．これをテイラー（Taylor）展開して

$$\frac{d\phi}{dx} \approx -\kappa(x)\phi \tag{3.56}$$

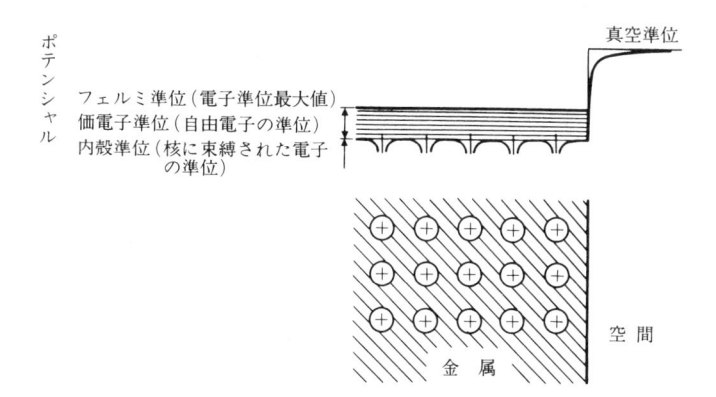

図 3.15　金属内のポテンシャル

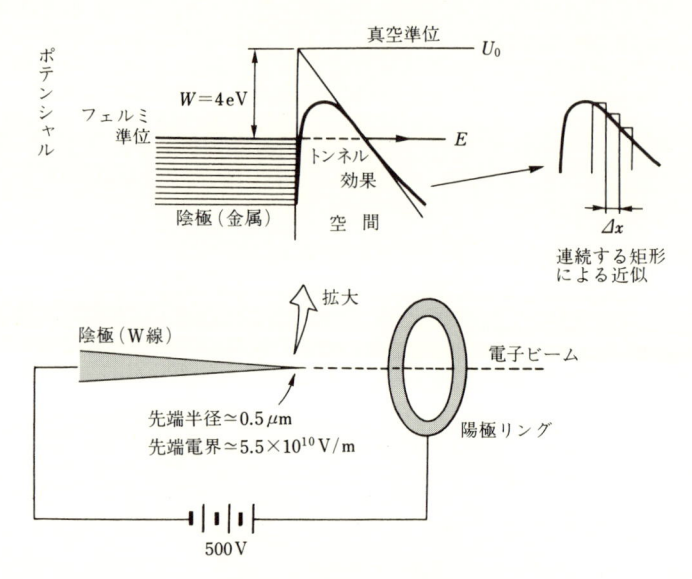

図 3.16 電場による電子放出

を得る．これを積分して透過係数の式に代入することにより

$$T = \left[\frac{\phi(x_2)}{\phi(x_1)}\right]^2 \approx e^{-2\int_{x_1}^{x_2}\kappa(x)dx}, \quad \kappa(x) = \frac{\sqrt{2m_e[U(x)-E]}}{\hbar} \quad (3.57)$$

が求められる．

ここで，金属内のエネルギー準位を0，真空準位をU_0とすると，ポテンシャルは

$$\begin{aligned} U(x) &= 0 &: x < 0 \\ &= U_0 - eVx &: x \geq 0 \end{aligned} \quad (3.58)$$

で与えられる．いま，金属内でエネルギーEをもつ電子に着目すると，その電子が金属外に出るためのポテンシャル障壁の幅は

$$L = \frac{U_0 - E}{eV} = \frac{W}{eV} \quad (3.59)$$

で与えられる．$W = U_0 - E$ は古典力学的にいうと，金属内の電子が外部に出るために必要な仕事量で仕事関数と呼ぶ．透過係数の式 (3.57) に代入し

$$T \approx e^{-2\int_{x_1}^{x_2}\kappa(x)dx} = e^{-\frac{V_0}{V}}, \quad 2\int_{x_1}^{x_2}\kappa(x)dx = \frac{2\sqrt{2meV}}{\hbar}\int_0^L \sqrt{L-x}\,dx = \frac{V_0}{V},$$

$$V_0 = \frac{4}{3}\frac{\sqrt{2m}}{\hbar}W^{\frac{3}{2}} \tag{3.60}$$

となる．$W=4\mathrm{eV}$ の場合，$V_0 \approx 5.5\times 10^{10}\,\mathrm{V/m}$ である．電子放出が見られるためには，少なくとも透過係数は $T>10^{-20}\approx e^{-50}$ の必要があり，電場は $V_0\approx 5.5\times 10^{10}\,\mathrm{V/m}$ 程度要する．このような高い電場を平面電極で得ることは不可能であるが，針状電極とし，先端曲率半径をサブミクロンに加工し，その電極を接地点に対して数百ボルト負にすれば可能となる．たとえば，先端半径を $0.5\,\mu\mathrm{m}$ にし，引き出し電圧を $500\,\mathrm{V}$ とすれば先の電場となる．

3.5.6 障壁の通過（例2：α 崩壊）

量子力学の初期の成功は，ガモフが **α 崩壊** をトンネル現象で説明したことである．Po^{212} と Th^{232} では核内の α 粒子のエネルギーが2倍程度（4～9 MeV）しか変わらないのに，α 崩壊による寿命が 10^{24} 倍も大幅に変わるのは謎とされていた．

崩壊は，減衰曲線
$$P(t)=P(0)e^{rt} \tag{3.61}$$
で表される．寿命は以下の式で求められる物質量が半分になる半減期 τ で定義される．
$$e^{-r\tau}=\frac{1}{2} \tag{3.62}$$

ここで，図 3.17 に示すように原子核内を領域 I，核外を領域 II として各領域における状態関数を書くと

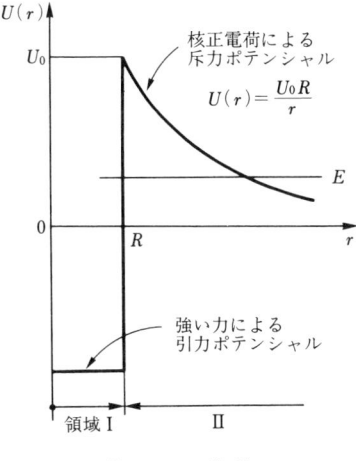

図 3.17 α 崩壊

$$\phi_1(r)=A_0\frac{e^{ik_0r}}{r}+A\frac{e^{-ik_0r}}{r}\text{（領域 I）},\quad \phi_3(r)=D\frac{e^{ikr}}{r}\text{（領域 II）} \tag{3.63}$$

と与えられる．これより，核内の存在確率および核外への確率の流れが

$$P=\int_0^R (\phi^*\phi)4\pi r^2 dr \approx 8\pi R|A_0|^2 \tag{3.64}$$

$$J_3 = 4\pi v_3 |D|^2 \tag{3.65}$$

と定義される．ここで，保存条件，すなわち，崩壊粒子が核外へ流出という条件

$$\frac{dP}{dt} = J_1 = J_3 \tag{3.66}$$

より**崩壊定数** γ が

$$\gamma = \frac{v_3}{2R} \frac{|D|^2}{|A_0|^2} \tag{3.67}$$

と定義される．一方，透過係数の定義は

$$T = \frac{v_3}{v_1} \frac{|D|^2}{|A_0|^2} \tag{3.68}$$

である．両者の比較より

$$崩壊定数 = \gamma = \frac{v_1}{2R} = T = （壁に対する衝突回数）\times（透過係数） \tag{3.69}$$

の式を得る．結局，2つの原子の α 崩壊の寿命の比は

$$\frac{\tau_2}{\tau_1} = \frac{\gamma_1}{\gamma_2} = \frac{T_1}{T_2} \tag{3.70}$$

により透過係数の逆数比となる．すなわち，透過しやすい原子ほど寿命が短い．

半径 R の原子核内では核子は相互間で強い力（π 中間子のやり取りで生じる力で，半径 R を越えると急激に 0 となる）によって引き合い，α 粒子（He 核で2個の陽子と2個の中性子）は深いポテンシャル井戸中に閉じ込められているが，R を越えるとクーロン斥力による以下のポテンシャルが作用する．

$$U(r) = \frac{2(Z-2)e^2}{4\pi\varepsilon_0 r} = U_0 \frac{R}{r}, \quad U_0 = \frac{2(Z-2)e^2}{4\pi\varepsilon_0 R} \tag{3.71}$$

これを透過係数の式に代入して

$$\ln(T) \approx -\frac{2\sqrt{2m}}{\hbar} \int_R^\eta \sqrt{U_0 \frac{R}{r} - E}\, dr = -\frac{\sqrt{2m}}{\hbar} U_0 R \left[-\frac{\pi}{\sqrt{E}} + \frac{4}{U_0} \right] \tag{3.72}$$

$$r_1 = \frac{2(Z-2)e^2}{4\pi\varepsilon_0 E} \tag{3.73}$$

したがって，寿命比は

3.5 散乱現象

$$\log\left(\frac{\tau_2}{\tau_1}\right) \approx \log\left(\frac{T_1}{T_2}\right) = -\left(\frac{1}{\sqrt{E_1}} - \frac{1}{\sqrt{E_2}}\right)\frac{U_0 R\pi\sqrt{2m}}{\hbar}\log(e) \quad (3.74)$$

ここで,ウランなどの典型的な放射性元素の原子番号,原子半径の値である $Z-2 \approx 90$, $R \approx 10^{-14}$ m を与えると,$U_0 = 25$ MeV を得る.それらの元素のうちで α 粒子のエネルギーが異なる 2 つの原子,$E_1 = 8.95$ MeV の Po^{212} と $E_2 = 4.05$ MeV の Th^{232} を取り上げると,寿命比の対数は

$$\log\left(\frac{\tau_2}{\tau_1}\right) \approx 25.4 \quad (3.75)$$

すなわち,核内にある α 粒子のエネルギーが高々 2 倍程度異なるだけで,寿命は $10^{25.4}$ 倍も異なる.半減期の実測値は,Po^{212} に対して $0.3\,\mu$ sec($= 3.0 \times 10^{-7}$ sec),Th^{232} に対して 139 億年($= 4.38 \times 10^{17}$ sec)とほぼ 24 桁異なる.Po^{212} は元素の崩壊系列のほんの瞬時に現れる元素で実験室で同定できるだけであるが,Th^{232} は宇宙の年齢ほどの寿命があり,ほぼ安定して存在する元素といえる.

例題 3.3 電子ビームが 3 eV の高さのステップポテンシャルに入射する.
(a) 入射前の電子の運動エネルギーが 3.01 eV とした場合,ステップで反射する電子の相対確率を求めよ.
(b) 入射前の電子の運動エネルギーが 3.05 eV とした場合,ステップで反射する電子の相対確率を求めよ.
(c) 入射前の電子の運動エネルギーが 2.99 eV とした場合,ステップ端から 15 Å 越えた箇所での入射電子に対する相対密度を求めよ.
(d) 入射前の電子の運動エネルギーが 2.95 eV とした場合,ステップ端から 5 Å 越えた箇所での入射電子に対する相対密度を求めよ.

(**解**) 式 (3.36) を用いて以下のように与えられる.
(a) 0.794, (b) 0.598, (c) 0.215, (d) 0.318

*1 ─────── **量子化条件(プランク定数 h の意味)** ───────
● 位相平面における素領域(プランク)
　プランクは位相平面(位置と運動量からなる平面)で楕円となる線形振動子の運動を考え,許される運動はこの楕円の面積が大きさ h の素領域に

分かたれると解し,次の量子条件を与えた.

$$\iint p\,dq = h \qquad (3.76)$$

古典統計力学に

「作用空間で面積が同じとなる状態の確率は同一（リュウヴィル（Liouville）の定理,エルゴード仮説）」という定理がある.プランクの考え方はこの定理の量子力学版で

「h の面積の素領域が1個の状態に対応」

といい換えたことになる.

● [周期運動の素運動（デバイ,ボーア,ゾンマーフェルト）]

デバイは,1自由度の周期運動の作用変数 J に対し

$$J = \oint p\,dq = nh \qquad (3.77)$$

の量子条件を書き,この形式がボーア,ゾンマーフェルトによっても引き継がれた.

● 遷移の素量（ハイゼンベルク）

ハイゼンベルクは遷移における変換を各項とした行列を表示し,その遷移に式 (3.77) の量子条件を適用した.若干の式変形を施し,遷移の運動量に対応する行列 P と,位置に対応する行列 Q の間で行列力学では量子条件が

$$PQ - QP = i\hbar I, \quad \text{または,} \quad p_{mn}q_{mn} - q_{mn}p_{mn} = -i\hbar \qquad (3.78)$$

と書き換えられることを示した.

● 粒子の波動化,波動の粒子化（シュレーディンガー）

シュレーディンガーは量子条件に対応する量子化を,粒子として扱われてきた電子等の対象を波動とすることで行った.

● 運動経路の幅（ファインマン）

ファインマンは,古典力学ではハミルトンの原理 $\delta I = \delta \int_{t_1}^{t_2} L(q_1 \cdots q_n, \dot{q}_1 \cdots \dot{q}_n)dt = 0$ を満たす運動のみが許されるが,量子力学ではその近傍の経路もある確率で可能であるとして量子化を行った.

*2 ──────「不確定性原理」と「ボイル（Boyle）の法則」──────

熱力学に「ボイルの法則」があるが,この法則では圧力と体積の積が一定であることをいい,体積を縮めようとすると圧力が大となる.この法則

注　釈

は，気体分子運動論と統計力学で法則の意味が解釈される前も，経験則として各物理量を求めるための基礎となっていた．「不確定性原理」と「ボイルの法則」では，積となる物理量が前者では作用量，後者ではエネルギー，扱う物理量が前者では不確定量，後者では絶対量と異なるが，「不確定性原理」を経験則としてはとりうる．

なお，「ボイルの法則」は束縛された空間（たとえば，内燃機関のシリンダ内）における圧力と体積の関係を議論する際に，理解は容易である．しかし問題によっては流動する気体（ガス噴流，プラズマ流動など）の圧力を扱う場合もある．だからといって，当初より一般的な法則として流動する気体の圧力と体積の関係で定式化しようとすると把握が困難となる．

量子力学における運動量と位置の関係についても同様のことがいえる．限られた空間内に束縛された粒子の挙動ということであれば，運動量の不確定量，位置の不確定量などとあいまいな用語をもち出すまでもなく，粒子の存在空間と運動量のとりうる範囲の間の関係ということで定式化してもよかったのである．実は，量子力学で扱う問題は，水素原子内の電子軌道，分子内の電子軌道など多くは束縛された状態を解析する場合である．

*3
作用を位相とする複素数の重ね合わせによる量子化

作用 S を構成する共役な物理量として運動量 p と位置 x をとると，$S = px$ となる．

複素数の重ね合わせは，複素平面におけるベクトル和として表すことができ，2つの運動量 $p = p_1, p_2$ に関する複素数の重ね合わせ $\phi(x) = C_1 e^{ip_1 x/\hbar} + C_2 e^{ip_2 x/\hbar}$ を考え，図 3.18 の複素平面上に状態関数をベクトル表示する．

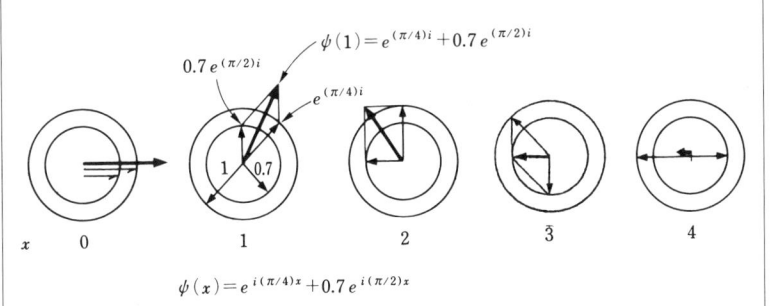

$$\phi(x) = e^{i(\pi/4)x} + 0.7 e^{i(\pi/2)x}$$

図 3.18　状態関数のベクトル表示

$x=0$ で両ベクトルの位相 $\theta=S/\hbar=px/\hbar$ は一致し，$|\phi(x)|=1$ であるとする．これより，さらに行った x で，それぞれの位相は $\theta_1=p_1x/\hbar$，$\theta_2=p_2x/\hbar$ となり，位相差

$$\delta\theta=\theta_1-\theta_2=(p_1-p_2)x/\hbar=\Delta p\cdot x/\hbar \tag{3.79}$$

が生じ，両ベクトルの和の大きさは

$$|\phi(x)|=\cos(\delta\theta)=\cos(\Delta p\cdot x/\hbar) \tag{3.80}$$

と減少する．さらに進んだ

$$\pi=\delta\theta=\Delta p\cdot x_{\max}/\hbar \tag{3.81}$$

において

$$\phi(x)=0 \tag{3.82}$$

となる．したがって，$\phi(x)$ が値をもつ範囲，すなわち，粒子の存在範囲は

$$\Delta x=x_{\max}-x_{\min}=2x_{\max}$$

となり，式 (3.81) に代入し，運動量および位置の広がり，または不確定量の積は

$$\Delta p\cdot \Delta x=2\pi\hbar=h$$

と与えられ，不確定性原理における限界値におおむね近い値となる．

状態関数の一般的な形で不確定量の積を求めようとすれば，フーリエ (Fourier) 級数展開を利用すればよい．運動量を $k=p/\hbar$ と置き換えれば，式 (3.3), (3.4) は

$$\phi(x)=\sum_{k}^{\infty} c_k e^{ikx}, \quad \sum_{k}^{\infty} c_k^* c_k=1 \tag{3.83}$$

となる．重ね合わせの係数を運動量の関数として

$$c_k=\phi(k)dk \tag{3.84}$$

で与え，式 (3.80) に代入し，総和を積分の形で表すと

$$\phi(x)=\frac{1}{\sqrt{2\pi\hbar}}\int_{-\infty}^{\infty}\phi(k)e^{ikx}dk \tag{3.85}$$

となる．なお，k 空間における状態関数はフーリエ逆変換をすることにより

$$\phi(k)=\frac{1}{\sqrt{2\pi\hbar}}\int_{-\infty}^{\infty}\phi(x)e^{-ikx}dx \tag{3.86}$$

と与えられる．フーリエ変換の性質でよく知るように，$\phi(x)$ と $\phi(k)$ の広がり，すなわち，Δx と Δk は相反の関係がある．粒子の平均位置，平均運動量をそれぞれの原点にとり，状態関数が以下のように正規分布している

注　釈

とする．

$$\phi(x') = \frac{1}{\Delta x \sqrt{\pi}} e^{-\frac{1}{2}\left(\frac{x'}{\Delta x}\right)^2}, \quad \phi(k') = \frac{1}{\Delta k \sqrt{\pi}} e^{-\frac{1}{2}\left(\frac{k'}{\Delta k}\right)^2} \quad (3.87)$$

x', k' が変数で，標準偏差を広がりの Δx, Δk とする．$\phi(x')$ を式 (3.86) に代入すると

$$\phi(k') = \frac{1}{\Delta x \sqrt{\pi}} \int_{-\infty}^{\infty} e^{-\frac{1}{2}\left(\frac{x'}{\Delta x}\right)^2} e^{-ik'x'} dx' = \frac{\Delta x}{\sqrt{\pi}} e^{-\frac{1}{2}(\Delta x \cdot k')^2} \quad (3.88)$$

$\phi(k')$ の両表式 (3.87) (3.88) における係数，指数それぞれを等置することにより，不確定性関係

$$\Delta k \cdot \Delta x = 1 \quad (3.89)$$

が導かれる．運動量を元の表式に戻すと

$$\Delta p \cdot \Delta x = h \quad (3.90)$$

となる．

*4 ───── **有限な深さの井戸型ポテンシャルの解法** ─────

ポテンシャル U は対称で

$$U(-x) = U(x) \quad (3.91)$$

より波動関数は空間対称となり

$$\phi(-x) = \pm \phi(x) \quad (3.92)$$

がいえる．± は座標変換に対する固有関数の偶奇性（偶関数か奇関数）を表す．

　本文で述べたように，各領域の解は

領域 II：$\phi(x) = A \cos kx$：偶関数，　$A \sin kx$：奇関数　　(3.25)

領域 I：$\phi(x) = Be^{\kappa x}$, $x \leq -\dfrac{L}{2}$；領域 III：$\phi(x) = Be^{-\kappa x}$, $\dfrac{L}{2} \leq x$

(3.27)

$$\kappa = \frac{\sqrt{2m_e(U_0 - E)}}{\hbar} \quad (3.28)$$

と与えられる．

　E, k, κ は未定であるが，$x = L/2$ における ϕ, $d\phi/dx$ の連続性および k, κ の定義より

$$kL \tan\left(\frac{kL}{2}\right) = \kappa L：偶関数，\quad kL \cot\left(\frac{kL}{2}\right) = \kappa L：奇関数$$

(3.93)

を解いて求められる.これを図式的に求めようとすると,無次元化パラメータを

$$k^2+\kappa^2=\frac{2m_e U_0}{\hbar^2} \qquad (3.94)$$

$$\xi=kL/2, \quad \eta=\kappa L/2 \qquad (3.95)$$

とおき,以下の円と偶奇性に応じた2つの曲線との交点により求めることができる.

$$\xi\tan(\xi)=\eta:偶関数,\quad \xi\cot(\xi)=\eta:奇パリティ \qquad (3.96)$$

$$\xi^2+\eta^2=\frac{2m_e U_0 L^2}{2\hbar^2} \qquad (3.97)$$

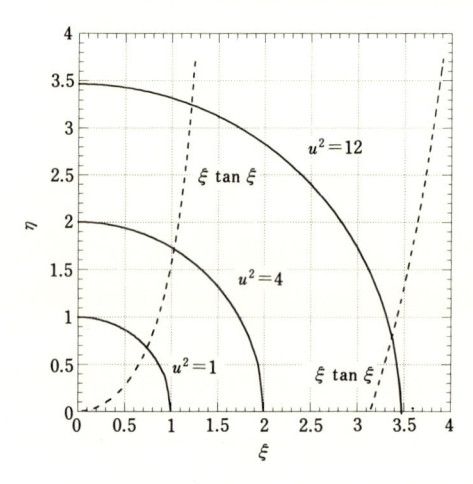

図 3.19 ξ-η 曲線
$\left(u^2=\dfrac{m_e U_0 L^2}{2\hbar^2}\text{ とおく}\right)$

図3.19でもわかるように,ξ, η, E は離散化した値となっている.この (ξ, η) の値と規格化の条件

$$\int_{-\infty}^{\infty}|\phi(x)|^2 dx=1 \qquad (3.98)$$

より A, B, したがって,固有関数が求められる.

演習問題

3.1 幅 L の無限に深い1次元井戸に，n 個の電子が入っている．全エネルギーの最小値と，電子が井戸の壁に与える圧力を求めよ．なお，後述するように電子は各準位に高々2個しか入らない．

3.2 原子核の半径を $r=10^{-14}$ m としたとき，この原子核内の核子の運動エネルギー（単位：MeV）を推定せよ．核子の質量は物理定数の表 1.1 を用いよ．

3.3 原子核中に電子が束縛されたとして以下の設問に答えよ．
（a）電子の最小運動エネルギーを計算せよ．
（b）原子核の表面に電子が存在するとして，原子番号 40 の原子核によるクーロン・ポテンシャルを計算せよ．
（c）(a), (b) により電子が原子核内に束縛されない理由を説明せよ．

3.4 深さ $V_0=-5$ eV，幅 $L=10^{-8}$ cm の矩形井戸型ポテンシャルを容易に飛び越える電子のエネルギーの最低値を求めよ．

3.5 1次元井戸型ポテンシャル中に束縛された電子の基底準位のエネルギーが以下の場合の周波数を求めよ．
（a）15 eV （b）7 eV

3.6 幅 1 cm の1次元井戸型ポテンシャル中に 500 eV のエネルギーをもつ以下の粒子が束縛された場合の量子数を求めよ．
（a）電子 （b）質量 1 mg の粒子

3.7 幅 5.6 Å の1次元無限井戸型ポテンシャル中に束縛された電子の最低エネルギー（単位 eV）を求めよ．

3.8 図 3.20 に示す二重井戸型ポテンシャル中を x 軸に沿って運動する電子のエネルギー準位を低い方から2つ計算せよ．

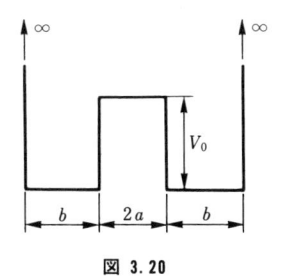

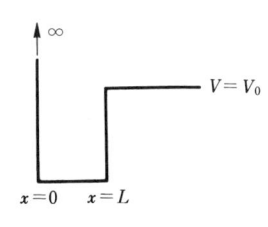

図 3.20

図 3.21

ただし，$2a=10^{-8}$ cm, $b=2\times10^{-8}$ cm, $V=30$ eV とせよ．

3.9 図3.21に示す一方が固い壁でできている1次元ポテンシャル中に粒子が束縛されている場合について，以下の設問に答えよ．

  (a) $E<V_0$ のときの関数を求めよ．

  (b) $x=0, L$ での境界条件を適用して，エネルギー E の許容値を求める式を導け．

  (c) 幅 $2L$，深さ V_0 の解と比較せよ．

3.10 $x=-L/2$ から $x=L/2$ における幅 L の1次元無限井戸型ポテンシャル中の最低エネルギー状態に束縛された電子の $-L/4<x<L/4$ に存在する確率を求めよ．

3.11 幅 0.38 nm の1次元無限井戸型ポテンシャル中に束縛された電子の第1励起準位の速度を求めよ．

3.12 質量 10^{-6} g の有機分子が1辺 1 mm の1次元箱に束縛されている．以下の設問に答えよ．

  (a) この分子の最小エネルギーを求めよ．

  (b) この分子の最小速度を求めよ．

  (c) この分子が約 30 m/sec の速度をもつ場合の大略の量子数を求めよ．

  (d) (c)の状態の分子が量子数1だけ遷移した場合の速度の変化量を求めよ．

3.13 長さ 4.8 nm の直鎖分子に束縛された電子について以下の値を求めよ．

  (a) 基底準位と第1励起準位のエネルギー差．

  (b) 第2励起準位から基底準位に遷移する際に放射される電磁波の波長．

3.14 波長 $0.5\,\mu$m の電磁波が長さ $2\,\mu$m の1次元箱に束縛された粒子を基底準位から第2励起準位へ遷移させた．この粒子の質量を求めよ．

4 量子力学の定式化 II
―シュレーディンガー方程式―

> 各物理量は 3 章で述べた状態関数に共役な物理量の微分の形となっている演算子を作用させればよいことを述べる．とくに時間微分の演算子，すなわち状態の時間的推移はエネルギーに関連しており，それよりシュレーディンガー方程式がつくられる．具体的な問題として調和振動子ポテンシャルによる拘束，トンネリング現象を解く．

4.1 シュレーディンガー方程式による量子化

前章で，量子条件の「不確定性原理」は状態関数を e^{ikx} の重ね合わせで定義し，それを各問題に対するポテンシャルエネルギーに合うようにすれば，拘束問題に対する定常状態のエネルギー固有値，固有関数などが解けることを示した．しかし，ポテンシャルの形が複雑になったり，自由粒子の問題となれば，解くことが不可能であることがわかった．

ここで，現在，最も広汎に使用されている量子力学の計算法であるシュレーディンガー方程式を量子条件から誘導する．

4.1.1 量子力学における運動方程式（シュレーディンガー方程式）

定式化に当たって，まず量子力学における運動方程式とは如何なるものかを考えてみる．古典力学において，運動方程式とはある時間 t における座標，速度，加速度，作用力，ポテンシャル等を知り，その後の時間 $t+\Delta t$ におけるそれらの値を与える式となる．一方，量子力学においては各物理量は確定値として与えることはできなく，図 4.1 に示すように，対象となるのは状態関数 ϕ のみであり，時間 t における ϕ_t から時間 $t+\Delta t$ における $\phi_{t+\Delta t}$ への推移を表す式を

書き出すこととなる．結局，課せられる条件は以下のようになる．

① 対象となる従属変数は状態関数 ϕ のみとする．
② 不確定性原理により，方程式の中に独立変数として共役な物理量を同時に含むことはできない．
③ 状態の指標は状態関数 ϕ のみ

であるので，各物理量はそれより誘導できるようにする．

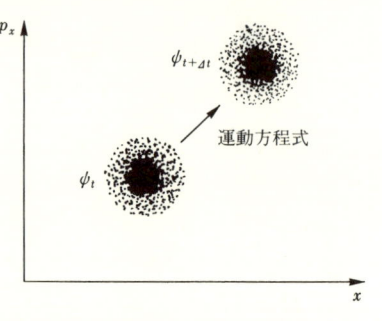

図 4.1 量子力学における運動方程式

2章の図2.2に示した古典力学各定式において状態を1つの指標で表す式は，ハミルトンの主関数が指標のハミルトン-ヤコービの方程式，またラグランジアンが指標のハミルトンの原理である．

ハミルトンの主関数 S の次元は作用量であり，また，量子力学における状態関数はその状態における作用 S より与えられる $e^{iS/\hbar}$ の重ね合わせとして与えられる．それで両者の S を同一と考える．x に共役な運動量 p_x はハミルトン-ヤコービの方程式では

$$p_x = \frac{\partial S}{\partial x} \tag{4.1}$$

で与えられる．ここで，状態関数 $\phi = e^{iS/\hbar}$ を x で偏微分すると

$$\frac{\partial \phi}{\partial x} = \phi \frac{i}{\hbar} \frac{\partial S}{\partial x} = \phi \frac{i}{\hbar} p_x \tag{4.2}$$

または，$\quad \hat{p}_x \phi = p_x \phi; \quad \hat{p}_x = -i\hbar \dfrac{\partial}{\partial x} \tag{4.3}$

が得られる．式 (4.2) を再び微分し，$\dfrac{\partial^2 S}{\partial x^2} = \dfrac{\partial p_x}{\partial x} = 0$ に注意すると

$$\frac{\partial^2 \phi}{\partial x^2} = -\frac{\phi}{\hbar^2}\left(\frac{\partial S}{\partial x}\right)^2 \quad \text{または} \quad \left(\frac{\partial S}{\partial x}\right)^2 = -\frac{\hbar^2}{\phi}\frac{\partial^2 \phi}{\partial x^2} \tag{4.4}$$

を得る．

同様に $\phi = e^{iS/\hbar}$ を t で偏微分すると

$$\frac{\partial S}{\partial t} = -\frac{1}{\phi} i\hbar \frac{\partial \phi}{\partial t} \tag{4.5}$$

となる．式 (4.4) の $(\partial S/\partial x)^2$ および式 (4.5) の $\partial S/\partial t$ をハミルトン-ヤコービの方程式

$$\frac{\partial S}{\partial t} = -H\left(q_j, \frac{\partial S}{\partial q_j}\right) = -\frac{\hbar^2}{2m}\left(\frac{\partial S}{\partial q_j}\right)^2 - U(q_j) \tag{4.6}$$

に代入することにより

$$i\hbar \frac{\partial \phi}{\partial t} = \hat{H}(q_j, \hat{p}_j)\phi, \quad \text{ただし，} \quad \hat{p}_j = -i\hbar \frac{\partial}{\partial q_j}$$

一般に，
$$\hat{H} = \frac{\hat{p}_j^2}{2m} + U(q_j) = -\frac{\nabla^2}{2m} + U(q_j) \tag{4.7}$$

のシュレーディンガー方程式を得る．この式は誘導でもわかるようにエネルギー方程式かハミルトン方程式，または状態推移方程式と呼ぶべきものであり，狭義の波動の概念は入っていない．

4.1.2 演算子による量子化

式 (4.2) でわかるように，量子化された状態関数を仮定すると運動量はそれの共役な位置座標で偏微分することにより得られる．その式を変形した式 (4.3) は ϕ に $\hat{p}_x$ を作用させて運動量の固有値 p_x を得るための固有値方程式となっている．ここで，運動量の記号が演算子であることを示すために ＾（ハット）をつけた．

一般に，**共役な物理量** A, B があれば

$$\hat{B} = -i\hbar \frac{\partial}{\partial A} \tag{4.8}$$

により A で表示した状態関数の物理量 B に対する演算子が与えられることとなる．式 (4.8) の演算を図 4.2 の複素平面上に描いた．(a) の固有関数は物理量 B の 1 つの値に対する関数で，したがって，A が変わっても大きさは変わらなく，$\phi(A)$ の先端は 1 つの円上を移動し，$\partial \phi(A)/\partial A$ は $\phi(A)$ に直交する．$-i$ を掛けることは複素平面上でベクトルを右回り 90° 回転させることであり，結局，$-i\partial\phi(A)/\partial A$ と $\phi(A)$ は共軸となる．一方，物理量 B のいくつかの値の関数の重ね合わせで表される状態関数である (b) の場合，$\phi(A)$ は A の変

図中ラベル:
(a) 固有関数の場合 — 虚軸／実軸, $\dfrac{\partial\psi}{\partial A}$, 右回り90°回転 $\hbar$ 倍, $-i\hbar\dfrac{\partial\psi}{\partial A}$, $\phi(A)$
(b) 固有関数でない場合 — 虚軸／実軸, $\dfrac{\partial\psi}{\partial A}$, $-i\hbar\dfrac{\partial\psi}{\partial A}$, ϕ, 共軸とならない

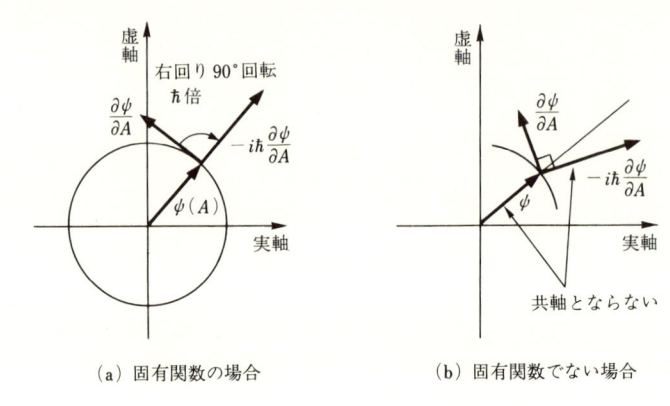

図 4.2 演算子 $-i\hbar\dfrac{\partial}{\partial A}$（量子力学における物理量）の複素平面上での表示

化につれて大きさが変化し，$\partial\phi(A)/\partial A$ は $\phi(A)$ に直交しない．したがって，$-i\partial\phi(A)/\partial A$ は $\phi(A)$ 対して傾いており，$-i\hbar\partial\phi(A)/\partial A$ と $\phi(A)$ の比は複素数となる．

なお，共役な物理量 A, B というのは，『$A\times B=S=$作用量』の関係があるものであり，位置 x と運動量 p_x は共役というが，x と p_y は共役とはいわない．

本書での量子化の説明は

> ハイゼンベルクの不確定性原理 $\Rightarrow$ $e^{iS/\hbar}$ の重ね合わせ
> $\Rightarrow$ 演算子 $\hat{B}=-i\hbar\dfrac{\partial}{\partial A}$

となり，1つの微分方程式を境界条件に合わせて解けばよいこととなった．

量子力学において状態を示す指標は状態関数 ϕ のみであり，それより各物理量の固有値を得るための演算子 $\hat{B}$ そのものを量子力学における物理量といってよい．量子力学における物理量 $\hat{B}$ は演算子，古典力学における物理量はスカラー B であり，ディラックは両者を区別するために，前者を quantumn number という意味で "q-数"，後者を classical number という意味で "c-数" と呼んだ．

共役な関係にある物理量には
　"運動量 p_x と位置 x，角運動量 L_z と角度 ϕ，…"

があり，したがって，q-数の各物理量は

$$\hat{p} = -i\hbar \frac{\partial}{\partial x}, \quad \hat{L}_z = -i\hbar \frac{\partial}{\partial \phi} \qquad (4.9)$$

などのc-数によって表した演算子となる．

q-数を用いて微分方程式を書き

$$\hat{B}\phi = B\phi \quad \text{または} \quad -i\hbar \frac{\partial}{\partial A} \phi(A) = B\phi(A) \qquad (4.10)$$

により**固有値**と**固有関数**が得られる．

演算子によって，もともと状態関数に含まれている運動量，角運動量等の物理量に関する情報を引き出す，または，聞き出すこととなる．

各物理量Bが固有値をもつのは，共役な物理量Aを変化させていってもポテンシャルが変わらない場合となる．運動量p_xは位置xにかかわらずポテンシャルが一定のとき，角運動量Lは軸対称または球対称ポテンシャルの場合である[*1]．

式 (4.2) を見れば運動量をわざわざわかりにくい演算子というのでなく

$$p_x = -i\hbar \frac{1}{\phi} \frac{\partial \phi}{\partial x} \qquad (4.11)$$

で表してもよいように見えるが，運動エネルギー，すなわち運動量の2乗を定義する場合に異なってくる．

エネルギー演算子のみは他の物理量と異なり，運動方程式に関したものであり，状態関数自身の時間的推移を規定するものであり

$$\hat{E} = i\hbar \frac{\partial}{\partial t} \qquad (4.12)$$

が，「全エネルギー＝運動エネルギー＋ポテンシャルエネルギー＝ハミルトニアン」より導き出されるハミルトン演算子に起因すると考え，式 (4.5) が誘導される．

この場合，$\phi(q, t)$ は固有関数である必要はない．もちろん，定常状態，すなわち，時間とともにポテンシャルが変化しなければ，固有値方程式となり，固有値E，固有関数$\phi(q)$が得られる．

ここで，ハイゼンベルクが物理量を行列で表すことで与えた量子条件とシュレーディンガーが彼の方程式を導くために物理量を演算子とすることにより与

えた量子条件の同等性を述べる．ハイゼンベルクの量子条件は，物理量を表す行列 A と B は**交換不可能（非可換）**で

$$AB - BA = i\hbar 1 \tag{4.13}$$

行列要素でいうと，状態 i, j 間の遷移に伴う各物理量 $a_{ij}, a_{ji}, b_{ij}, b_{ji}$ の間に

$$a_{ij}b_{ji} - b_{ij}a_{ji} = i\hbar \tag{4.14}$$

が成り立つことで定義されている．

共役な物理量に対する演算子 $\hat{A}, \hat{B}$ に対して同様な交換関係を書き出すために

$$[\hat{A}, \hat{B}] = \hat{A}\hat{B} - \hat{B}\hat{A} \tag{4.15}$$

の新しい記号を導入する．これはディラックの括弧式と呼ばれ，古典力学のポアソンの括弧式から想到されたものである．この式の演算子を微分表示すると

$$[\hat{A}, \hat{B}] = A\frac{\hbar}{i}\frac{\partial}{\partial A} - \frac{\hbar}{i}\frac{\partial}{\partial A}A = i\hbar \tag{4.16}$$

で式 (4.14) と同等の式を得る．

物理量 C, B が共役でなければ，$\hat{C}, \hat{B}$ は**交換可能（可換）**で

$$[\hat{C}, \hat{B}] = C\frac{\hbar}{i}\frac{\partial}{\partial A} - \frac{\hbar}{i}\frac{\partial}{\partial A}C = 0 \tag{4.17}$$

となる．

なお，量子化する前の方程式はニュートンの非相対論的運動方程式であり，シュレーディンガーの方程式も非相対論的方程式である．

4.2 簡単な問題に対するシュレーディンガー方程式による解

4.2.1 1次元のシュレーディンガー方程式

現象を単純化すると1次元の問題として解釈されることが多い．ここで，シュレーディンガーの波動方程式を1次元で書くと

$$\left[\frac{\hat{p}_x^2}{2m} + U(x)\right]\phi(x) = \left[-\frac{\hbar^2}{2m}\frac{d^2}{dx^2} + U(x)\right]\phi(x) = E\phi(x) \tag{4.18}$$

となり，結局

$$\frac{d^2}{dx^2}\phi(x) = \frac{2m}{\hbar^2}[U(x)-E]\phi(x) \tag{4.19}$$

の微分方程式を解くこととなる．

例題 4.1 ある粒子の状態関数が

$$\phi(\mathbf{r},\,t) = Ae^{i(kr-\omega t)},$$

$$\mathbf{k} = (5\overline{\mathbf{x}} + 7\overline{\mathbf{y}} + 17\overline{\mathbf{z}})\,\text{Å}^{-1}, \quad \omega = 4.59 \times 10^{13}\,\text{rad/sec}$$

で表される．この粒子の運動量，質量を求めよ．$\overline{\mathbf{x}},\,\overline{\mathbf{y}},\,\overline{\mathbf{z}}$ は単位ベクトルを表す．

（解） 運動量の定義式に代入して，$p_x = -(i\hbar/\phi)(\partial\phi/\partial x) = 5\hbar,\,p_y = 7\hbar,\,p_z = 17\hbar$ を得る．したがって，$p = \sqrt{p_x^2 + p_y^2 + p_z^2} = 2.15 \times 10^{-23}\,(\text{kg}\cdot\text{m/sec})$ となる．

質量は $m = (p^2/2E)$ で与えられる．一方，エネルギーは定義式より $E = (i\hbar/\phi)(\partial\phi/\partial t) = \hbar\omega$ と与えられる．したがって，$m = (p^2/2E) = 1.602 \times 10^{-19}\,\text{kg}$ となる．

例題 4.2 固有値方程式 $\hat{H}u = Eu$ の固有関数として満たすべき条件として，"単一値，有限，連続，第 1 微分の連続" がある．以下の関数は固有関数として適切か．
(a) $u = x\,;\,x \geq 0,\,u = 0\,;\,0\,x < 0$, (b) $u = x^2$, (c) $u = e^{-|x|}$, (d) $u - e^{-x}$
(e) $u = \cos x$, (f) $u = \sin|x|$, (g) $u = e^{-x^2}$

（解） (a) 不適：$x \to \infty$ で $u \to \infty$，$x = 0$ で $\dot{u}$ 不連続，(b) 不適：$x \to \infty$ で $u \to \infty$，(c) 不適：$x = 0$ で $\dot{u}$ 不連続，(d) 不適：$x \to -\infty$ で $u \to \infty$，(e) 適切，(f) 不適：$x = 0$ で $\dot{u}$ 不連続，(g) 適切

例題 4.3 状態関数の重ね合わせ可能は重要な性質であり，そのためには演算子 $\hat{R}$ は以下のように線形でなければならない．

$$\hat{R}(u+v) = \hat{R}u + \hat{R}v, \quad \hat{R}(cu) = c\hat{R}u;\quad c：複素数$$

以下の演算子は線形か．

(a) $\hat{A}u = \lambda u$, (b) $\hat{B}u = u^*$, (c) $\hat{C}u = u^2$, (d) $\hat{D}u = \dfrac{du}{dx}$,

(e) $\hat{E}u = \dfrac{1}{u}$, (f) $\hat{L}\hat{P} = [\hat{H},\,\hat{P}]$

（解） (a) 線形，(b) 線形でない：$\hat{B}(cu) = c^*\hat{B}u \neq c\hat{B}u$，(c) 線形でない：$\hat{C}(u+v) = u^2 + 2uv + v^2$，一方，$\hat{C}u + \hat{C}v = u^2 + v^2$ であり，$\hat{C}(u+v) \neq \hat{C}u + \hat{C}v$，(d) 線形，(e) 線

形でない：$\hat{E}(cu)=(1/c)\hat{E}u$，(f) 線形：$\hat{L}(\hat{P}+\hat{Q})=\hat{H}(\hat{P}+\hat{Q})-(\hat{P}+\hat{Q})\hat{H}=[\hat{H},\hat{P}]+[\hat{H},\hat{Q}]=\hat{L}\hat{P}+\hat{L}\hat{Q}$

4.2.2 調和振動子型ポテンシャル

調和振動子の固有値問題は電磁モード，格子振動の量子的扱い，RLCタンク回路，量子光学，ゆらぎ理論，雑音，コヒーレンスの考察などに関連する．

図4.3に示す**調和振動子型ポテンシャル**

$$U(x)=\frac{1}{2}Cx^2 \qquad (4.20)$$

は，束縛された状態の位置とともに変化するポテンシャルの代表であり，状態関数は一定の k をもたないため簡単な三角関数で表示できない．

単純調和振動子に対する1次元シュレーディンガー方程式は

$$-\frac{\hbar^2}{2m}\frac{d^2\phi}{dx^2}+\frac{1}{2}m\omega^2x^2\phi=E\phi \qquad (4.21)$$

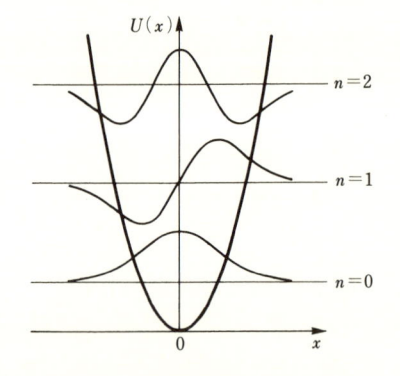

図 4.3 調和振動子型ポテンシャル

と表される．

具体的に問題を解く前に，有限な深さの井戸型ポテンシャルの結果より，この問題の解を類推する．

『井戸型ポテンシャルの場合，古典的に存在が許されない領域（$E<U(x)$）は，$E-U_0=$一定で $\phi(x)$ は指数的に減衰していた．ところが，調和振動子の場合には，x が増加するにつれて，$E-U(x)$ は減少（絶対値は増大）している．したがって，x の2乗以上の指数で減衰すると思われる．

ポテンシャル内の，$E>U(x)$，でも $E-U(x)$ が減少するため，指数的な減衰をとる．ただし，エネルギー固有値の小さな状態から，節が0, 1, 2と増え，べき乗の関数であれば，0次，1次，2次偶関数，3次奇関数が指数に掛かることとなる．』

そこで，まず x を相対量とするため

4.2 簡単な問題に対するシュレーディンガー方程式による解

$$\xi = \frac{x}{a}, \quad a = \sqrt{\frac{\hbar}{m\omega}} \tag{4.22}$$

とおくと，シュレーディンガー方程式は

$$\frac{d^2\phi(\xi)}{d\xi^2} - \xi^2\phi(\xi) = -\frac{E}{\frac{1}{2}\hbar\omega}\phi(\xi) \tag{4.23}$$

となる．大きな ξ に対しては

$$\frac{1}{2}m\omega^2 a^2 \xi^2 \gg E \quad \text{より} \quad \frac{d^2\phi}{d\xi^2} \approx \xi^2\phi \tag{4.24}$$

となり，状態関数は

$$\phi(x) \propto e^{-\frac{1}{2}\xi^2} \tag{4.25}$$

と与えられる．したがって，小さな ξ においても満たす状態関数を得るために以下の試行関数

$$\phi(\xi) = u(\xi) e^{-\frac{1}{2}\xi^2} \tag{4.26}$$

を式 (4.23) のシュレーディンガー方程式に代入して

$$u'' - 2\xi u' + (\varepsilon - 1)u = 0, \quad \varepsilon = \frac{E}{\frac{1}{2}\hbar\omega} \tag{4.27}$$

の簡単な微分方程式を得る．$u(\xi)$ を次のべき級数の形

$$u(\xi) = c_0 + c_1\xi + c_2\xi^2 + \cdots + c_n\xi^n + \cdots \tag{4.28}$$

に仮定し，これを式 (4.27) に代入した結果は次式となる．

$$2c_2 + (\varepsilon - 1)c_0 + [6c_3 - (3-\varepsilon)c_1]\xi + \cdots$$
$$+ [(n+1)(n+2)c_{n+2} - (2n-\varepsilon+1)c_n]\xi^n + \cdots = 0 \tag{4.29}$$

これがあらゆる ξ について成立するためには各べき乗の係数が 0 になることであり

$$c_{n+2} = \frac{2n - (\varepsilon - 1)}{(n+1)(n+2)} c_n \tag{4.30}$$

を満たさねばならない．こうして，c_0 を与えれば，偶数べき乗が順次 c_0 で表され，c_1 を与えれば，奇数べき乗が順次 c_1 で表される．しかし，得られた解の収束性もチェックしなければならない．式 (4.30) で与えられる係数によって得られる項は偶数べきの場合には e^{ξ^2} の展開項，奇数べきの場合には ξe^{ξ^2} の展開項となり，$\phi(\xi)$ は

$$\phi(\xi) \propto e^{\frac{1}{2}\xi^2} \quad (偶数べき), \quad \xi e^{\frac{1}{2}\xi^2} \quad (奇数べき) \tag{4.31}$$

となる．いずれにしても，$\xi \to \infty$ において，$\phi(\xi) \to \infty$ となる．したがって，解を収束させるためには級数を打ち切らなければならない．すなわち，ある項で0とするため，式 (4.30) の係数比を0とする必要がある．これによって

$$\varepsilon = 2n + 1$$

すなわち，離散化したエネルギーの固有値

$$E_n = \hbar\omega\left(n + \frac{1}{2}\right) = h\nu\left(n + \frac{1}{2}\right) \tag{4.32}$$

を得る．式の形で見るように，値は $\hbar\omega$ の等間隔である[*2]．また，状態関数で最後に残る係数 c_0, c_1 は規格化条件を用いることにより決定される．具体的には

$$\phi_n(\xi) = \sqrt{\frac{1}{n! 2^n a\sqrt{\pi}}} H_n(\xi) e^{-\xi^2/2} = \sqrt{\frac{1}{a\sqrt{\pi}}} e^{-\xi^2/2} \cdot \sqrt{\frac{1}{n! 2^n}} H_n(\xi) \tag{4.33}$$

$H_n(\xi)$：**エルミート多項式**

となる．なお，低いエネルギーの状態関数の n に関係する項のみを表4.1に示す．図4.3には $n=0$, 1, 2 の固有値レベルおよびその時の状態関数をレベルを軸として描いた．

この解の最低エネルギーは0でなく

$$E_0 = \frac{1}{2}\hbar\omega = \frac{1}{2}h\nu \tag{4.34}$$

表 4.1

n	$\sqrt{\dfrac{1}{n!2^n}}H_n(\xi)$
0	1
1	$\sqrt{2}\xi$
2	$\dfrac{1}{\sqrt{2}}(1-2\xi^2)$
3	$\dfrac{1}{\sqrt{3}}(3\xi-2\xi^3)$
4	$\dfrac{1}{\sqrt{6}}\left(\dfrac{3}{2}-6\xi^2-2\xi^4\right)$

であるが，これは不確定性原理から来る要請であり，このエネルギーを**零点エネルギー**と呼ぶ．n番目のエネルギーに対する波動関数の級数項の最大べきは $(n-1)$ 乗であり，ポテンシャル内で $(n-1)$ の節点をもつが，これは前述したとおりである．

調和ポテンシャルの問題は簡単な曲線形状のポテンシャルを解くという数学的興味という他に，最初に述べたように実際の問題に対するいくつかの応用もある．前述したように，場には調和振動子が埋め込まれており，それを介して各物理量が伝播する．したがって，調和ポテンシャルに対する量子力学の解を求めることは場の量子挙動の解明，すなわち，場の量子化を行ったこととなる．

4.2.3 確率の流れ（トンネル電流の算出など）

これまで，扱ってきた確率は，ある場所における存在確率であり，それによってエネルギー固有値などが求められ，量子力学より物理諸現象を解釈する基礎とはなっている．ところが，散乱現象，トンネル現象においては，電流値といった物理量の輸送値が計測対象となる．したがって，以下で確率の流れを検討する．

波動関数（状態）の速度が形式的に $v_x = p_x/m$ で表されることを考慮すると，確率の流れとして

$$J(x, t) = \frac{1}{2}\left(\phi^* \hat{v}_x \phi + \phi \hat{v}_x{}^* \phi^*\right) = \frac{1}{2}\left(\phi^* \frac{\hat{p}_x}{m} \phi + \phi \frac{\hat{p}_x{}^*}{m} \phi^*\right)$$

$$= -\frac{i\hbar}{2m}\left(\phi^* \frac{\partial \phi}{\partial x} - \phi \frac{\partial \phi^*}{\partial x}\right) \tag{4.35}$$

が定義しうる．

ここで，ある区間において存在確率が発生すれば（たとえば，電荷）

$$\frac{\partial}{\partial t}\left[\int_{x_1}^{x_2} |\phi|^2 dx\right] = \int_{x_1}^{x_2}\left[\frac{\partial \phi^*}{\partial t}\phi + \phi^* \frac{\partial \phi}{\partial t}\right]dx = \frac{i\hbar}{2m}\left[\phi^* \frac{\partial \phi}{\partial x} - \phi \frac{\partial \phi^*}{\partial x}\right]_{x_1}^{x_2} \tag{4.36}$$

と与えられる．なお，式変形において

$$i\hbar \frac{\partial \phi}{\partial t} = -\frac{\hbar^2}{2m}\frac{\partial^2 \phi}{\partial x^2} + U(x)\phi, \quad -i\hbar \frac{\partial \phi^*}{\partial t} = -\frac{\hbar^2}{2m}\frac{\partial^2 \phi^*}{\partial x^2} + U(x)\phi^* \tag{4.37}$$

などを用いた．

式 (4.35) (4.36) の両式を用いれば

$$\frac{\partial}{\partial t}\left[\int_{x_1}^{x_2}|\phi|^2 dx\right] = J(x_1, t) - J(x_2, t) \tag{4.38}$$

と表すことができ，流体，電場における流れでよく知る関係，すなわち，「ある領域に流出入する物理量（粒子，電荷など）の差はそこで発生する物理量に等しい」，たとえば，電場に対して

$$\frac{\rho}{\varepsilon_0} = \nabla E \tag{4.39}$$

と類似で量子化された式を得たこととなる．定式化した確率の流れ式 (4.35) は，今後使用される場合があり，たとえば，粒子のもつ電荷を掛けて電流を得る．

単一のエネルギーにおける1次元の確率流れに対しては

$$\phi = Ae^{i(kx-\omega t)} \tag{4.40}$$

より

$$J = \frac{\hbar k_x}{m}(A^*A) = v_x|A|^2 \tag{4.41}$$

を得る．

トンネル現象の場合にも，各領域の確率の流れの量は一致しなければならない．それで，図4.4に示すポテンシャルにおける状態関数

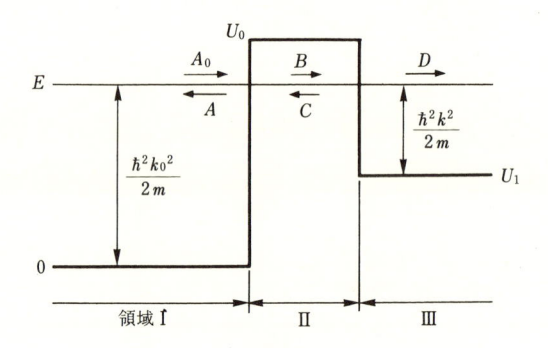

図 4.4 確率の流れ（障壁の通過）

$$\phi_1(x) = A_0 e^{ik_0 x} + A e^{-ik_0 x} \quad (\text{領域 I}), \tag{4.42}$$

$$\phi_2(x) = Be^{-\kappa k} + Ce^{\kappa x} \quad (\text{領域 II}), \tag{4.43}$$

$$\phi_3(x) = De^{ikx} \quad (\text{領域 III}) \tag{4.44}$$

を確率の流れ式

$$J(x, t) = -\frac{i\hbar}{2m}\left(\phi^*\frac{\partial \phi}{\partial x} - \phi\frac{\partial \phi^*}{\partial x}\right) \tag{4.45}$$

に代入すると

$$J_1 = v_0(A_0 A_0^* - AA^*), \quad v_0 = \frac{\hbar k_0}{m} \quad (\text{領域 I}) \tag{4.46}$$

$$J_2 = -\frac{i\hbar\kappa}{m}(B^*C - BC^*) = \frac{2\hbar\kappa}{m}B_0C_0\sin(\gamma-\beta),$$

$$B = B_0 e^{i\beta}, \quad C = C_0 e^{i\gamma} \quad (領域 II) \tag{4.47}$$

$$J_3 = v(DD^*), \quad v = \frac{\hbar k}{m} \quad (領域 III) \tag{4.48}$$

$x = 0, L$ における $\phi, d\phi/dx$ の連続の条件を課すと

$$v_0(A_0A_0^* - AA^*) = -\frac{i\hbar\kappa}{m}(B^*C - BC^*) = (DD^*) \tag{4.49}$$

すなわち，確率の流れの連続性

$$J_1 = J_2 = J_3 \tag{4.50}$$

が成り立つ．

α 崩壊の場合（図 3.18）には，核内における存在確率 P および核外への確率の流れ J_3 の間の保存条件，すなわち，崩壊粒子が核外へ流出という条件

$$\frac{dP}{dt} = J_1 = J_3 \tag{4.51}$$

より崩壊定数 γ が求められる．原子核内領域 I，核外領域 II の状態関数

$$\phi_1(r) = A_0 \frac{e^{ik_0 r}}{r} + A\frac{e^{-ik_0 r}}{r} \quad (領域 I), \quad \phi_3(r) = D\frac{e^{ikr}}{r} \quad (領域 II) \tag{4.52}$$

より

$$\gamma = \frac{v_3}{2R}\frac{|D|^2}{|A_0|^2} \tag{4.53}$$

が得られる．

例題 4.4 厳密解を得るのが困難な場合，作用量 $S(x)$ を微小量 $\hbar$ の高次で展開し，それより状態関数を定義し，シュレーディンガー方程式に代入して定式化する．1 次の $S(x) = S_0 + (\hbar/i)S_1$ の場合（WKB 法と呼ぶ）の状態関数を求めよ．

(解) 状態関数 $\phi(x) = e^{-(i/\hbar)S(x)}$ をシュレーディンガー方程式に代入して

$$\dot{S}^2 - i\hbar\ddot{S} - 2m(E - V(x)) = 0$$

を得る．$\hbar$ の各べきの係数を 0 とおくと

$$\dot{S}_0^2 = 2m(E - V(x)), \quad \dot{S}_1 = -\frac{\ddot{S}_0}{2\dot{S}_0}$$

を得る．これより状態関数は

$$\phi(x) = e^{\frac{i}{\hbar}\{\pm\int|p|dx - \frac{\hbar}{2i}\log|p|\}} = \text{const.} \frac{1}{\sqrt{|p|}} e^{\pm\frac{i}{\hbar}\int|p|dx}$$

となる．

*1 ──── **保存則と対称性の等価性** ────

古典力学における各物理量の保存則は時空の対称性（時空を変化，たとえば時間をずらしていっても対応する物理量が変化しないこと）に基づくことが次のようにして説明される．

時空を表す物理量 A が変わって（$\Delta A = \infty$）も，不確定性原理により $\Delta B = 0$，すなわち，物理量 B が保存されることをいう．

エネルギー保存則は時間が変わっても，運動量保存則は場所が変わっても，角運動量保存則は方向が変わっても一定のポテンシャルの場合である．その他，時空の対称性は反転，入れ替えといった量にもある．

*2 ──── **調和ポテンシャルの準位が等間隔であることのおおよその理解** ────

無限の深さの井戸型ポテンシャルにおいては離散化したエネルギー準位は

$$E_n \propto n^2 \tag{4.54}$$

であった．有限な深さにおいても井戸型ポテンシャルであれば，ほぼ n^2 に比例する．逆に，エネルギー準位を n に比例するようにするには幅 x を 2 乗根で大きくし，$x \propto U(x)$，したがって

$$U(x) \propto x^2 \tag{4.55}$$

が与えられる．

係数に多少考慮すれば，不確定性関係 $\Delta x \cdot \Delta p = h$ からも誘導できる．n 番目の準位におけるポテンシャル幅は n 個に区切られ，ポテンシャル外へのしみ出しを無視すると，平均の Δx は

$$\Delta x = \frac{x}{n} \tag{4.56}$$

となり，p は

$$p = 2K\Delta p = \frac{2\hbar}{\Delta x} = \frac{2n\hbar}{x} \tag{4.57}$$

と与えられる．したがって，エネルギーは

$$E = \frac{p^2}{2m} = \frac{2n^2\hbar^2}{mx^2} \tag{4.58}$$

となる．調和ポテンシャルであることにより

$$E = U(x) = \frac{1}{2}m\omega^2 x^2 \qquad (4.59)$$

であり，これを (4.58) に代入すると

$$E = n\hbar\omega \qquad (4.60)$$

を得る．

演習問題

4.1 ある粒子の状態関数が
$$\phi(r,t) = Ae^{i(kr-\omega t)},$$
$$\boldsymbol{k} = (5\overline{\boldsymbol{x}} + 17\overline{\boldsymbol{y}} + 10\overline{\boldsymbol{z}})\text{Å}^{-1}, \quad \omega = 1.36 \times 10^7\,\text{rad/sec}$$
で表される．この粒子の運動量，質量を求めよ．

4.2 次の波動関数をもつ電子の電流密度を計算せよ．
$$\phi(r,t) = 109\,e^{i(kr-\omega t)},$$
$$\boldsymbol{k} = -(27\overline{\boldsymbol{x}} + 19\overline{\boldsymbol{y}} + 24\overline{\boldsymbol{z}})\text{m}^{-1}, \quad \omega = 9.64 \times 10^{-2}\,\text{sec}^{-1}$$

4.3 2本の電子ビーム
$$\phi_1 = Ae^{(i/\hbar)[p_1 x - \varepsilon_1 t]}, \quad \phi_2 = Be^{(i/\hbar)[p_2 x - \varepsilon_2 t]}$$
に対して，以下の設問に答えよ．
（a）電流 $J_1 + J_2$ を求めよ．（b）$\phi_1 + \phi_2$ より全確率密度を計算せよ．
（c）区間 L における全確率を計算せよ．ただし，$L \gg \hbar/p_1$, $L \gg \hbar/p_2$ とする．

4.4 次の物理的状態にあるシュレーディンガー方程式を書け．
（a）一様加速度 g の重力場にある質量 m の粒子
（b）大きな質量 M の引力場にある質量 m の粒子
（c）陽子のクーロン引力場にある電子

4.5 電子（質量 m，電荷 e）が次のポテンシャル中にある．
$$U(x) = -U_0 \cos x \quad (-\pi \leq x \leq \pi)$$
$$ = \infty \quad (x < -\pi,\ x > \pi)$$
$$U_0 > 0$$
（a）$x = 0$ の近傍でポテンシャルが調和近似でき
$$U(x) \cong -U_0\left(1 - \frac{x^2}{2}\right)$$
と表されるとしてエネルギー固有値と固有関数を求めよ．

(以下の問題については9章の摂動法を参考にせよ.)
(b) 非調和項
$$\Delta U(x) = U(x) + U_0\left(1 - \frac{x^2}{2}\right)$$
を最低次で近似し,固有値のずれを求めよ.
(c) x方向に電場Eをかけたときのエネルギー固有値を$U(x)$が調和近似できるとして求めよ.

4.6 定常状態の状態関数は$\phi(x) = f(x)e^{-iEt/\hbar}$ ($f(x)$:実数関数) と書かれるが,これより確率の流れ$J(x, t)$を求め,それがすべてのxで0であることを証明せよ.

4.7 波束で記述される自由粒子(質量m)の時刻での状態関数は
$$\phi(x, 0) = e^{-ik_0 x} f(x)$$
($f(x)$:実数関数, $x = x_0$ に中心, $x = x_0 \pm a$ で0)
で表される.
(a) $t=0$の確率の流れの式$J(x)$を求めよ.
(b) 以下の式を証明し,物理的意味を述べよ.
$$\int_{-\infty}^{\infty} f(x) dx = \hbar k_0 / m$$

4.8 運動エネルギー4 MeVの陽子と重水素が,高さ10 MeV,厚さ10 fmの矩形ポテンシャル障壁に入射する.
(a) 古典物理から予想するとどちらの粒子が透過しやすいか.
(b) 各粒子の透過係数を計算せよ.

4.9 散乱中心が球形(半径R)領域の散乱過程の状態関数は
$$\phi(r) = \frac{A}{r}(e^{-ikr} + be^{ikr}); \quad r > R$$
で表される.
(a) 半径方向の確率流れ式を求めよ.この流れを散乱領域に入る流れと散乱領域から出る流れに分けよ.
(b) 条件$|b|^2 = 1$, $|b|^2 < 1$, $|b|^2 > 1$,それぞれの物理的意味を説明せよ.

4.10 z方向に進んでいた粒子が球形散乱中心(位置)で散乱される過程は
$$\phi(r) = e^{ikz} + \frac{Ae^{ikr}}{r}$$
で表される.
(a) 散乱中心から離れた位置での入射してくる粒子のz方向確率流れを求めよ.

（b）散乱後，大きな r での半径方向確率流れを求めよ．

（c）A の物理的意味を述べよ．

4.11 質量 m，エネルギー E（$U_1 < E < U_0$）の粒子が以下のポテンシャル障壁に $x<0$ から入射して来た．透過係数を求めよ．

$$U=0: \quad x<0, \qquad E=U_0: 0 \leq x \leq L, \qquad E=U_1: \quad x>L$$

5 水素原子の量子状態

> 唯一，厳密に解ける水素原子の量子状態を解く．球対称ポテンシャルに対して固有関数が直交する座標系が存在すること，高いエネルギー状態は各方向の空間を次第に区切っていけばよいことを示した後，シュレーディンガー方程式を解いて各固有エネルギー，固有関数を解く．また，2次元以上の問題で現れる縮退の概念についても説明する．

5.1 水素原子の量子状態に対する注釈

水素原子の量子状態を求めること，それも大きなエネルギー準位まで求めることが，量子力学における1つの大きな課題となるのは，主に，以下の2点の理由による．

① 原子における粒子間の力学が厳密に解けるのは，陽子1つと電子1つの2体間ポテンシャルの水素原子だけで，それ以外の原子は厳密には解けない．

② ①の理由により，水素原子以外の力学は解けないが，各原子の定性的性質は水素原子における高エネルギー準位における固有状態も含めて考慮すれば，説明可能となる．各エネルギー準位には電子を収容しうる数が決まっており，そこまで収容されれば，電子は球対称配置となり安定する．たとえば，Ne がそうである．Ne から原子番号が1つ増えたアルカリ原子の Na は，Ne に対し増えた陽子1つと最外殻の電子1つの間の問題で水素様原子と考えうる．

量子力学における諸課題において，1次元においてはそれほど関連はなかったが，2次元以上の現象で顕著になってくる諸概念がある．それらは "① 縮退，② 座標の選び方，③ 2通り以上の解の可能性等" である．水素原子の電子状態

を理解するのにはこれらをすべて理解する必要があるが，前章の1次元からいきなり水素原子における3次元，球座標のシュレーディンガー方程式に移るのでは対象とする問題に開きがあり，まず簡単な問題で諸概念の理解に務めることにする．

5.2　3次元の箱の中の粒子（縮退）

3次元の箱というのは絶縁体中とか大気中の金属を指し，電子はその中の一様ポテンシャル内に閉じ込められる．

3次元の問題の例として，無限に深い井戸型ポテンシャルの3次元版，すなわち，図5.1に示すように剛い壁に囲まれた矩形箱（各辺の長さ a, b, c）の中における量子状態を考える．

箱の中で $U(x, y, z)=0$ とする．壁において $\phi=0$ であるので，解は，x, y, z それぞれの方向で1次元の

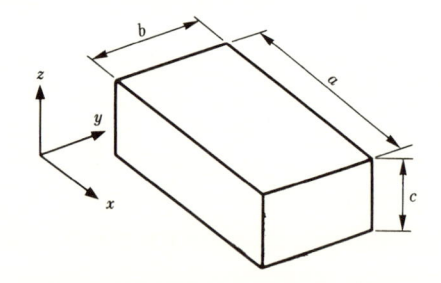

図 5.1　剛い壁に囲まれた矩形箱
（3次元における無限に深い井戸型ポテンシャル）

井戸型ポテンシャル中に束縛され，それぞれのポテンシャルの幅で決まる固有状態，エネルギー固有値を独立にもつこととなる．したがって

$$X(x) \propto \sin\left(\frac{n_x \pi x}{a}\right), \quad Y(y) \propto \sin\left(\frac{n_y \pi y}{b}\right), \quad Z(z) \propto \sin\left(\frac{n_z \pi z}{c}\right) \quad (5.1)$$

$$E_x = \frac{h^2}{8m}\left(\frac{n_x}{a}\right)^2, \quad E_y = \frac{h^2}{8m}\left(\frac{n_y}{b}\right)^2, \quad E_z = \frac{h^2}{8m}\left(\frac{n_z}{c}\right)^2 \quad (5.2)$$

$$(n_x, n_y, z_z = 1, 2, 3, \cdots)$$

より，全固有状態，全固有エネルギーは

$$\phi(x, y, z) = X(x) \cdot Y(y) \cdot Z(z) \propto \sin\left(\frac{n_x \pi x}{a}\right)\sin\left(\frac{n_y \pi y}{b}\right)\sin\left(\frac{n_z \pi z}{c}\right) \quad (5.3)$$

$$E(n_x, n_y, n_z) = \frac{h^2}{8m}\left[\left(\frac{n_x}{a}\right)^2 + \left(\frac{n_y}{b}\right)^2 + \left(\frac{n_z}{c}\right)^2\right] \quad (5.4)$$

となる．この式を見てわかるように，3次元の現象においては1次元では現れ

5.2 3次元の箱の中の粒子（縮退）

なかった概念が出る．1次元では量子数は1つだけであったのが，3次元では n_x, n_y, n_z と量子数が3つとなる．量子数が3つとなると，1つのエネルギーに対して2つ以上の状態の可能性が出る．簡単のために，考える領域を立方体とし

$$a = b = c \tag{5.5}$$

とすると，全エネルギーは

$$E(n_x, n_y, n_z) = \frac{h^2}{8ma^2}(n_x^2 + n_y^2 + n_z^2) \tag{5.6}$$

と与えられる．ここで，量子数を入れ替えた3つの状態 $(n_x, n_y, z_z) = (2, 1, 1), (1, 2, 1), (1, 1, 2)$ はすべて同じエネルギー

$$E = \frac{3h^2}{4ma^2} \tag{5.7}$$

となる．さらに，$(n_x, n_y, z_z) = (6, 1, 1)$ と量子数を入れ替えた3状態，$(2, 3, 5)$ と量子数を入れ替えた5状態の計9状態はすべて同じエネルギー

$$E = \frac{19h^2}{4ma^2} \tag{5.8}$$

をもつ．このように，同じエネルギーに2つ以上の状態が存在する場合，「これら2つの状態はエネルギーに関して縮退している」という．状態が n 個あれば，「n 重に縮退している」という．

この縮退という概念は，パウリの排他律，すなわち，1つの状態に1つしか入れない粒子（後述するが，フェルミ粒子）を扱う場合は重要である．"ある原子はあるエネルギー準位に電子が占有することができるある数がある．それに対して，その原子のもつ電子はある数である．したがって，その原子の電気陰性度は……"などである．

ただし，縮退とはある1つのポテンシャルに対していうのであり，そこに他のポテンシャルが加わったり，他の相互作用を考慮すると縮退ははずれ，いくつかのエネルギー準位に分離する．後述するが，水素原子を例にとると，陽子による球対称ポテンシャル下において電子の状態数はエネルギー準位が増えるに従って2，6，10，14（スピンも考慮）と増え，縮退している．しかし，ここに外部から電場，磁場が加わるとエネルギー準位は分離し，陽子の核スピン

と電子スピンの相互作用も含めて精密に計算するとわずかであるが，エネルギー準位は分離する．また，水素以外の原子は 2 電子以上であり，他の電子による斥力クーロンポテンシャルによりエネルギー準位は分離する．

5.3 3次元のシュレーディンガー方程式

3次元の定常状態におけるシュレーディンガー方程式は

$$\frac{\hat{\boldsymbol{p}}\cdot\hat{\boldsymbol{p}}}{2m}\phi(\boldsymbol{r})+U(\boldsymbol{r})\phi(\boldsymbol{r})=E\phi(\boldsymbol{r}) \tag{5.9}$$

と書かれる．ここで，$\hat{\boldsymbol{p}}$，$\boldsymbol{r}$ はベクトルであることを明らかにするため，太字で示す．また，運動量は一般的な形で示すと

$$\hat{\boldsymbol{p}}=-i\hbar\nabla \tag{5.10}$$

になるので，これを (5.9) 式に代入すると

$$-\frac{\hbar^2}{2m}\nabla^2\phi(\boldsymbol{r})+U(\boldsymbol{r})\phi(\boldsymbol{r})=E\phi(\boldsymbol{r}) \tag{5.11}$$

と与えられる．座標として直線直交座標系の x, y, z 座標を選ぶと

$$\hat{\boldsymbol{p}}\cdot\hat{\boldsymbol{p}}=\hat{p}_x^2+\hat{p}_y^2+\hat{p}_z^2=-\hbar^2\left(\frac{\partial^2}{\partial x^2}+\frac{\partial^2}{\partial y^2}+\frac{\partial^2}{\partial z^2}\right) \tag{5.12}$$

であるので，式 (5.11) は簡単に

$$-\frac{\hbar^2}{2m}\left(\frac{\partial^2}{\partial x^2}+\frac{\partial^2}{\partial y^2}+\frac{\partial^2}{\partial z^2}\right)\phi(x,y,z)+U(x,y,z)\phi(x,y,z)=E\phi(x,y,z) \tag{5.13}$$

と表される．

なお，3次元の定常状態におけるシュレーディンガー方程式を式 (5.9) (5.13) の 2 通りで表した理由は，曲線直交座標系の球座標での方程式を求める 2 通りの方法を後述するからである．

前節の 3 次元の箱の中の粒子に対してはシュレーディンガー方程式を持ち出すまでもなく，解が得られるが，方程式および境界条件を書き出すと

$$-\frac{\hbar^2}{2m}\left(\frac{\partial^2}{\partial x^2}+\frac{\partial^2}{\partial y^2}+\frac{\partial^2}{\partial z^2}\right)\phi(x,y,z)=E\phi(x,y,z) \tag{5.14}$$

$$\phi(0,y,z)=\phi(x,0,z)=\phi(x,y,0), \quad \phi(a,y,z)=\phi(x,b,z)=\phi(x,y,c) \tag{5.15}$$

となる．式 (5.14) の演算子はすべて x, y, z 座標のみの関数であるので状態関数を

$$\phi(x,y,z) = X(x) \cdot Y(y) \cdot Z(z) \tag{5.16}$$

とおく．これを式 (5.14) に代入して

$$-\frac{1}{X(x)}\frac{\hbar^2}{2m}\frac{d^2X(x)}{dx^2} - \frac{1}{Y(y)}\frac{\hbar^2}{2m}\frac{d^2Y(y)}{dy^2} - \frac{1}{Z(z)}\frac{\hbar^2}{2m}\frac{d^2Z(z)}{dz^2} = E \tag{5.17}$$

を得る．これは，また

$$-\frac{\hbar^2}{2m}\frac{d^2X(x)}{dx^2} = E_x X(x), \quad -\frac{\hbar^2}{2m}\frac{d^2Y(y)}{dy^2} = E_y Y(y), \quad -\frac{\hbar^2}{2m}\frac{d^2Z(z)}{dz^2} = E_z Z(z) \tag{5.18}$$

$$E = E_x + E_y + E_z$$

と書き換えられる．したがって，x, y, z 3方向で式 (5.18) は個別に解ける．この理由は，ポテンシャルが一様で座標軸を直交するように選んだために，状態関数 $X(x)$, $Y(y)$, $Z(z)$ が独立だからである．

5.4　2次元調和振動子の量子状態（縮退，完備性，2通りの解の可能性）

図 5.2 に示すようにポテンシャルが2次元の調和振動子の場合には縮退，状態関数の**完備性**，2通りの解の可能性といった概念を容易に把握できる．

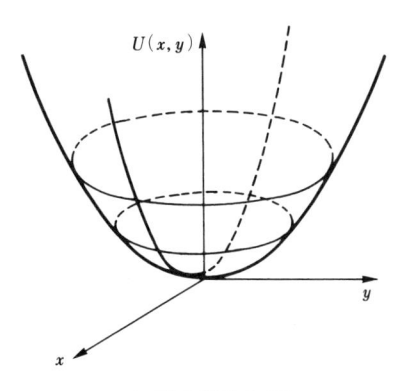

図 5.2　2次元調和振動子ポテンシャル

(a) 縮退

このシュレーディンガー方程式を x, y 座標系で書くと

$$-\frac{\hbar^2}{2m}\left(\frac{\partial^2}{\partial x^2}+\frac{\partial^2}{\partial y^2}\right)\phi(x,y)+\frac{1}{2}m\omega^2(x^2+y^2)\phi(x,y)=E\phi(x,y) \quad (5.19)$$

となる．ここで，状態関数を $\phi(x,y)=f(x)g(y)$ とおくと，式 (5.19) は

$$g(y)\left[-\frac{\hbar^2}{2m}\frac{\partial^2}{\partial x^2}+\frac{1}{2}m\omega^2 x^2\right]f(x)+f(x)\left[-\frac{\hbar^2}{2m}\frac{\partial^2}{\partial y^2}+\frac{1}{2}m\omega^2 y^2\right]g(y)$$
$$=Ef(x)g(y) \quad (5.20)$$

と書き換えることができ，この式の両辺を $f(x)g(y)$ で割ることにより x および y のみで表される項を得，結局，2つの1次元の調和振動子のシュレーディンガー方程式

$$\left[-\frac{\hbar^2}{2m}\frac{\partial^2}{\partial x^2}+\frac{1}{2}m\omega^2 x^2\right]f(x)=E_{n_x}f(x), \quad n_x=0,1,2,\cdots \quad (5.21)$$

$$\left[-\frac{\hbar^2}{2m}\frac{\partial^2}{\partial y^2}+\frac{1}{2}m\omega^2 y^2\right]g(y)=E_{n_y}g(y), \quad n_y=0,1,2,\cdots \quad (5.22)$$

となる．これらの方程式の解は式 (4.32) で得ており

$$E=E_{n_x}+E_{n_y}=(n_x+n_y+1)\hbar\omega=(n+1)\hbar\omega \quad (5.23)$$

$$\phi(x,y)_{n_x,n_y}\propto H_{n_x}\left(\frac{x}{a}\right)H_{n_y}\left(\frac{y}{a}\right)e^{-\frac{x^2+y^2}{2a^2}}=H_{n_x}\left(\frac{x}{a}\right)H_{n_y}\left(\frac{y}{a}\right)e^{-\frac{r^2}{2a^2}} \quad (5.24)$$

と与えられる．

各 n のエネルギー固有値に対して与えられる固有状態はそれぞれ縮退しており，$n=1$ の場合には，$(n_x, n_y)=(1,0)$, $(0,1)$ と2重に縮退，$n=2$ の場合には，$(n_x, n_y)=(2,0)$, $(1,1)$, $(0,2)$ と3重に縮退している．

(b) 「状態関数の完備性」もしくは「固有関数の完全系」

ポテンシャルが軸対称であることよりシュレーディンガー方程式を円柱座標系で表してみるが，まず，状態関数も軸対称，すなわち，r だけの関数とすると

$$\left[-\frac{\hbar^2}{2m}\nabla^2+U(r)\right]\phi(r)=E\phi(r) \quad (5.25)$$

となる．r に関する**ラプラシアン**は

$$\nabla^2\phi(r)=\frac{1}{r^2}\frac{d}{dr}\left[r^2\frac{d\phi(r)}{dr}\right]=\frac{1}{r}\frac{d^2[r\phi(r)]}{dr^2} \quad (5.26)$$

5.4　2次元調和振動子の量子状態（縮退，完備性，2通りの解の可能性）

であり，これを式 (5.25) に代入して

$$\left[-\frac{\hbar^2}{2m}\frac{d^2}{dr^2}+U(r)\right](r\phi)=E(r\phi) \tag{5.27}$$

となる．この式は，$u=r\phi(\phi=u/r)$ の変数変換を施すと，1次元のシュレーディンガー方程式

$$\left[-\frac{\hbar^2}{2m}\frac{d^2}{dr^2}+U(r)\right]u=Eu \tag{5.28}$$

となり，調和振動子のポテンシャルを使い

$$\left[-\frac{\hbar^2}{2m}\frac{d^2}{dr^2}+\frac{1}{2}m\omega^2 r^2\right]u=Eu \tag{5.29}$$

と与えられる．この解は先に与えたように $n=1$ に対して

$$\phi_1(r) \propto r e^{-\frac{r^2}{2a^2}} \tag{5.30}$$

と1つの固有関数しか与えない（固有関数 $\phi_n(r)$ の添字は量子数 n を表す）．ところが，x, y 座標系では2つの固有関数

$$\phi_{1,1,0}(x,y)=\sqrt{\frac{2}{\pi}}\frac{x}{a}e^{-\frac{r^2}{2a^2}}, \quad (n_x, n_y)=(1,0) \tag{5.31}$$

$$\phi_{1,0,1}(x,y)=\sqrt{\frac{2}{\pi}}\frac{y}{a}e^{-\frac{r^2}{2a^2}}, \quad (n_x, n_y)=(0,1) \tag{5.32}$$

をもつ（この場合の固有関数 $\phi_{n,n_x,n_y}(x,y)$ の添字は量子数 n, n_x, n_y を示す）．したがって，r 座標系の1つの固有関数では x, y 座標へ座標変換したときに2つの固有関数を表しえない．このように固有関数が1つの n に対して2つ以上となるのは，束縛条件が x, y の両方向で課せられるからである．それで2次元円筒座標系のもう1つの ϕ 方向を考慮する．r 方向には粒子は調和ポテンシャルで束縛されており，それに直交方向といえば，ϕ 方向である．ϕ 方向には粒子は角運動を受け，その角運動量演算子は

$$\hat{L}_z=-i\hbar\frac{\partial}{\partial\phi} \tag{5.33}$$

で与えられ，固有関数 $F(\phi)$ に作用させると

$$\hat{L}_z F(\phi)=-i\hbar\frac{\partial F(\phi)}{\partial\phi}=L_z F(\phi)=m\hbar F(\phi) \tag{5.34}$$

となり，固有関数として

$$F(\phi) = e^{im\phi} \tag{5.35}$$

を得るが，ϕ 方向の束縛条件として1回転すれば同一値となるという周期境界条件

$$e^{im\phi} = e^{im(\phi+2\pi)} \tag{5.36}$$

を課すと，新たに量子数

$$m = 0, \pm 1, \pm 2, \cdots \tag{4.37}$$

を付け加えることができる．軸対称座標系のシュレーディンガー方程式を書くと

$$\left[-\frac{\hbar^2}{2m}\nabla^2 + U(r)\right]\phi(r,\phi) = E\phi(r,\phi) \tag{5.38}$$

$$\nabla^2 \phi(r,\phi) = \frac{1}{r}\frac{\partial^2[r\phi(r,\phi)]}{\partial r^2} + \frac{1}{r^2}\frac{\partial^2 \phi(r,\phi)}{\partial \phi^2} \tag{5.39}$$

となる．ここで状態関数を

$$\phi(r,\phi) = R(r)F(\phi) = R(r)e^{im\phi} \tag{5.40}$$

とおき，$U(r)$ に調和ポテンシャルを代入すると，シュレーディンガー方程式は

$$\left[-\frac{\hbar^2}{2m_e}\frac{1}{r}\frac{\partial^2}{\partial r^2} - \frac{m^2\hbar^2}{2m_e r^3}\frac{\partial^2}{\partial \phi^2} + \frac{1}{2}m\omega^2 r^2\right][rR(r)] = E[rR(r)] \tag{5.41}$$

となり，この方程式においては $n=1$ に対して2つの固有関数が

$$\phi_{1,\pm 1}(r,\phi) = \sqrt{\frac{2}{\pi}} e^{\pm i\phi} \frac{r}{a} e^{-\frac{r^2}{2a^2}}, \quad (n,m) = (1,\pm 1) \tag{5.42}$$

と与えられ，周に沿ってそれぞれ反対回りに回転する関数となる（この場合の固有関数 $\phi_{n,m}(r,\phi)$ の添字は量子数 n, m を示す）．ここで x, y 座標と r, ϕ 座標相互の変換を行うが

$$re^{\pm i\phi} = x \pm iy \tag{5.43}$$

を考慮すると，$\phi_{1,\pm 1}(r,\phi)$ は $\phi_{1,1,0}(x,y)$ と $\phi_{1,0,1}(x,y)$ の重ね合わせによって

$$\phi_{1,\pm 1}(r,\phi) = re^{\pm i\phi} e^{-\frac{r^2}{2a^2}} = (x \pm iy)e^{-\frac{r^2}{2a^2}} = \phi_{1,1,0}(x,y) \pm i\phi_{1,0,1}(x,y) \tag{5.44}$$

と変換され，逆に $\phi_{1,1,0}(x,y)$ と $\phi_{1,0,1}(x,y)$ は $\phi_{1,\pm 1}(r,\phi)$ によって

$$\phi_{1,1,0}(x,y) = \frac{1}{2}[\phi_{1,1}(r,\phi) + \phi_{1,-1}(r,\phi)] \tag{5.45}$$

$$\phi_{1,0,1}(x,y) = \frac{1}{2i}[\phi_{1,1}(r,\phi) - \phi_{1,-1}(r,\phi)] \tag{5.46}$$

5.4　2次元調和振動子の量子状態（縮退，完備性，2通りの解の可能性）

と変換される．x, y 座標における固有関数が r, ϕ 座標における ϕ 方向に位相が前進する場合，後退する場合に対する関数の干渉であることに着目される．

$n=2$ の場合，x, y 座標における固有関数は

$$\phi_{2,2,0}(x, y) = \frac{1}{\sqrt{2\pi}\,a}\left[2\left(\frac{x}{a}\right)^2 - 1\right]e^{-\frac{r^2}{2a^2}}, \quad (n_x, n_y) = (2, 0) \quad (5.47)$$

$$\phi_{2,0,2}(x, y) = \frac{1}{\sqrt{2\pi}\,a}\left[2\left(\frac{y}{a}\right)^2 - 1\right]e^{-\frac{r^2}{2a^2}}, \quad (n_x, n_y) = (0, 2) \quad (5.48)$$

$$\phi_{2,1,1}(x, y) = \sqrt{\frac{2}{\pi}}\,\frac{xy}{a^3}e^{-\frac{r^2}{2a^2}}, \quad (n_x, n_y) = (1, 1) \quad (5.49)$$

r, ϕ 座標における固有関数は

$$\phi_{2,\pm 2}(r, \phi) = \sqrt{\frac{2}{\pi}}\,e^{\pm 2i\phi}\frac{r^2}{a^3}e^{-\frac{r^2}{2a^2}}, \quad (n, m) = (2, \pm 2) \quad (5.50)$$

$$\phi_{2,0}(r, \phi) = \frac{1}{\sqrt{2\pi}\,a}\left[\left(\frac{r}{a}\right)^2 - 1\right]e^{-\frac{r^2}{2a^2}}, \quad (n, m) = (2, 0) \quad (5.51)$$

両座標系の変換は

$$r^2 e^{\pm 2i\phi} = (x \pm iy)^2 = x^2 \pm 2ixy - y^2 \quad (5.52)$$

を考慮して

$$\phi_{2,\pm 2}(r, \phi) = \phi_{2,2,0}(x, y) \pm 2i\phi_{2,1,1}(x, y) - \phi_{2,0,2}(x, y) \quad (5.53)$$

さらに

$$\phi_{2,0}(r, \phi) = \phi_{2,2,0}(x, y) + \phi_{2,0,2}(x, y) \quad (5.54)$$

となる．

このように，ポテンシャルが r だけの関数の場合でも，2次元問題である限り，固有関数は ϕ 方向も考慮して (r, ϕ) 座標系で表さなければならず，この関数列で (x, y) 座標系の固有関数を表すことができ，その逆も可能であり，それぞれの関数系は完備している，または，完全系をなすという．

同一の問題でも座標系が異なれば，固有関数が異なる．ただし，1つの系の固有関数は他の系の固有関数の重ね合わせで求めることができる．

3次元の水素原子の場合でも，まったく同様に考えることができる．ポテンシャルは r 方向に変わるだけであるが，電子の運動が3次元で許されている以上，3次元で座標軸を選ばねばならない．ただし，ポテンシャルの対称性等を考慮して，固有状態，固有値は見通しを立てて解くことが要求される．

5.5 水素原子の固有状態に対するおおよその把握

5.5.1 球対称ポテンシャルに対する独立な直交 3 方向および電子の束縛空間

　水素原子は 1 個の陽子（10^{-14} cm 以下の半径）と 1 個の電子（点粒子）の 2 体間にクーロン引力が作用し，互いに束縛し合っている状態である．厳密には両粒子の重心を原点として力学を解析すべきであるが，陽子の質量は電子の質量の約 2000 倍であるため，通常，陽子を静止しているとして電子座標をとり，球対称クーロンポテンシャルを受ける電子の状態を考察してエネルギー固有値，固有状態を検討する．

　この問題の解を定量的に得るためには，シュレーディンガー方程式を解かねばならない．しかし，3 次元クーロンポテンシャルに対する偏微分方程式を解くとなると，多くの数学的技法を必要とし，それらの理解に集中すると，固有状態本来の性質が把握しきれない恐れがある．そこで，ここでは固有状態の各性質を利用して水素原子の固有状態をまずおおよそに推測する．指針とする固有状態の各性質は

①　ポテンシャルの形に応じて座標系を適切に選べば，固有状態を各座標系で独立に求め，全固有状態はそれらの積として求められる．

②　各座標系ごとに存在が局所化するほど，したがって，状態関数の節が増えるほど高いエネルギー状態を与える．

などである．

　球対称ポテンシャルであれば，電子は半径方向（r 方向）においてそのポテンシャル内に閉じ込められ，さらに r 方向に直交する球面内に束縛されている．したがって，この場合，直交 3 軸を r, θ, ϕ の球座標にとれば，各座標系ごとの固有状態は独立のはずである．

　エネルギーが高くなるに従がい，電子は核の束縛空間内で限られた領域に局在していくこととなる．局在領域は固有関数の値が零となる節面で区切られる．この節面は各方向に直交する面，すなわち，r 方向に対しては球面，ϕ 方向

5.5 水素原子の固有状態に対するおおよその把握

に対しては互いに 180°, 90°, 45°（ϕ 方向に対しては 1 周して同一値になる周期境界条件を課す）をなす子午面，θ 方向に対してはその角を区切る円錐面となる．図 5.3 に r, θ, ϕ 方向の固有エネルギーの大きさの順を節の数で表し，固有状態の分布を節面で描き，固有関数のパリティ（正負）を空間内に＋，－の記号で示す．いま，仮に r, θ, ϕ 方向の固有状態に対する量子数を節の数（ϕ 方向は 1/2 をとる）として，n_r, n_θ, n_ϕ（ϕ 方向はパリティを考慮して，＋，－の固有状態がとれるとする）とする．

系の全エネルギーは 3 方向のエネルギーの和で表され，空間的にいえば，それが 3 方向で区切られる数が増え，局所化するほど大きくなる．次に，各方向の量子数の和に 1 を加えた

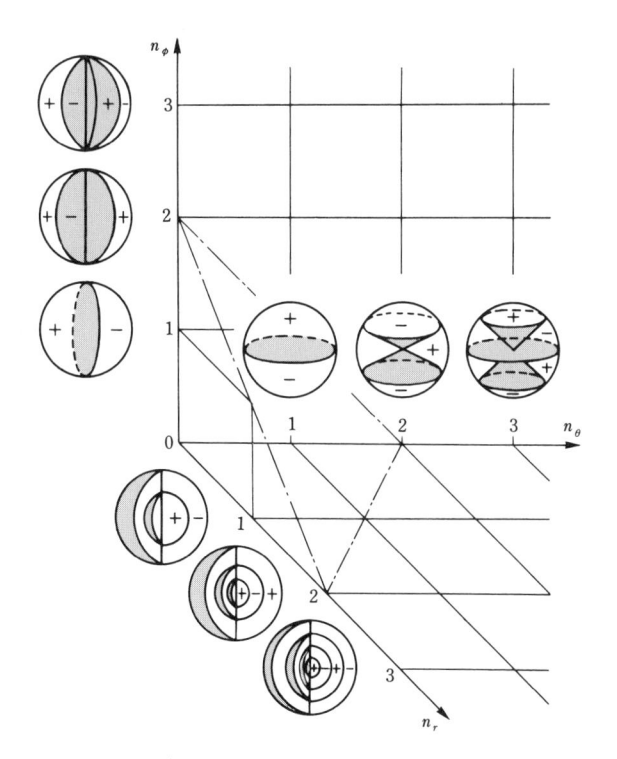

図 5.3 球対称ポテンシャルに閉じ込められる粒子の束縛空間

5章 水素原子の量子状態

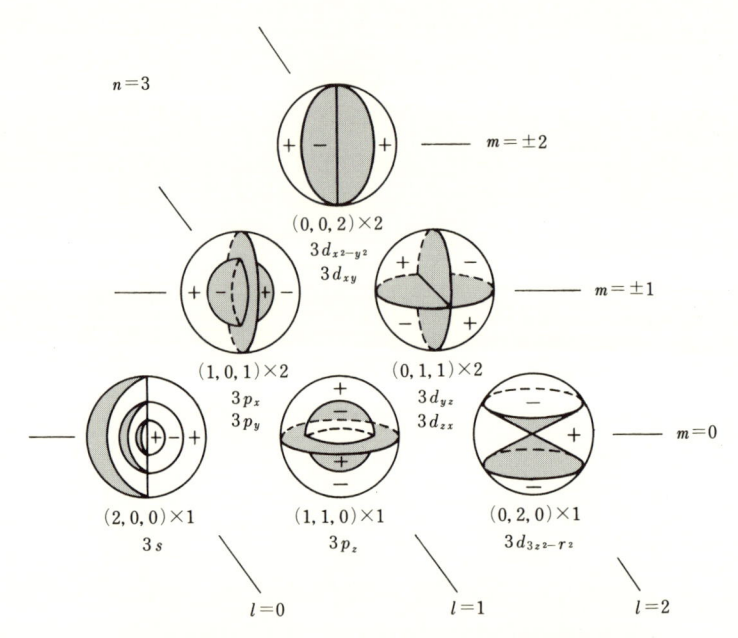

図中のラベル:
- $n=3$
- $m=\pm 2$: $(0,0,2)\times 2$, $3d_{x^2-y^2}$, $3d_{xy}$
- $m=\pm 1$: $(1,0,1)\times 2$ ($3p_x$, $3p_y$), $(0,1,1)\times 2$ ($3d_{yz}$, $3d_{zx}$)
- $m=0$: $(2,0,0)\times 1$ ($3s$), $(1,1,0)\times 1$ ($3p_z$), $(0,2,0)\times 1$ ($3d_{3z^2-r^2}$)
- $l=0$, $l=1$, $l=2$

( ) 内の数字は, n_r, n_θ, n_ϕ, ( ) にかける数字は固有関数の数を表す
水素原子の電子軌道に対する通常の表示, 量子数も併記した.

図 5.4 $n=3$ における束縛空間

$$n = n_r + n_\theta + n_\phi + 1 \quad (5.55)$$

が主エネルギーの量子数を表すとする. $n=3$ までを書き出すと, 表 5.1 となる. 一般に, 主量子数 n に対しては, n^2 通りとなる. 図 5.3 に示す n_r, n_θ, n_ϕ 空間において $n=$ 一定の条件 (5.55) は (1 1 1) 方向に垂直な平面となる. たとえば, $n=3$ の面は一点鎖線に囲まれた面となる. その条件における電子軌道を, 水素原子球空間を節面で区切って表示すると図 5.4 になる.

表 5.1 球分割幾何学より求めた量子数

n	n_r	n_θ	n_ϕ	固有状態の数	固有状態の総和
1	0	0	0	1	1
2	1	0	0	1	4
	0	1	0	1	
	0	0	1	2	
3	2	0	0	1	9
	1	1	0	1	
	1	0	1	2	
	0	2	0	1	
	0	1	1	2	
	0	0	2	2	

5.5.2 シュレーディンガー方程式によって明確にすべき点

球対称ポテンシャルである水素原子の固有状態を幾何学的空間分割で考察したが，具体的にシュレーディンガー方程式を適用してみる．その前にいささか飛躍であるが，解の性質を予測する．

① r, θ, ϕ 方向は独立で，全固有関数は個々に各方向で求めた固有関数の積で表される．
② ϕ 方向の固有関数は ϕ の周期関数，たとえば，$\sin m\phi$ となる．
③ θ 方向の固有関数は図5.3に示すような関数となる．
④ r 方向の固有関数は球面で区切られ，クーロンポテンシャルによって束縛されていることより，"（べき級数）×（減衰する指数関数）"で表される．

さらに，エネルギー固有値の具体的な算出が必要となる．

5.6 水素原子の固有状態に対するシュレーディンガー方程式による解

5.6.1 全固有状態の直交固有状態への分離

以下でシュレーディンガー方程式により水素原子の状態を解く．

水素原子の電子に作用する球対称クーロンポテンシャルを $U(r)$ とし，運動量を半径方向とそれに直交する球面内に取ると，極座標表示のシュレーディンガー方程式は

$$\left[\frac{\hat{p}_r^2}{2m_e} + \frac{\hat{p}_{\theta,\phi}^2}{2m_e} + U(r)\right]\phi(r,\theta,\phi) = E\phi(r,\theta,\phi) \quad (5.56)$$

と表れる．ここで，球面内の運動量 $\hat{p}_{\theta,\phi}$ は角運動量によって

$$\hat{L} = r\hat{p}_{\theta,\phi} \quad (5.57)$$

となり，これを式 (5.56) に代入すると

$$\left[\frac{\hat{p}_r^2}{2m_e} + \frac{\hat{L}^2}{2m_e r^2} + U(r)\right]\phi(r,\theta,\phi) = E\phi(r,\theta,\phi) \quad (5.58)$$

が得られる．状態関数 $\phi(r, \theta, \phi)$ を
$$\phi(r, \theta, \phi) = R(r)F(\theta, \phi) \tag{5.59}$$
とおいて式 (5.58) に代入すると
$$\left[\frac{\hat{p}_r^2}{2m_e} + U(r)\right]R(r)F(\theta, \phi) + \frac{\hat{L}^2}{2m_e r^2}F(\theta, \phi)R(r) = ER(r)F(\theta, \phi) \tag{5.60}$$

となる．θ, ϕ に関連する物理量は左辺第 3 項の角運動量の 2 乗の項だけである．この $\hat{L}^2 F(\theta, \phi)$ の固有値は関数 $F(\theta, \phi)$ が球面上にあるという束縛条件により見別される．その固有値を $\lambda\hbar^2$，すなわち

$$\hat{L}^2 F(\theta, \phi) = \lambda\hbar^2 F(\theta, \phi) \tag{5.61}$$

とおき，これを式 (5.60) に代入すると

$$\left[\frac{\hat{p}_r^2}{2m_e} + \frac{\lambda\hbar^2}{2m_e r^2} + U(r)\right]R(r) = ER(r) \tag{5.62}$$

が得られる．結局，球面内における角運動量の 2 乗に対する式 (5.61) の固有値問題および $\lambda\hbar^2$ が固有値と確定すれば，r 方向 1 次元のポテンシャルに対する式 (5.62) の固有値問題を解くこととなる．なお，式 (5.62) の左辺第 2 項は古典力学とのアナロジーより遠心ポテンシャルを表すこととなる．角運動量が増えることは，量子力学では球面上でより局所化することに対応するが，それにより半径方向の斥力であるポテンシャルが増えることに対応する．

5.6.2 球面調和関数

まず，式 (5.61) で表す角運動量の 2 乗を検討する．この物理量を q − 数表示から c − 数表示に改めると

$$\hat{L}^2 F(\theta, \phi) = -\hbar^2 \left[\frac{\partial}{\sin\theta\partial\theta}\left(\sin\theta\frac{\partial}{\partial\theta}\right) - \frac{1}{\sin^2\theta}\frac{\partial^2}{\partial\phi^2}\right]F(\theta, \phi) = \lambda\hbar^2 F(\theta, \phi) \tag{5.63}$$

となる．ϕ 方向には一周して同じ状態に戻らなければならないという周期境界条件，すなわち，ϕ でも $\phi+2\pi$ でも同じ状態であるようにするために，状態関数は以下のように量子化される．

$$e^{im(\phi+2\pi)} = e^{im\phi} \tag{5.64}$$

したがって，関数 $F(\theta, \phi)$ は
$$F(\theta, \phi) = P(\theta)e^{im\phi} \tag{5.65}$$
と表される．これを式 (5.63) に代入すると
$$\hat{L}^2 P(\theta) = -\hbar^2 \left[\frac{d}{\sin\theta d\theta} \left(\sin\theta \frac{d}{d\theta} \right) - \frac{m^2}{\sin^2\theta} \right] P(\theta) = \lambda \hbar^2 P(\theta) \tag{5.66}$$
となるが，書き改めて
$$\frac{d^2 P}{d\theta^2} + \cot\theta \frac{dP}{d\theta} + \left(\lambda - \frac{m^2}{\sin^2\theta} \right) P = 0 \tag{5.67}$$
の1変数常微分方程式を解くこととなる．解析的に解く場合には
$$w = \cos\theta \tag{5.68}$$
の変数変換を施し，解の存在を検討して固有関数，固有値が求まる．

θ に関する固有関数 $P(\theta)$ は，その方向に適した量子数に対して表示すれば，傾向がつかみやすい．5.5.1 項で述べた対応する量子数 n_θ を $n_\theta = l - |m|$ で求め，それに対して固有関数 $P(\theta)$ を表 5.2 に示す．各 n_θ に対し節面の数は n_θ，その節面は，$n_\theta = 1$ に対して $\theta = \pi/2$ の 1 面，$n_\theta = 2$ に対して $\theta = \pm \arccos \sqrt{1/(2l-1)}$ の 2 面，$n_\theta = 3$ に対して $\theta = \pi/2$，$\pm \arccos \sqrt{3/(2l-1)}$ の 3 面となっており，5.3.1 項で述べたとおりである．また，どの固有関数も l が増えることによって $\sin\theta$ の累乗が増え，これは各領域で存在確率がより局所化することを意味する．

表 5.2　子午線方向固有関数

$n_\theta(=l-|m|)$	$P(\theta)$
0	$\sin^l \theta$
1	$\cos\theta \sin^{l-1}\theta$
2	$\{(2l-1)\cos^2\theta - 1\}\sin^{l-2}\theta$
3	$\{(2l-1)\cos^2\theta - 3\}\cos\theta \sin^{l-3}\theta$

L_z に関する角運動エネルギーは，ϕ の正，負両方向の位相の進みの状態に対して同一値を与える．したがって，その線形結合した以下の状態も同一の角運動エネルギー固有状態を与える．

$$\cos m\phi = \frac{1}{2}(e^{im\phi} + e^{-im\phi}), \quad \sin m\phi = \frac{1}{2i}(e^{im\phi} - e^{-im\phi}) \tag{5.69}$$

こうして，進行する複素数の固有状態関数から定在する実数固有状態関数を得る．両関数とも角運動エネルギーに対しては固有関数であるが，角運動量に対しては前者は固有関数，後者は固有関数ではない．以下では和の $\cos m\phi$ をプラス m の，差の $\sin m\phi$ をマイナス m の固有関数と呼び直すことにする．

固有値を示す量子数は

$$\lambda = l(l+1), \quad l = 0, 1, 2, \cdots \tag{5.70}$$

$$m = 0, \pm 1, \pm 2, \cdots, \pm l \tag{5.71}$$

と与えられ，m は ϕ 方向の位相の進み具合を表し，**磁気量子数**と呼び，また，l を**角運動量子数**と呼ぶ．

式 (5.71) は，1つの l，すなわち，1つの角運動エネルギーに対し，$(2l+1)$ の固有状態，したがって，$(2l+1)$ 重に縮退していることを示す．球面の幾何学でいえば，区切り方が $(2l+1)$ 通りあることを示す．

なお，古典力学であれば，角運動量の2乗 L^2 は z 方向角運動量 L_z の最大値の2乗と一致するはずであるが，量子力学では，$(L^2$ の固有値$) = l(l+1) > l^2(L_z$ の固有値$)^2$ である．これは不確定性原理により角運動量の大きさと角度が同時に決まらないためである．L_x と L_y が同時に零となることはなく，したがって

$$L^2 - L_z^2 = L_x^2 + L_y^2 > 0 \tag{5.72}$$

による．角運動量における交換関係

$$[L_x, L_y] = i\hbar L_z \tag{5.73}$$

を用いると

$$L^2 = L_{z,\max}^2 + L_x^2 + L_y^2 = L_{z,\max}^2 + L_{z,\max}\hbar = (l^2 + l)\hbar^2 \tag{5.74}$$

が導かれる．

ここで，球面調和関数は2つの量子数 l，m で表される固有値の同時固有関数であることを明示するため

$$Y_m^l(\theta, \phi) = F(\theta, \phi) = P(\theta) \cos m\phi \quad \text{or} \quad P(\theta) \sin m\phi \tag{5.75}$$

と表示する．l，m の値に応じて表 5.2 の $P(\theta)$ および $\cos m\phi$，$\sin m\phi$ を選び出せば同時固有関数を書き出すことができるが，それを表 5.3 に $l=2$ まで示す．表には次の変換式を用いて x，y，z 座標系で表した各固有関数も示す．

$$\frac{x}{r} = \sin\theta \cos\phi, \quad \frac{y}{r} = \sin\theta \sin\phi, \quad \frac{z}{r} = \cos\theta \tag{5.76}$$

5.6 水素原子の固有状態に対するシュレーディンガー方程式による解

表 5.3 球面調和関数

$l=n_\theta+\|n_\phi\|$	$m=n_\phi$	n_θ	$Y_m^l(\theta,\phi)=Y_m^l(x,y,z)$	軌道
0	0	0	$\dfrac{1}{\sqrt{4\pi}}$	s
1	-1	0	$\sqrt{\dfrac{3}{4\pi}}\sin\theta\sin\phi=\sqrt{\dfrac{3}{4\pi}}\dfrac{y}{r}$	p_y
1	0	1	$\sqrt{\dfrac{3}{4\pi}}\cos\theta=\sqrt{\dfrac{3}{4\pi}}\dfrac{z}{r}$	p_z
1	0	0	$\sqrt{\dfrac{3}{4\pi}}\sin\theta\cos\phi=\sqrt{\dfrac{3}{4\pi}}\dfrac{x}{r}$	p_x
2	-2	0	$\sqrt{\dfrac{15}{16\pi}}\sin^2\theta\sin 2\phi=\sqrt{\dfrac{15}{4\pi}}\dfrac{xy}{r^2}$	d_{xy}
2	-1	1	$\sqrt{\dfrac{15}{4\pi}}\cos\theta\sin\theta\sin\phi=\sqrt{\dfrac{15}{4\pi}}\dfrac{yz}{r^2}$	d_{yz}
2	0	2	$\sqrt{\dfrac{5}{16\pi}}(3\cos^2\theta-1)=\sqrt{\dfrac{15}{4\pi}}\dfrac{1}{2\sqrt{3}}\dfrac{(3z^2-r^2)}{r^2}$	d_{3z^2-1}
2	1	1	$\sqrt{\dfrac{15}{4\pi}}\cos\theta\sin\theta\cos\phi=\sqrt{\dfrac{15}{4\pi}}\dfrac{zx}{r^2}$	d_{zx}
2	2	0	$\sqrt{\dfrac{15}{16\pi}}\sin^2\theta\cos 2\phi=\sqrt{\dfrac{15}{4\pi}}\dfrac{1}{2}\dfrac{(x^2-y^2)}{r^2}$	$d_{x^2-y^2}$

5.6.3 動径方向分布関数

次に,r 方向の固有値,固有関数を求める.式 (5.62) の $U(r)$ にクーロンポテンシャル,$\lambda\hbar^2$ に角運動量の 2 乗の固有値を代入すると

$$\left[-\frac{\hbar^2}{2m_e}\frac{d^2}{dr^2}-\frac{e^2}{4\pi\varepsilon_0 r}+\frac{l(l+1)\hbar^2}{2m_e r^2}\right]R=ER \tag{5.77}$$

となる.式 (5.77) で見るように動径方向分布関数 $R(r)$ に対する全ポテンシャル $U_e(r)$ はクーロンポテンシャルと遠心ポテンシャルの和として次式で表される

$$U_e(r)=-\frac{e^2}{4\pi\varepsilon_0 r}+\frac{l(l+1)\hbar^2}{2m_e r^2} \tag{5.78}$$

をここで,エネルギー固有値 E,クーロンポテンシャルの係数を

$$\alpha^2=-\frac{2m_e E}{\hbar^2},\quad \beta=\frac{m_e e^2}{4\pi\varepsilon_0 \hbar^2} \tag{5.79}$$

と α,β に変換すると,式 (5.77) は

$$\frac{d^2R}{dr^2} - \left[\alpha^2 - 2\frac{\beta}{r} + \frac{l(l+1)}{r^2}\right]R = 0 \tag{5.80}$$

と表される．$r \to 0$, $r \to \infty$ で $R \to 0$ の条件を考慮し，解を

$$R = e^{-\alpha r} r^{l+1} u(r) \tag{5.81}$$

$$u = a_0 + a_1 r + a_2 r^2 + \cdots = \sum_k a_k r^k \tag{5.82}$$

に仮定し，これを式 (5.80) に代入し，各乗数項の係数が零の条件を課すと

$$\{k(k+1) + 2(k+1)(l+1)\}a_{k+1} = 2\{\alpha k - \beta + \alpha(l+1)\}a_k \tag{5.83}$$

が成り立つ．項打ち切りの条件 "$a_{p+1} = 0$" により

$$p + l + 1 = n, \quad \alpha = \beta/n \tag{5.84}$$

の固有値 α が求まる．α, β に式 (5.79) の値を代入すると，エネルギーの固有値として

$$E = -\frac{m_e e^4}{32\pi^2 \varepsilon_0^2 \hbar^2} \frac{1}{n^2} \tag{5.85}$$

を得る．こうして，n がエネルギーの固有値を表す量子数であることがわかり，これを**主量子数**と呼ぶ．

図 5.5 に $\beta = 1$ とした無次元化全ポテンシャル $U_e(r)$, エネルギー固有値

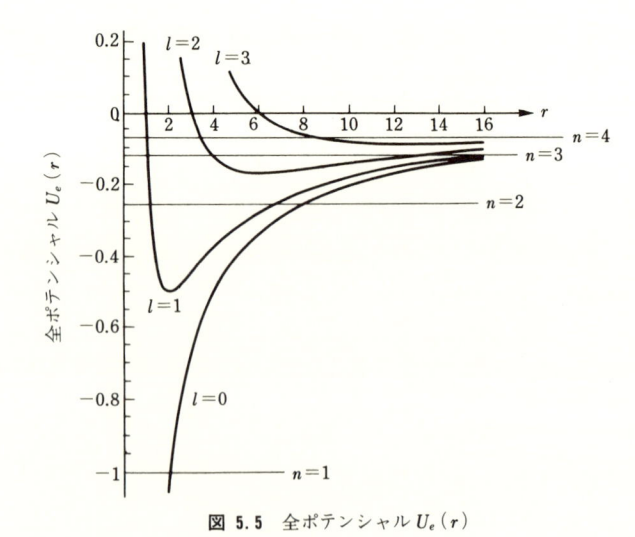

図 5.5 全ポテンシャル $U_e(r)$

$$U_e(r) = -\frac{2}{r} + \frac{l(l+1)}{r^2}, \quad E = -\frac{1}{n^2} \tag{5.86}$$

を示す．全ポテンシャルは，軌道量子数 l が増すに従って底が浅くなり，底の半径位置も大きくなる．

なお，"$a_{p+1}=0$"の条件は，$u(r)$ の次数が p であること，したがって，動径方向の状態関数の節の数が p あることを指し，5.5.1項の n_r に対応する．

表5.4に r 方向の固有関数を書き表す．なお，半径座標はボーア半径 a_0 で割った

表 5.4 動径方向分布関数

$p(=n_r)$	n	l	$R_{n,l}(\rho)$
0	n	l	$\rho^{n-l}e^{-\rho/n}$
1	2	0	$\left(1-\frac{1}{2}\rho\right)e^{-\rho/2}$
	3	1	$\rho\left(1-\frac{1}{6}\rho\right)e^{-\rho/3}$
2	3	0	$\left(1-\frac{2}{3}\rho+\frac{2}{27}\rho^2\right)e^{-\rho/3}$

$$\rho = \frac{r}{a_0} \tag{5.87}$$

の ρ とする．動径方向の固有関数は $p(=n_r)$ に従って規則的にまとめられるので，それで，さらに，主量子数 n と軌道量子数 l をつけた．

5.6.4 水素原子の電子状態のまとめ

固有関数は動径項と角運動量項を合わせると

$$\phi_{n,l,m}(\rho,\theta,\phi) = R_{n,l}(\rho)P_{l,m}(\theta)e^{im\phi} \tag{5.88}$$

と表される．

座標 (ρ, θ, ϕ) における存在確率密度は，体積要素

$$d\nu = \rho^2 d\rho \sin\theta d\theta d\phi \tag{5.89}$$

を掛けて

$$dp(\rho,\theta,\phi) = [R_{n,l}(\rho)]^2 \rho^2 d\rho P_{l,m}(\theta)\sin\theta d\theta d\phi \tag{5.90}$$

となる．

量子数は主量子数 n，軌道量子数 l，磁気量子数 m の3つであり，それらの間の関係を書き出すと

$$l = 0, 1, 2, \cdots, n-1 \tag{5.91}$$

$$m = 0, \pm1, \pm2, \cdots, \pm l \tag{5.92}$$

である.

 1つの主量子数 n 対し,エネルギーは1つの

$$E = -\frac{m_e e^4}{32\pi^2 \varepsilon_0^2 \hbar^2}\frac{1}{n^2} \tag{5.93}$$

をとる.ところが,同一の n に対し,l の値は式 (5.91) より n 個,1つの l に対し m は式 (5.92) より $(2l+1)$ 個,さらに各 m に対し,スピンが上下の2状態,したがって,準位 n に対する独立な固有関数の数,すなわち,縮退度 D_n は

$$D_n = 2\sum_{l=0}^{n-1}(2l+1) = 2n^2 \tag{5.94}$$

となる.

 表5.3でも書いたように,各量子数の組合せでつくられる各固有状態がそれぞれ別個の状態(原子では,この電子が収まるべき状態のことを軌道という)であることを表すために,記号をつけている.

 $n=1$ に対する固有関数は $1s$ 軌道,

 $n=2$ に対する固有関数は $2s, 2p_x, 2p_y, 2p_z$ 軌道,

 $n=3$ に対する固有関数は $3s, 3p_x, 3p_y, 3p_z, 3d_{y^2-z^2}, 3d_{z^2-x^2}, 3d_{yz}, 3d_{zx}, 3d_{xy}$ 軌道

 この表式における記号の意味は,最初の数字で主量子数 n,次のアルファベットの s, p, d, f で軌道量子数 $l=0, 1, 2, 3$,下付き添え字で磁気量子数 m に対応した方向または面を示す.

 図5.6に $n=3$ に対する状態(または軌道)を示す.各存在領域は図5.4の境界で区切られた領域と完全に一致している.繰り返すが,図5.4は複雑な方程式を解くまでもなく,単に空間を球対称に区切っただけである.

 なお,d 軌道における状態のうち,$3d_{y^2-z^2}, 3d_{z^2-x^2}, 3d_{yz}, 3d_{zx}, 3d_{xy}$ はクロスの蝶型に電子が分布するのを表し,$3d_{3z^2-r^2}$ は中央部にはちまきがあるタコ型に電子が分布するのを表し,両者はまったく別の分布状態を表すようにも見える.ところが,実はタコ型は単に2つの蝶型の重ね合わせであることは

$$(z^2-x^2)+(z^2-y^2)=(3z^2-r^2) \tag{5.95}$$

の式によっても,具体的に描く図5.7でもわかる.したがって,化学反応,結合,その他の相互作用を検討する場合に蝶型,タコ型を適宜選択すればよい.

5.6 水素原子の固有状態に対するシュレーディンガー方程式による解

図 5.6 $n=3$ における状態関数

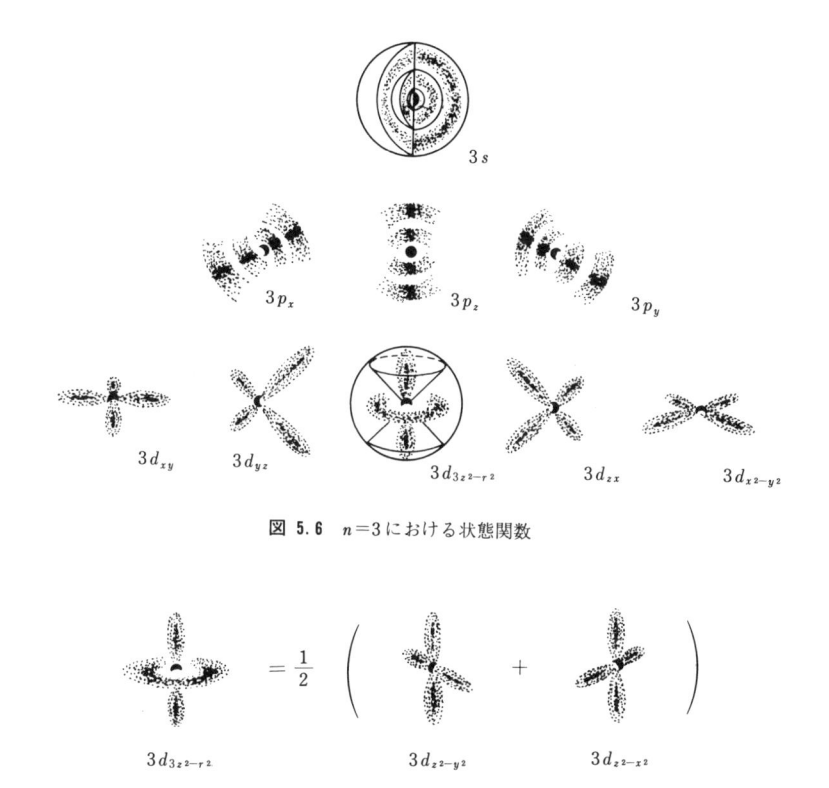

図 5.7 タコ型状態関数と蝶型状態関数の関係

ただし，d 軌道を完全に満たす 10 個の d 電子があり，それらの電子全体で球対称分布をなすという要請の場合は自ずから軌道は決まる．なお，軌道の重ね合わせで新しい軌道をつくるという議論は，後述するように主量子数が同一であれば，異なった軌道量子数間でもなされ，炭素などは混成軌道で安定な分子結合状態が考察される．

考えてみれば，n が増えるに従って，式 (5.94) のように縮退が急速に増えるのは，不可思議である．式 (5.1) で状態関数の節のみを考えた幾何学で当て推量で述べた条件，すなわち，"r, θ, ϕ 方向の節で区分された数が同一であれば，同一のエネルギー固有値をもつ"はもともと根拠のなかったものである．また，最も単純なはずの 3 次元の箱型ポテンシャルでも，縮退はせいぜい数個であ

る．さらに，同一の n でも，l が異なればポテンシャルは異なることにもなる．縮退数がこれほどあるのは，たまたまポテンシャルがクーロンポテンシャルであるからであり，いわば偶然縮退である．

準位 n までの固有関数の総数は D_n の和をとり

$$\sum_{n'=1}^{n} D_{n'} = \sum_{n'=1}^{n} 2n'^2 = \frac{1}{3} n(n+1)(2n+1) \tag{5.96}$$

と与えられる．この値は $n=4$ に対し 60，$n=5$ に対し 110 であり，一方，実用材料の原子番号は 50 程度，現存する物質の原子番号の最大値は 100 を少し越えた程度であることを考えれば，後述する理由で n は 4 程度，せいぜい 5 までの準位に各原子における電子が収まる．ただし，水素原子で解いた状態そのままのところに次々と電子が収まるわけにはいかない．なぜなら，原子番号を Z とすれば，核の電荷は Ze であり，その電荷のつくるクーロンポテンシャルは $Ze^2/4\pi\varepsilon_0 r$ であり，また，対象とする電子以外の $(Z-1)$ 個の電子からのポテンシャルも受けるからである．しかし，これらの原子に対する電子状態は解析不可能であり，定性的な議論は水素原子における電子状態を参考にして進める．

例題 5.1 質量 m_e の粒子が以下の円柱ポテンシャル箱に束縛されている場合の固有関数，基底状態のエネルギー値を求めよ．

$$0 \leq z \leq H, \quad r \leq \rho \quad で \quad U = U_0 ; 領域外で \quad U = \infty$$

(**解**) シュレーディンガー方程式は

$$-\frac{\hbar^2}{2m_e} \left[\frac{1}{r} \left(r \frac{\partial}{\partial r} \right) + r^2 \frac{\partial^2}{\partial \phi^2} + \frac{\partial^2}{\partial z^2} \right] \phi = E\phi$$

と表される．3次元状態関数が直交3方向の独立な状態関数の積として表されるとすると以下の独立な3つの微分方程式となる．

$$\frac{d^2 \Phi}{d\phi^2} + m\Phi = 0, \quad \frac{d^2 Z}{dz^2} + (E' - \lambda^2)Z = 0,$$

$$\frac{1}{r} \frac{d}{dr} \left(r \frac{dR}{dr} \right) + \left(\lambda^2 - \frac{m^2}{r^2} \right) = 0, \quad E = \frac{\hbar^2}{2m_e} E'$$

それぞれを境界条件の下に解いて，固有関数として

$$\Phi(\phi) = \frac{1}{\sqrt{2\pi}} e^{im\phi}, \quad m = 0, \pm 1, \pm 2, \cdots$$

注　釈

$$Z(z) = \sqrt{\frac{2}{H}} \sin\left(\frac{l\pi z}{H}\right), \quad l = 1, 2, 3, \cdots$$

$$R_m(r) = J_m(\lambda r), \quad J_m(\lambda r) : ベッセル関数$$

を得る. エネルギー固有値は

$$E = \frac{\hbar^2}{2m_e}\left(\frac{l^2\pi^2}{H^2} + \lambda^2\right)$$

となり, 基底状態 ($m = 0$, $l = 1$) では

$$E = \frac{\hbar^2}{2m_e}\left(\frac{\pi^2}{H^2} + \frac{2.405^2}{\rho^2}\right)$$

となる.

*1 ─────── **曲線座標におけるラプラシアン** ───────

エネルギーに関するシュレーディンガー方程式

$$\frac{\hat{\boldsymbol{p}} \cdot \hat{\boldsymbol{p}}}{2m}\phi(\boldsymbol{r}) + U(\boldsymbol{r})\phi(\boldsymbol{r}) = E\phi(\boldsymbol{r}) \tag{5.97}$$

の運動エネルギーに関する物理量の $q-$数を曲線座標系で $c-$数に変換するとき, つねに問題となるのはその定式化である.

直交直線の xyz 座標系では

$$\mathrm{grad} = \nabla = \vec{\boldsymbol{x}}\frac{\partial}{\partial x} + \vec{\boldsymbol{y}}\frac{\partial}{\partial y} + \vec{\boldsymbol{z}}\frac{\partial}{\partial z} \tag{5.98}$$

により運動量の内積は簡単に

$$\hat{\boldsymbol{p}} \cdot \hat{\boldsymbol{p}} = \hat{p}_x^2 + \hat{p}_y^2 + \hat{p}_z^2 = -\hbar^2\left(\frac{\partial^2}{\partial x^2} + \frac{\partial^2}{\partial y^2} + \frac{\partial^2}{\partial z^2}\right) \tag{5.99}$$

と求まる. この式の形ならびに運動エネルギーはスカラー量であることより他の座標系でも, 全運動エネルギーは各方向のエネルギーの単純和と錯覚しがちである. しかし, 忘れてならないのは運動量はベクトルであることである.

xyz 座標系が式 (5.99) の形をもつのは

$$\frac{\partial}{\partial x}\vec{\boldsymbol{x}} = 0, \quad \frac{\partial}{\partial x}\vec{\boldsymbol{y}} = 0, \quad \frac{\partial}{\partial x}\vec{\boldsymbol{z}} = 0, \cdots \tag{5.100}$$

の関係があるからである. ところが, 曲線座標系での極座標における運動量

$$\mathrm{grad} = \nabla = \vec{\boldsymbol{r}}\frac{\partial}{\partial r} + \vec{\boldsymbol{\theta}}\frac{1}{r}\frac{\partial}{\partial \theta} + \vec{\boldsymbol{\phi}}\frac{1}{r\sin\theta}\frac{\partial}{\partial \phi} \tag{5.101}$$

においては

$$\frac{\partial}{\partial \theta}\vec{r}=\vec{\theta}, \quad \frac{\partial}{\partial \theta}\vec{\theta}=-\vec{r}, \quad \cdots \tag{5.102}$$

のように方向を示す単位ベクトルの微分が0とならないことである．

ここで，運動量の内積の表示法が

$$\text{div grad} = \nabla^2 =$$
$$\left(\vec{r}\frac{\partial}{\partial r}+\vec{\theta}\frac{1}{r}\frac{\partial}{\partial \theta}+\vec{\phi}\frac{1}{r\sin\theta}\frac{\partial}{\partial \phi}\right)\left(\vec{r}\frac{\partial}{\partial r}+\vec{\theta}\frac{1}{r}\frac{\partial}{\partial \theta}+\vec{\phi}\frac{1}{r\sin\theta}\frac{\partial}{\partial \phi}\right)$$
$$\tag{5.103}$$

の3通りあることを考慮すると，極座標で運動量を表す方法も

① xyz 座標系で求めたラプラシアン

$$\nabla^2 = \frac{\partial^2}{\partial x^2}+\frac{\partial^2}{\partial y^2}+\frac{\partial^2}{\partial z^2} \tag{5.104}$$

を，xyz 座標系と極座標の間の関係

$$x=r\sin\theta\cos\phi, \quad y=r\sin\theta\sin\phi, \quad z=r\cos\theta \tag{5.105}$$

を用いて極座標でのラプラシアンに変換する方法

② 式（5.103）の第3式のベクトル内積を式（5.102）を用いて行う方法

③ 式（5.103）の第1式のベクトル演算 div grad に従って行う方法

の3通りある．

①の方法は機械的，数学的な方法で間違いなく定式化できるが，物理を見失いがちである．②の方法はそれでもまだ計算の意味がわかる．③の方法は比較的慣れにくい方法であるが，実はこの方法が物理そのものを表し，定式化も結局は一番容易ということとなる．

ラプラシアンは保存場である電場，熱伝導の場，力の場で共通して現れる演算子である．いずれの場合もそれらの単位面積当たりの物理量はポテンシャル ϕ の grad で与えられる．したがって，関係する支配方程式は微小体積 dv への物理量（＝面積×grad ϕ）の出入りの平衡で立てられる．ここで，2次元曲線座標系 s, t を考え，成分を取り出すと

$$\frac{[(a_s\times\text{grad})\,の\,s\sim s+ds\,間の差]}{dv} = \frac{1}{a_s}\frac{\partial}{\partial s}\left(a_s\frac{\partial}{\partial s}\right)$$

$$dv=a_s\times ds, \quad a_s=s\,に垂直な断面積 \tag{5.106}$$

で与えられ，これが div grad の定義となるのである．この定義に従えば，極座標におけるラプラシアンは以下のように容易に求められる．

r, θ, ϕ 方向に垂直な面積は

$$da_r = r^2(\sin\theta d\theta d\phi), \quad da_\theta = \sin\theta(rdrd\phi), \quad da_\phi = (rd\theta dr) \quad (5.107)$$

となるが，括弧のなかの項は着目する変数に無関係で式 (5.106) の分子，分母で消される．一方，r, θ, ϕ 方向の微小長さは $dr, rd\theta, r\sin\theta d\phi$ である．結局

$$\nabla^2 \text{の } r \text{ 成分} = \frac{1}{r^2}\frac{\partial}{\partial r}\left(r^2 \frac{\partial}{\partial r}\right) \qquad (5.108)$$

$$\nabla^2 \text{の } \theta \text{ 成分} = \frac{1}{r^2 \sin\theta}\frac{\partial}{\partial \theta}\left(\sin\theta \frac{\partial}{\partial \theta}\right) \qquad (5.109)$$

$$\nabla^2 \text{の } \phi \text{ 成分} = \frac{1}{(r\sin\theta)^2}\frac{\partial^2}{\partial \phi^2} \qquad (5.110)$$

を得る．したがって，極座標のラプラシアンは

$$\nabla^2 = \frac{1}{r^2}\frac{\partial}{\partial r}\left(r^2 \frac{\partial}{\partial r}\right) + \frac{1}{r^2 \sin\theta}\frac{\partial}{\partial \theta}\left(\sin\theta \frac{\partial}{\partial \theta}\right) + \frac{1}{(r\sin\theta)^2}\frac{\partial^2}{\partial \phi^2} \qquad (5.111)$$

と与えられる．なお，全角運動量演算子の 2 乗は $\hat{L} = r\hat{p}_{\theta,\phi}$ の関係式と式 (5.111) において r 成分以外を考えることによって

$$\hat{L}^2 = -\hbar^2 \left[\frac{1}{\sin\theta}\frac{\partial}{\partial \theta}\left(\sin\theta \frac{\partial}{\partial \theta}\right) + \frac{1}{\sin^2\theta}\frac{\partial^2}{\partial \phi^2}\right] \qquad (5.112)$$

と与えられる．

演習問題

5.1 2 次元水素原子（電子がクーロンポテンシャルによって平面内に束縛）における水素の固有関数，固有値を求めよ．

5.2 水素原子内の電子が時刻 t_0 に 1s 状態と 2s 状態の重ね合わせ状態

$$\phi(\mathbf{r}, t=t_0) = [\phi_{100}(\mathbf{r}) + \phi_{200}(\mathbf{r})]/\sqrt{2}$$

で表された．

（a）この状態の確率密度 $|\phi(\mathbf{r}, t)|^2$ を求めよ．

（b）測定しうるエネルギーの値 E および確率，期待値 $\langle E \rangle$ を求めよ．

5.3 絶縁体に弱い光を当てて生ずる電子と正孔のペア間に

$$U = -\frac{e^2}{\varepsilon r}$$

のポテンシャルが作用している．

ε:絶縁体の誘電率, m_e:電子質量, m_h:正孔質量

最も低い束縛エネルギーおよびその状態における空間的広がり$\langle r \rangle$を求めよ.

5.4 x-y平面内に置かれた半径の細いリング内を電子が運動している.
  (a) 角運動量が保存することを示せ.
  (b) エネルギーと角運動量の同時固有状態における固有関数と固有値を求めよ.
  (c) 角運動量の固有値を各々に対する確率を計算せよ.
  (d) x方向に弱い電場がかけられたときの角運動量の遷移を求めよ.

5.5 [シュタルク効果]

水素原子の第1励起状態 ($n=2$) は4重に縮退しているが, 一様な静電場によって部分的に縮退が解ける.

この効果に対する以下の設問に答えよ.
  (a) 4つの状態 $|nlm\rangle$ を書き出せ.
  (b) 一様な静電場 $\mathscr{E}=(0,0,\mathscr{E})$ に対するハミルトニアン $\hat{H}$ を書け.

以下の設問に対しては, 9章の摂動法を参考にせよ.
  (c) $\hat{H}_0$ の球対称性, 状態関数の反対称性を考慮し, $\langle nlm|\hat{H}'|n'l'm'\rangle$ で零とならない項をあげよ.
  (d) 永年行列 $\langle nlm|\hat{H}'|n'l'm'\rangle$ を書け.
  (e) 摂動の固有値, 規格化固有ベクトルを書け.
  (f) 固有状態を元の固有状態の重ね合わせとして書け.

5.6 円形2次元無限井戸型中の粒子の固有関数とエネルギー準位を表す式を求めよ.

5.7 3次元等方調和振動子のエネルギー準位を求め, 縮退についても調べよ. 状態方程式は直交座標, 球座標, 円筒座標の3通りで書け.

6 量子力学の定式化 III

― 非可換代数,行列力学 ―

> 量子力学の計算の性質はベクトル演算とまったく類似しており,ベクトルによる定式化を行い,具体的に調和振動子,角運動量の問題を扱う.さらに,相互作用を考慮するとベクトルの各要素から行列の各要素が求められ,行列表示も可能なことについて述べる.

6.1 非可換代数

　前章までにおいて,量子力学における計算の要点を説明し,それを各種条件下の問題に適用してきた.その解のもつ意味についてはできうる限り具体的な物理現象に当てはめ,量子力学の適用ではじめて明確にできる多くの事象があることを明らかにしてきた.その計算の要点は「状態に量子条件を課し,固有値,固有関数を求める」などであった.
　このような状態関数,量子条件に関する計算規則をゼロから始めて覚え込むのははなはだやっかいなこととなる.ところが,すでに数学の道具として似かよった概念があれば,それになぞらえておけば,理解が非常に容易となる.日本人がチェスを覚えるのに,将棋に似たようなゲームであるとして始めれば親しみがもてるのと同様である.実は,量子力学の計算規則と幾何ベクトルの類似性はチェスと将棋の類似性に比べはるかに近い.
　状態関数を状態ベクトルで表し,物理量である線形演算子をその状態ベクトルに作用させて運動方程式を誘導し,その先,代数演算を行うことより量子力学を定式化できる.このような定式化は**ディラック**によってはじめて行われ,量子条件として正準な交換関係(非可換な交換関係)を用いるため,非可換代数と呼ばれる.
　固有状態は基底ベクトルで表され,各固有状態および各固有状態間に関連し

た物理量は基底ベクトルのノルム（絶対値の2乗），演算子，内積によって求められる．したがって，物理量は2つの基底ベクトルに対応する各要素で与えられる．各要素を表示するためには2つの添字が必要となり，すなわち，物理量は行列で表されることとなる．このようにした定式化はハイゼンベルクによってはじめて行われ，行列力学と呼ばれる．

6.1.1 空間ベクトル

3次元空間ベクトルにおけるベクトル ϕ とベクトル ϕ の内積は

$$\phi \cdot \phi \tag{6.1}$$

で定義される．1つの直交座標系における基準単位ベクトルを **1**, **2**, **3** とすると，直交規格条件として

$$\mathbf{1}\cdot\mathbf{1}=1,\ \mathbf{2}\cdot\mathbf{2}=1,\ \mathbf{3}\cdot\mathbf{3}=1,\ \mathbf{3}\cdot\mathbf{1}=0,\ \mathbf{1}\cdot\mathbf{2}=0,\ \mathbf{2}\cdot\mathbf{3}=0 \quad \text{または} \quad \mathbf{i}\cdot\mathbf{j}=\delta_{ij} \tag{6.2}$$

が成り立つ．任意の単位ベクトルは

$$\phi = c_1\mathbf{1} + c_2\mathbf{2} + c_3\mathbf{3} = \sum_i \mathbf{i}(\mathbf{i}\cdot\phi), \quad c_i = \mathbf{i}\cdot\phi \tag{6.3}$$

と表される．ここで，別の直交座標系における基準単位ベクトルを用いると，ϕ は

$$\phi = \sum_{j'} \mathbf{j}'(\mathbf{j}'\cdot\phi) = \sum_{i,j'} \mathbf{j}'(\mathbf{j}'\cdot\mathbf{i})(\mathbf{i}\cdot\phi) \tag{6.4}$$

と表される．第3式は，ϕ の $\mathbf{i}$ 成分である $(\mathbf{i}\cdot\phi)$ に，$\mathbf{i}$ 座標系から $\mathbf{j}'$ 座標系への変換 $(\mathbf{j}'\cdot\mathbf{i})$ を掛けることにより，$\mathbf{i}$ 座標表示から $\mathbf{j}'$ 座標表示へ切り替えることができることを示す．形式的には第2式に $\mathbf{i})(\mathbf{i}$ を追加すればよい．この変換式は，座標系が完全であることもいう．3次元なのに，座標系成分が2つであれば不足，4つであれば過剰となる．

6.1.2 状態関数に対する諸規則

新しく状態関数をベクトル表示するために，状態関数の諸規則を列記する．

（1）内積

固有関数 $\phi(x)$ と固有関数 $\phi(x)$ の内積は次式で定義される．

$$\int_{-\infty}^{\infty} \phi(x)^* \phi(x) dx \tag{6.5}$$

6.1 非可換代数

内積の複素共役には次式の関係式がある．

$$\int_{-\infty}^{\infty} \phi(x)^* \varphi(x) dx = \left\{ \int_{-\infty}^{\infty} \varphi(x)^* \phi(x) dx \right\}^* \tag{6.6}$$

（2） 基底（基準固有関数）

基準となる固有関数には

$$\sin kx,\ \sin 2kx,\ \sin 3kx,\ \sin 4kx,\ \sin 5kx, \cdots$$
$$e^{i\omega t},\ e^{i2\omega t},\ e^{i3\omega t},\ e^{i4\omega t},\ e^{i5\omega t},\ \cdots$$

などがある．これらの固有関数列を

$$u_1(x),\ u_2(x),\ u_3(x),\ u_4(x),\ u_5(x),\ \cdots \tag{6.7}$$

とすると，状態関数は

$$\phi(x) = c_1 u_1(x) + c_2 u_2(x) + c_3 u_3(x) + c_4 u_4(x) + \cdots \tag{6.8}$$

で表される．

（3） 直交規格化

状態関数の2乗は1つの対象粒子に対する確率を表し，固有関数は互いに直交しているという要請により次の直交規格化条件が成立する．

$$\int_{-\infty}^{\infty} |u_i(x)|^2 dx = \int_{-\infty}^{\infty} u_i^*(x) u_i(x) dx = 1, \quad \int_{-\infty}^{\infty} u_j^*(x) u_i(x) dx = 0 \tag{6.9}$$

（4） 完全性

状態関数の2乗は1つの対象粒子に対する確率を表すという要請より

$$\int_{-\infty}^{\infty} \phi^*(x) \phi(x) dx = 1 \tag{6.10}$$

これに式（6.8）を代入し，式（6.9）を用いることにより

$$\sum_{i=1}^{\infty} |c_i|^2 = \sum_{i=1}^{\infty} c_i^* c_i = 1 \tag{6.11}$$

が導かれる．

6.1.3 状態ベクトル

量子力学において，座標系，物理量が与えられて，それに関する固有関数が求められると，その固有関数には「直交性」「正規性」「完全性」の性質の具備がなされていることとなる．これらの性質はまさに基底ベクトルの有する性質である．そこでディラックによって，状態を表す関数をベクトルで表し，量子

力学の計算をベクトル演算に置き換えてまとめることがなされた．彼はそのためのベクトル，すなわち，状態ベクトルを表す記号として，⟨|と|⟩を考案した．これらのベクトルは括弧⟨ ⟩ を示す英語の単語「braket」の前半3文字をとり，⟨a| を**ブラベクトル**（bra vector），後半3文字をとり，|a⟩ を**ケットベクトル**（ket vector）と呼ぶ．両ベクトルは双対で，それぞれ別のブラ空間，ケット空間を張る．

ベクトル記号の中にはその状態ベクトルを特徴づける英数字を入れる．たとえば，全角運動量の2乗の固有値 $\lambda\hbar^2$ に対する固有ベクトルなら |λ⟩，量子数 l, m, n に対する同時固有ベクトルなら |i, m, n⟩ というように示す．一般の状態関数を表示する場合，たとえば，x 座標系での関数なら|x⟩，もっと一般的には |⟩ で示す．

6.1.4 状態ベクトルの諸性質（内積，線形独立，基底，直交規格化，完全性）

状態ベクトルの諸性質について以下で説明する．

（1）内　積

ベクトル |φ⟩ とベクトル |φ⟩ との内積を

$$\langle\phi|\phi\rangle \tag{6.12}$$

と書く．

ベクトルの複素共役の間には次式の関係がある．

$$\langle\phi| = |\phi\rangle^*, \quad \langle\phi|\phi\rangle = \langle\phi|\phi\rangle^* \tag{6.13}$$

（2）基底（基準ベクトル）

N 次元ベクトル空間内の N 個の線形独立なベクトルの組

$$|1\rangle, |2\rangle, |3\rangle, |4\rangle, |5\rangle, \cdots, |N\rangle \tag{6.14}$$

を基底といい，空間内のすべてのベクトルはこのベクトルの組の線形結合

$$|\phi\rangle = c_1|1\rangle + c_2|2\rangle + c_3|3\rangle + c_4|4\rangle + \cdots + c_N|N\rangle \tag{6.15}$$

で表すことができる．ただし，基底という用語は基底状態と混同する恐れがあり，以下では基準ベクトルという．

（3）直交規格化

次式を満たす基準ベクトルは直交規格化されているという．

$$\langle j|i\rangle = \delta_{ij} \tag{6.16}$$

（4） 完全，完全性（完全系である条件）

無限次元のベクトル空間においてすべてのベクトルを展開して表すことのできる規格直交系がある場合，この系を基準系，ベクトルを基準ベクトルという．

任意のベクトル $|\phi\rangle$ を基準系で展開し

$$|\phi\rangle = \sum_{i=1}^{\infty} c_i |i\rangle \tag{6.17}$$

とする．この式と $|j\rangle$ との内積をとると

$$c_j = \langle j|\phi\rangle \tag{6.18}$$

が得られ，式 (6.15) に代入することにより

$$|\phi\rangle = \sum_{i=1}^{\infty} \langle i|\phi\rangle |i\rangle = \left(\sum_{i=1}^{\infty} |i\rangle\langle i|\right) |\phi\rangle \tag{6.19}$$

となる．比較することにより

$$\sum_{i=1}^{\infty} |i\rangle\langle i| = 1 \tag{6.20}$$

が系 $\{|i\rangle\}$ の完全性の条件となる．式 (6.20) は変換にとって便利な関係式であり，代数式のなかに適宜挿入することができる．

なお，多くの計算規則を書き出したがこれらは通常のベクトルに備わるものであり

「固有関数が基準ベクトル，そのベクトル空間内の一般ベクトルが状態関数」

といえば，細かな説明は抜いてもよいこととなる．

6.1.5 基準系が無限連続のベクトル

基準系のパラメータが連続的に変わる場合は任意のベクトルは次式で展開される．

$$|\phi\rangle = \sum_{i=1}^{\infty} c_i |i\rangle + \int_{-\infty}^{\infty} c(x) |x\rangle dx \tag{6.21}$$

ベクトルのノルム

$$\langle \phi|\phi\rangle = \sum_{i=1}^{\infty} |c_i|^2 + \int_{-\infty}^{\infty} |c(x)|^2 dx \tag{6.22}$$

が成り立つためには連続ベクトル間に次の関係を要請する．

$$\langle j|i\rangle = \delta_{ij}, \quad \langle x|x'\rangle = \delta(x-x'), \quad \langle i|x\rangle = 0 \tag{6.23}$$

$\delta(x-x')$ はディラックのデルタ関数と呼ばれ，次の性質をもつ．

$$x \neq x' \text{ のとき } \delta(x-x')=0, \quad \text{かつ} \quad \int_{-\infty}^{\infty} \delta(x-x')dx = 1 \quad (6.24)$$

この関数は積分の中だけで意味があり，連続関数 $f(x)$ に対して

$$f(a) = \int_{-\infty}^{\infty} f(x)\delta(x-a)dx \quad (6.25)$$

が成り立つ．デルタ関数はいろいろな形で表されるが，その1つとして

$$\delta(x) = \frac{1}{2\pi}\int_{-\infty}^{\infty} e^{ipx}dp \quad (6.26)$$

がある．完全性を表す式は次のようになる．

$$\sum_{i=1}^{\infty}|i\rangle\langle i| + \int_{-\infty}^{\infty}|x\rangle dx\langle x| = 1 \quad (6.27)$$

6.1.6 演算子（物理量，測定値）

古典力学では状態はエネルギー，位置，速度などの物理量で表され，それらは測定値として観測され，**状態**，**物理量**，**測定値**に区別はない．

ところが，量子力学ではこれらの3者は異なる．状態は量子力学における運動方程式（たとえば，シュレーディンガー方程式）に従って因果的に変化するが，その状態は固有状態の重ね合わせで表される．物理量は状態ベクトルに作用する演算子として扱われる．その作用に応じた観測を行えば，測定値が得られるが，その測定値は物理量の固有値のどれかとなる．

観測されるまでは，観測して得られる測定値（固有値）がどのような確率であるかの推移を状態関数が表しているが，一度，観測されるとそのどれかになるのである．もちろん，確率の大きい固有値になる可能性が大きい．同じ状態を何度も測定すれば，確率に従って，測定頻度は分布する．

なお，演算子の作用の仕方は基準ベクトルに対するもののみを知っておけばよい．というのは，任意のベクトルは基準ベクトルの線形結合で表せるからである．

6.1.7 量子力学において現れる主要概念のまとめ

（1） 状態ベクトル

ある「物理系」に対して1つの複素数の線形ベクトル空間（ヒルベルト空間）が対応し，そこでは内積，ノルム（絶対値，大きさ）が定義されている．ベクトル空間の線形性とは，状態ベクトルの重ね合わせの原理が成立することをいい，それより干渉がでる．

（2） 物理量

系の観測可能な物理量（オブザーバブル）$A, B, \cdots$ にはベクトルに作用する線形演算子 $\hat{A}, \hat{B}, \cdots$ が対応する．

$\hat{A}$ の固有値 a_k，a_k の固有ベクトルを $|k\rangle$，すなわち

$$\hat{A}|k\rangle = a_k|k\rangle \tag{6.28}$$

とすると，$|k\rangle$（縮退も含めて）はヒルベルト空間の完全系をなす．

（3） 演算子

共役な物理量 $\hat{A}, \hat{B}$ の間には**正準な交換関係**（非可換関係）

$$[\hat{A}, \hat{B}] = i\hbar \tag{6.29}$$

が成り立つ．これが量子条件である．

（4） 測定値

任意の状態で物理量 $\hat{A}$ を測定するとき，その固有値 a_k のどれか1つの値が得られる．系が状態 $|\phi\rangle$ のとき，$\hat{A}$ を測定して a_k を得る確率は

$$w_k = \langle k|\phi\rangle^2 \tag{6.30}$$

で与えられる．a_k を測定した場合，測定直後に状態は $|\phi\rangle$ の部分空間 $|k\rangle$ の射影に遷移する．このとき，測定は系に制御不可能な擾乱を与える．

（5） 運　動

量子力学では状態，物理量が異なるために，運動を表示する場合も何に着目するかでその表式が異なってくる．

シュレーディンガー描像：状態ベクトルが変化すると考える．

観測をしない場合，系の状態ベクトルは時間とともに

$$i\hbar \frac{d\phi}{dt} = \hat{H}\phi \tag{6.31}$$

に従って連続的，因果的に変化する．この式は全確率の保存（ユニタリー性），重ね合わせの原理を満たす．

ハイゼンベルク描像：物理量が変化すると考える．

時間とともに状態ベクトル $|\phi\rangle$ でなく物理量 $\hat{A}$ が変化するとすると次式となる．

$$\frac{d\hat{A}}{dt} = \frac{i}{\hbar}[\hat{H}, \hat{A}] + \frac{\partial \hat{A}}{\partial t} \tag{6.32}$$

6.1.8 演算子の可換性

1つのベクトルが多くの演算子の固有ベクトルであることがある．いま，2つの異なる線形演算子 $\hat{A}, \hat{C}$ が固有値 a, c，それの固有ベクトル $|a\rangle, |c\rangle$ をもつとすると

$$\hat{A}|a\rangle = a|a\rangle, \quad \hat{C}|c\rangle = c|c\rangle \tag{6.33}$$

となる．ここで，$|a\rangle$ と $|c\rangle$ が同一ベクトル $|a, c\rangle$ で表されるとすると

$$\hat{A}|a, c\rangle = a|a, c\rangle, \quad \hat{C}|a, c\rangle = c|a, c\rangle \tag{6.34}$$

第1の式に $\hat{C}$，第2の式に $\hat{A}$ を作用させると

$$\hat{C}\hat{A}|a, c\rangle = ac|a, c\rangle, \quad \hat{A}\hat{C}|a, c\rangle = ca|a, c\rangle \tag{6.35}$$

が得られ，これの辺々を引き算すると

$$[\hat{A}, \hat{C}]|a, c\rangle = 0 \tag{6.36}$$

となる．結局，2つの演算子 $\hat{A}, \hat{C}$ が共通の固有ベクトルをもつ条件は

$$[\hat{A}, \hat{C}] = 0 \tag{6.37}$$

と表される．このようなとき2つの演算子 $\hat{A}, \hat{C}$ は互いに交換可能（可換）であるという．

縮退は1つの固有値に対して2つ以上の固有ベクトルがあることであり，状態ベクトルは多数の可換な演算子で指定し，一義的に状態を規定するのが好ましい．

6.2 非可換代数で運動方程式を解く例

束縛状態にある各物理量の固有値には最大値もしくは最小値が存在すること

が多い．その場合，物理量 A に対する以下の固有値方程式

$$\hat{A}|n\rangle = a_n|n\rangle \tag{6.38}$$

とは別に，固有ベクトルを次々と小さな（または大きな）固有値の固有ベクトルへと変換する以下の演算子 $\hat{b^-}$, $\hat{b^+}$ があれば

$$\hat{b^-}|n\rangle = c|n-1\rangle, \quad \hat{b^+}|n\rangle = c'|n+1\rangle \tag{6.39}$$

いわばこの漸化式によって最終的に

$$\hat{b^-}|n_{\min}\rangle = 0 \quad \text{または} \quad \hat{b^-}|1\rangle = c|0\rangle = 0, \quad \hat{b^+}|n_{\max}\rangle = 0 \tag{6.40}$$

の方程式が求められる．この方程式は一般に (6.38) を解くより容易である．一度，1つの固有ベクトルが求められれば，それに逆の変換演算子を作用させれば，次々と固有ベクトルが求まる．

例として，調和振動子と角運動量の場合を行う．

6.2.1 調和振動子

3章で調和振動子について「間隔 $\hbar\omega$ の固有エネルギー，係数比較により求めた固有関数，零点振動」などの結果を与えた．ここでは，変換代数のみでそれらの結果を与え，さらに調和振動子に対する新しい見方を与える．

（1）固有値，下降演算子，上昇演算子

調和振動子のハミルトニアンを次のように書き換える．

$$\begin{aligned}\hat{H} &= \frac{m\omega^2}{2}x^2 + \frac{1}{2m}\hat{p}^2 = \frac{m\omega^2}{2}\left(x^2 + \frac{1}{m^2\omega^2}\hat{p}^2\right) \\ &= \frac{m\omega^2}{2}\left\{\left(x - \frac{i}{m\omega}\hat{p}\right)\left(x + \frac{i}{m\omega}\hat{p}\right) - \frac{i}{m\omega}[x,\hat{p}]\right\}\end{aligned} \tag{6.41}$$

相互に共役な新しい演算子を

$$\hat{a^+} = \sqrt{\frac{m\omega}{2\hbar}}\left(x - \frac{i}{m\omega}\hat{p}\right), \quad \hat{a^-} = \sqrt{\frac{m\omega}{2\hbar}}\left(x + \frac{i}{m\omega}\hat{p}\right) \tag{6.42}$$

で定義し，x, $\hat{p}$ に関する正準な交換関係

$$[x,\hat{p}] = i\hbar \tag{6.43}$$

を用いると，ハミルトニアンおよび交換関係は $\hat{a^+}$ および $\hat{a^-}$ によって

$$\hat{H} = \hbar\omega\left(\hat{a^+}\hat{a^-} + \frac{1}{2}\right) \tag{6.44}$$

$$[\hat{a^+}\hat{a^-}] = 1 \tag{6.45}$$

と表される．この2つに簡単化された式が調和振動子に対する量子力学の式である．

固有状態 $|n\rangle$ に対してシュレーディンガー方程式は

$$\hat{H}|n\rangle = \varepsilon_n \hbar\omega |n\rangle, \quad E_n = \varepsilon_n \hbar\omega \tag{6.46}$$

となる．エネルギー固有値を

$$\varepsilon_n = n + \frac{1}{2} \tag{6.47}$$

と仮におくと，式（6.46）は

$$\hat{a}^+ \hat{a}^- |n\rangle = n|n\rangle \tag{6.48}$$

となる．

結局，この問題は

『2つの方程式，

$$\hat{a}^+ \hat{a}^- |n\rangle = n|n\rangle \tag{6.48}$$

$$[\hat{a}^-, \hat{a}^+] = \hat{a}^- \hat{a}^+ - \hat{a}^+ \hat{a} = 1 \tag{6.45}$$

より，固有状態 $|n\rangle$ を1つずつ下げる式を見出し，最終的に $|0\rangle$，さらに 0 に至る』

方法を見つけ出すことと解せられる．

この種の問題解法のキーポイントは，「状態に作用する演算子は共役な演算子の積（6.48）であり，その積の順序を変更する際に，1 だけの増減があり（6.45），この増減が固有値の増減と対応できれば，1 ずれた状態を求めるための演算ができる」ということである．

式（6.48）の両辺に $\hat{a}^-$ を掛けると次式になり

$$\hat{a}^- \hat{a}^+ \hat{a}^- |n\rangle = n \hat{a}^- |n\rangle \tag{6.49}$$

これに，交換関係式（6.45）を用いると

$$(\hat{a}^+ \hat{a}^- + 1)(\hat{a}^- |n\rangle) = n(\hat{a}^- |n\rangle)$$

したがって

$$\hat{a}^+ \hat{a}^- (\hat{a}^- |n\rangle) = (n-1)(\hat{a}^- |n\rangle) \tag{6.50}$$

を得る．この式は

$$\hat{a}^- |n\rangle = 0 \tag{6.51}$$

または，$\hat{a}^- |n\rangle$ が演算子 $\hat{a}^+ \hat{a}^-$ における固有値 $(n-1)$ の固有関数であることを示す．この固有状態は $|n-1\rangle$ であるので

6.2 非可換代数で運動方程式を解く例

$$\hat{a^-}|n\rangle = c|n-1\rangle, \quad c \text{ は正規化定数} \tag{6.52}$$

$$\hat{a^+}\hat{a^-}|n-1\rangle = (n-1)|n-1\rangle \tag{6.53}$$

が証明される．また

$$\varepsilon_n \geq 0 \tag{6.54}$$

によって

$$n \geq 0 \tag{6.55}$$

が成り立つ．

したがって，固有値 n は 1 ずつ変化し，正整数であり，エネルギー固有値は

$$E_n = \left(n + \frac{1}{2}\right)\hbar\omega \tag{6.56}$$

で与えられる．

（2）正規化定数

正規化定数 c を以下で求める．

式 (6.52) の複素共役

$$\langle n|\hat{a^+} = c^*\langle n-1| \tag{6.57}$$

を式 (6.52) に掛け

$$n = \langle n|\hat{a^+}\hat{a^-}|n\rangle = |c|^2 \tag{6.58}$$

c として正の実数をとると

$$\hat{a^-}|n\rangle = \sqrt{n}\,|n-1\rangle \tag{6.59}$$

となる．同様にして，$\hat{a^+}$ の演算を行うと

$$\hat{a^+}|n\rangle = \sqrt{n+1}\,|n+1\rangle \tag{6.60}$$

と与えられる．

（3）固有状態

基底状態 $|0\rangle$ に，次々と上昇演算子 $\hat{a^+}$ を掛けることによって一般的な固有状態は

$$|n\rangle = \frac{(\hat{a^+})^n}{\sqrt{n!}}|0\rangle \tag{6.61}$$

として得られる．基底状態は一番エネルギーの低い状態であり，それより低いエネルギーの固有状態はないわけであるから

$$\hat{a^-}|0\rangle = 0 \tag{6.62}$$

$\hat{a}^-$ に式 (6.52) の定義式, $|0\rangle$ を

$$|0\rangle = u_0(x) \tag{6.63}$$

とおくと, 式 (6.62) は

$$\left(x + \frac{\hbar}{m\omega} \frac{d}{dx} \right) u_0(x) = 0 \tag{6.64}$$

となる. これを解いて正規化した基底状態は

$$u_0(x) = \sqrt[4]{\frac{m\omega}{\pi\hbar}} e^{-\frac{m\omega}{2\hbar}x^2} \tag{6.65}$$

と与えられる. 再び, この関数を式 (6.60) に代入して励起した一般的な固有状態は

$$u_n(x) = \frac{1}{\pi^{\frac{1}{4}}\sqrt{2^n n!}} \left(\frac{m\omega}{\hbar} \right)^{n+\frac{1}{2}} \left(x - \frac{\hbar}{m\omega} \frac{d}{dx} \right)^2 e^{-\frac{m\omega}{2\hbar}x^2} \tag{6.66}$$

と与えられる.

この問題に対して, シュレーディンガー方程式を適用するのみでは複雑な2階の微分方程式を解かねばならなかった. しかし, 変換代数を用いることにより, まず, エネルギー固有値を得, さらに, 簡単な1階の微分方程式を解くことによって固有状態を得ることができた.

(4) 非可換代数解法のポイント

調和振動子の問題を非可換代数で漸化式を誘導して解を得たが, この解法のポイントをまとめると以下のようである.

条件としては

① 共役な物理量 $\hat{A}$, $\hat{B}$,

② $\hat{A}$, $\hat{B}$ よりつくられる別の物理量が $\hat{A}^2 - b^2 \hat{B}^2$ の形をしている

ことである.

解の手順は

③ 状態を上昇もしくは下降させる演算子, $\hat{D}^+ = \hat{A} - ib\hat{B}$, $\hat{D}^- = \hat{A} + ib\hat{B}$ をつくる,

④ 交換関係 $[\hat{A}, \hat{B}] = c$ を, $\hat{D}^-$, $\hat{D}^+$ の交換関係 $[\hat{D}^-, \hat{D}^+] = D$ に書き換える,

⑤ 漸化関係をつくる,

⑥ 物理現象に応じて，限界となる状態で微分方程式を解き，固有関数を求める，

⑦ 一般の固有関数を漸化関係より求める

に従う．

（5） 光子の生成，消滅（誘導輻射，レーザ）

式 (6.44), (6.45) は調和振動子に対する運動方程式であった．ところが，見方を変えるとこれらの関係式をまったく別の問題を解く方程式としうる．

2章で述べたように，"場とは空間に調和振動子が埋め込まれている"と考えることができる．一方，"電磁波は**光子（フォトン）**"である．

すると，調和振動子の解を次のように考えることができる．

$\hat{a}^+\hat{a}^-$：フォトンの数に関する演算子，$|n\rangle$：フォトンの数が n である状態，

$\hat{a}^+$：フォトンの数を1つ増やす演算子，すなわち，"生成演算子"，

$\hat{a}^-$：フォトンの数を1つ減らす演算子，すなわち，"消滅演算子"，

$|0\rangle$：フォトンの数が 0 の状態，この場合でも場にはエネルギーが存在する．

電子のエネルギーに2準位あり，その間で電子遷移があれば，光の輻射ないし吸収が起こる．空間の場で考えれば，光子が生成したり消滅したりすることに対応する．アインシュタインによれば，1つの光子のもつエネルギーは $\hbar\omega$ である．したがって，n 個の光子のもつエネルギー（ゼロ点エネルギーを考慮），固有状態は

$$E_n = \left(n + \frac{1}{2}\right)\hbar\omega, \quad |n\rangle$$

と与えられる．

その固有状態に対し，$\hat{a}^+$ は光子を1個生成して場の状態を $|n+1\rangle$ に遷移させる演算子，逆に，$\hat{a}^-$ は光子を1個消滅させて状態を $|n-1\rangle$ に遷移させる演算子となる．この問題を考えているときには，位置とか運動量という概念はなく，したがって，演算子 $\hat{a}^+, \hat{a}^-$ が位置演算子，運動量演算子で組み立てられているということも考慮しない．$|n\rangle$ に対する $\hat{a}^+, \hat{a}^-$ の作用のみを考えている．

ここで，②の物理的意味は誘導輻射と自然輻射の比較として考察できる．

下準位より上準位の方が電子占有数が多ければ，光子生成の条件となる．そこで，すでに，場に n 個の光子が存在する場合の誘導輻射における光子生成は

$$P_{n,n+1}=|\langle n+1|\hat{a}^+|n\rangle|^2=|\sqrt{n+1}\langle n+1|n+1\rangle|^2=n+1 \qquad (6.67)$$

と与えられる．一方，光子が存在していない状態からの自然輻射の光子生成は

$$P_{0,1}=|\langle 1|\hat{a}^+|0\rangle|^2=|\sqrt{1}\langle 1|1\rangle|^2=1 \qquad (6.68)$$

となる．したがって，すでに，n 個の光子が存在している誘導輻射は自然輻射に比べ，$n+1$ 倍輻射をしやすい状態となっていることになる．また，光子が増えれば増えるほどさらに増加割合が増えることになり，光増幅される．これが，レーザの原理の1つである．

なお，正規化定数は複雑な計算をするまでもなく，以下の考察で見つけ出せる．

n 個の光子が消滅する場合を考えると，光子は1個1個消滅する確率が等しいので

$$P_{n,n-1}=|\langle n+1|\hat{a}^-|n\rangle|^2=|c^-\langle n+1|n-1\rangle|^2=n \qquad (6.69)$$

となり，簡単に

$$c^-=\sqrt{n} \qquad (6.70)$$

が得られる．

一方，c^+ は状態ベクトルの式 (5.2) の性質を用いれば，以下のように簡単に求めることができる．

$$c^+=\langle n+1|\hat{a}^+|n\rangle=\langle n|\hat{a}^-|n+1\rangle^*=\sqrt{n+1} \qquad (6.71)$$

なお，$\hat{a}^+$ と $\hat{a}^-$ の交換関係は

$$\hat{a}^-\hat{a}^+|n\rangle=\sqrt{n+1}\,\hat{a}^-|n+1\rangle=(n+1)|n\rangle \qquad (6.72)$$

$$\hat{a}^+\hat{a}^-|n\rangle=\sqrt{n}\,\hat{a}^+|n+1\rangle=n|n\rangle \qquad (6.73)$$

の辺々引き算して

$$(\hat{a}^-\hat{a}^+)\hat{a}^+\hat{a}^-|n\rangle=1|n\rangle \qquad (6.74)$$

したがって

$$[\hat{a}^-,\hat{a}^+]=1 \qquad (6.75)$$

という非可換な交換関係が導かれる．

たとえば，始めの光子4個から，再び光子4個に戻るにしても，途中で5個を経るか，3個を経るかで確率が異なることになる．簡単にいってしまえば，この交換関係が遷移に関して立てたハイゼンベルクの量子条件である．

6.2.2 角運動量演算子

ここでは，水素原子の電子状態を解く際に必要な球面調和関数の固有値，固有関数を変換代数で求める．前節にならい，以下の項目を検討する．
① 角運動量における正準な交換関係，② 全角運動量の2乗

交換関係 $[x, \hat{p}] = i\hbar$ を用いると，角運動量に対する交換関係

$$[\hat{L}_x, \hat{L}_y] = i\hbar \hat{L}_z, \text{ etc.} : \hat{L}_x = y\hat{p}_z - z\hat{p}_y, \text{ etc.} \tag{6.76}$$

が得られる．前述したように，角運動量の絶対値と回転角が同時に確定しないことに由来し，$\hat{L}_x, \hat{L}_y, \hat{L}_z$ の3者を同時には確定しえない．ここで，対象とする演算子を角運動量の2乗

$$\hat{L}^2 = \hat{L}_x^2 + \hat{L}_y^2 - \hat{L}_z^2 \tag{6.77}$$

にとり，ベクトルは $\hat{L}^2$ と $\hat{L}_z$ の共通固有ベクトル ($\hat{L}^2$ は $\hat{L}_x, \hat{L}_y, \hat{L}_z$ のどれか1つと可換)，すなわち

$$\hat{L}^2 |\lambda, m\rangle = \lambda \hbar^2 |\lambda, m\rangle \tag{6.78}$$

$$\hat{L}^2 |\lambda, m\rangle = m\hbar |\lambda, m\rangle \tag{6.79}$$

とする．したがって，残る $\hat{L}_x$ と $\hat{L}_y$ よりつくられる $|m\rangle$ に対する上昇，下降演算子は

$$\hat{L}_\pm = \frac{1}{\sqrt{2}} (\hat{L}_x \pm i\hat{L}_y) \tag{6.80}$$

ととれ，交換関係は

$$[\hat{L}_z, \hat{L}_\pm] = \pm \hbar \hat{L}_\pm, \quad [\hat{L}_+, \hat{L}_-] = \hbar \hat{L}_z \tag{6.81}$$

となる．

ここで，解くべき問題は
『全角運動量を一定固有値 $\lambda \hbar^2$ にしておき，上昇，下降演算子により状態 $|m\rangle$ を変える．上昇演算子を次々と課すと m の最大値となり ($\hat{L}_x^2 + \hat{L}_y^2$ は最小値)，そこが限界となり

$$\hat{L}_+ |\lambda, l\rangle = 0, \quad l = m_{\max} \tag{6.82}$$

となる』
と考える．

$\hat{L}^2$ を新たな演算子で書き換えると

$$\hat{L}^2 = 2\hat{L}_-\hat{L}_+ + \hat{L}_z^2 + \hbar\hat{L}_z \tag{6.83}$$

である．この式によって，L_z^2 が最大となっても L^2 に一致しえないことがわかる．これはまた，L_z が最大でも，$L_x^2 + L_y^2 > 0$ をいう．

具体的には，式 (6.83) の演算子を $|\lambda, m\rangle$ に作用させると

$$\lambda\hbar^2|\lambda, m\rangle = 2\hat{L}_-\hat{L}_+|\lambda, m\rangle + (m^2+m)\hbar^2|\lambda, m\rangle \tag{6.84}$$

となる．$m = m_{\max} = l$ に至ると，式 (6.82) の条件により

$$\lambda\hbar^2|\lambda, l\rangle = (l^2+l)\hbar^2|\lambda, l\rangle \tag{6.85}$$

したがって，全角運動量 $\lambda\hbar^2 = (l^2+l)\hbar^2$ を得る．

$\hat{L}_+$ が上昇演算子であることは，演算 $\hat{L}_+\hat{L}_z$ を $|\lambda, m\rangle$ に施した

$$\hat{L}_z(\hat{L}_+|\lambda, m\rangle) = \hat{L}_+(\hat{L}_z|\lambda, m\rangle) + \hbar\hat{L}_z|\lambda, m\rangle = (m+1)\hbar(\hat{L}_+|\lambda, m\rangle) \tag{6.86}$$

より

$$\hat{L}_+|\lambda, m\rangle \sim |\lambda, m+1\rangle \tag{6.87}$$

と証明される．

$\hat{L}_-$ についても同様な演算により

$$\hat{L}_-|\lambda, m\rangle \sim |\lambda, m-1\rangle \tag{6.88}$$

のように m の下降演算子であることがいえる．

共通固有ベクトルを

$$|l, m\rangle = Y_{lm}(\theta, \phi) \tag{6.89}$$

とおき，式 (5.126) に代入すると

$$\left(\frac{\partial}{\partial\theta} - l\cot\theta\right)Y_{ll} = 0 \tag{6.90}$$

これを解いて

$$Y_{ll} \sim \sin^l\theta \tag{6.91}$$

を得る．また

$$Y_{lm} \sim e^{im\phi} \tag{6.92}$$

であるので，したがって，規格化の条件を満足するように係数を定めて

$$Y_{ll} = \frac{1}{2^l l!}\sqrt{\frac{(2l+1)!}{4\pi}}\sin^l\theta e^{il\phi} \tag{6.93}$$

が得られる．この関数に $\hat{L}_-$ を作用させ，次々と小さな m の角関数 $|l, m\rangle =$

$Y_{lm}(\theta, \phi)$ が求まる．結局，完全な波動関数の角部分は**ルジャンドルの陪関数** $P_l^m(\cos\theta)$ を使って

$$Y_{lm}(\theta, \phi) = \varepsilon\sqrt{\frac{2l+1}{4\pi}\frac{(l-|m|)!}{(l-|m|)!}}\, P_l^m(\cos\theta)e^{im\phi} \quad (6.94)$$

$$m>0 \text{ で } \varepsilon=(-1)^m\,;\, m<0 \text{ で } \varepsilon=1$$

と表される．

6.3 行列力学

量子力学の各問題をシュレーディンガーの方程式で解くことは，次を行うことである．

1つの演算子 $\hat{A}$ を取り出し，固有ベクトル $|k\rangle$ に作用すると

$$\hat{A}|k\rangle = a_k|k\rangle \quad (6.95)$$

と固有値が得られる．また，状態 $|k\rangle$ のままで，物理量 $\hat{A}$ を測定すると

$$a_{kk} = a_k = \langle k|\hat{A}|k\rangle \quad (6.96)$$

が得られるといってもよい．

さらに，前項の光子の生成，消滅で述べたように，$\hat{A}$ がベクトル $|i\rangle$ からベクトル $|j\rangle$ への遷移に関する演算子，もっと一般的にいって，両ベクトル間の相互作用に関連する演算子といってもよい．この場合，遷移，相互作用に伴う量として

$$a_{ji} = \langle j|\hat{A}|i\rangle \quad (6.97)$$

が得られる．

このようにして得られた a_{kk}，a_{ji} は演算子で表された物理量 $\hat{A}$ に対してスカラーで表した各 kk 成分，ji 成分の値と見ることができる．これらの値は，遷移前，または相互作用する状態を列 i（または k），遷移後，相互作用を受ける状態を行 j（または k）として行列で表示することができる．

したがって，ここでシュレーディンガーとは異なった量子力学の定式化が可能となる．正準な交換関係を満たしながら，境界条件に合うように力学を解き，行列要素の値を求めることである．これを，**ハイゼンベルクの行列力学**という．

6.3.1 量子力学における物理量を要素とする行列（エルミート行列）

量子力学において，一般に状態は複素数で表される．したがって，行列要素の物理量も複素数であるが，量子力学における量となるためには特殊な行列でなければならない．それは対称位置が複素共役（対角は実数）となる次式の行列であり，これをエルミート行列と呼ぶ．

$$\begin{pmatrix} a_1 & a_{12} & a_{13} & a_{14} \\ a_{12}^* & a_2 & a_{23} & a_{24} \\ a_{13}^* & a_{23}^* & a_3 & a_{34} \\ a_{14}^* & a_{24}^* & a_{34}^* & a_4 \end{pmatrix} \qquad (6.98)$$

（1）エルミート行列である根拠

① 対角要素は固有値であり，観測によって得られる値であり，実数とならねばならない．

物理量 $\hat{A}$ の固有値を a，固有ベクトルを $|a\rangle$ とすると

$$a = \langle a|\hat{A}|a\rangle, \quad a^* = \langle a|\hat{A}|a\rangle^* = \langle a|\hat{A}^\dagger|a\rangle \qquad (6.99)$$

であり，それと a が実数であることによる

$$a^* = a \qquad (6.100)$$

の関係より，$\hat{A}$ とそれに複素共役な物理量 $\hat{A}^\dagger$ の間に

$$\hat{A} = \hat{A}^\dagger \qquad (6.101)$$

の関係がある．この関係がある演算子をエルミート演算子と呼ぶ．

② 非対角の対称要素は，お互いに逆遷移であり，したがって，位相の進行が逆転する．すなわち

$$|j\rangle = e^{i\theta}|i\rangle, \quad |i\rangle = e^{-i\theta}|j\rangle \qquad (6.102)$$

より，非対角対称要素を取り出すと

$$a_{ji}^* \langle j|\hat{A}|i\rangle^* = \langle j|\hat{A}^\dagger|j\rangle = \langle i|\hat{A}|j\rangle = a_{ij} \qquad (6.103)$$

であり，この場合も演算子はエルミート演算子である．

（2）行列演算に関する注釈

① エルミート演算子の異なる固有値の固有ベクトルは互いに直交することが，以下のように証明される．

6.3 行列力学

演算子 $\hat{A}$ の異なる固有値を a, b とすると, 次式が成り立つ.

$$\hat{A}|a\rangle = a|a\rangle, \quad \hat{A}|b\rangle = b|b\rangle \tag{6.104}$$

第1式と $|b\rangle$ の内積, 第2式については $|a\rangle$ の内積をとり, それの複素共役, さらに, $\hat{A} = \hat{A}^\dagger$, $b^* = b$ などの関係を用いて

$$\langle b|\hat{A}|a\rangle = a\langle b|a\rangle, \quad \langle b|\hat{A}|a\rangle = b\langle b|a\rangle \tag{6.105}$$

両式の辺々の引き算をすることにより

$$(a-b)\langle b|a\rangle = 0 \tag{6.106}$$

を得る. $a \neq b$ であるので

$$\langle b|a\rangle = 0 \tag{6.107}$$

となり, これは $|a\rangle$ と $|b\rangle$ の直交性をいう.

② これまで, 固有関数のみを対象としてきたが, 一般状態は固有関数の重ね合わせで求めることができるので, 一般状態の物理量も同様に議論できる.

互いに交換可能な1組の演算子の共通固有ベクトルが完全系をつくっているとすると, 一般状態 $|\phi\rangle$ は $\hat{A}$ の固有ベクトルの重ね合わせとして次式で表される.

$$|\phi\rangle = \sum_{k=1}^{\infty} a_k |k\rangle \tag{6.108}$$

$a_k = \langle k|\phi\rangle$ でわかるように, a_k は $|\phi\rangle$ の $|k\rangle$ 軸への正射影の大きさである. 状態ベクトルが規格化されているとすると

$$\sum_{k=1}^{\infty} |a_k|^2 = 1 \tag{6.109}$$

である.

状態は式 (6.108) で与えられるが, 観測するとき得られる測定値は固有値 a_k のどれかである. 一方, 観測前に任意の状態 $|\phi\rangle$ が固有状態 $|k\rangle$ にあった確率は $|a_k|^2$ である. 結局, 系を観測すると, $|a_k|^2$ の確率で, 状態 $|k\rangle$ にジャンプして a_k を測定すると解釈される.

$$\hat{A}|\phi\rangle = \sum_{k=1}^{\infty} a_k a_k |k\rangle, \quad \langle\phi| = \sum_{k=1}^{\infty} a_k^* \langle k| \tag{6.110}$$

より

$$\langle\phi|\hat{A}|\phi\rangle = \sum_{k=1}^{\infty} a_k |a_k|^2 \tag{6.111}$$

となる.したがって,状態 $|\phi\rangle$ で $\hat{A}$ を測定して得られる結果の期待値は

$$\langle \phi | \hat{A} | \phi \rangle \tag{6.112}$$

によって得られる.

なお,ブラベクトル $\langle \phi |$ がケットベクトル $|\phi\rangle$ の双対でないとき

$$\langle \phi | \hat{A} | \phi \rangle \tag{6.113}$$

は2つの状態の間の遷移に関係した量となる.

まとめると

『系の状態はヒルベルト空間のベクトルで,物理量はエルミート演算子で表される』

こととなる.

6.3.2 非可換代数,行列力学,波動力学の等価性

エネルギー表示の方程式は次に示すようにいくつかの方法で書き表すことができる.

$$i\hbar \frac{dC_i}{dt} = \sum_{j=1}^{\infty} H_{ij} C_j, \quad C_i(t) = \langle x | \phi(t) \rangle \tag{6.114}$$

$$i\hbar \frac{d}{dt} \langle i | \phi \rangle = \sum_{j=1}^{\infty} H_{ij} \langle j | \phi \rangle \tag{6.115}$$

$$i\hbar \frac{d}{dt} | \phi \rangle = \sum_{j=1}^{\infty} \hat{H} | j \rangle \langle j | \phi \rangle \tag{6.116}$$

$$i\hbar \frac{d}{dt} | \phi \rangle = \hat{H} | \phi \rangle \tag{6.117}$$

$$i\hbar \frac{d}{dt} = \hat{H} \tag{6.118}$$

これらはすべて等価で,対応してハミルトニアンも係数 H_{ij} の集まりと見ても,物理量 H における $|i\rangle$ と $|j\rangle$ の間の振幅と見ても,行列の要素 H_{ij} と見ても,演算子 $\hat{H}$ と見てもよい.

量子力学の新しい定式化が出た時点ではそれぞれまったく別物と思われていたのが,これによって等価であることがわかった.

例題 6.1 次の交換子の値を求めよ.

(a) $\left[x, \dfrac{d}{dx}\right]$, (b) $\left[\dfrac{d}{dx}, x^2\right]$

（解）

(a) $\left[x\dfrac{d}{dx} - \dfrac{d}{dx}x\right]u = -u$　　したがって　　$\left[x, \dfrac{d}{dx}\right] = -1$

(b) $\left[x^2\dfrac{d}{dx} - \dfrac{d}{dx}x^2\right]u = -xu$　　したがって　　$\left[\dfrac{d}{dx}, x^2\right] = -x$

演習問題

6.1 次の交換子の値を求めよ．
 （a）$[\hat{H}, x]$, （b）$[\hat{H}, \hat{p}]$

6.2 量子力学の定式化の微分演算子（シュレーディンガー方程式もその1つ），正準な交換関係などを前提とすれば，厳密な不確定性関係は

$$\Delta p \Delta q \geq \dfrac{1}{2}\hbar$$

であることを示せ．
　不確定量は根自乗平均であるので

$$(\Delta q)^2 = \langle (q - \langle q \rangle)^2 \rangle = \langle q^2 \rangle - \langle q \rangle^2$$

と表されること，また，必要であれば

$$\langle |A + i\lambda B|^2 \rangle \geq 0 ;\quad \lambda : 注意$$

または

$$\int |f|^2 dx \int |g|^2 dx \geq \left| \int f^* g\, dx \right|^2$$

の関係式を用いよ．

6.3 水素原子の動径方向関数を以下の設問に従って演算子法で解け．
 （a）動径方向のシュレーディンガー方程式に対して

$$r = a_n \rho,\quad E = -1/a_n^2,\quad R_{nl}(r) = f_{nl}(\rho)$$

の変数変換，係数変換した方程式を書け．
 （b）シュレーディンガー方程式が線形な方程式に因数分解できたとして書かれた

$$\left(\rho \dfrac{d}{d\rho} + c_1 \rho + c_2\right)\left(\rho \dfrac{d}{d\rho} + c_3 \rho + c_4\right) f_{nl}(\rho) = c_5 f_{nl}(\rho)$$

を展開した式と（a）の式との係数を比較することにより，c_1, c_2, c_3, c_4, c_5 を

求めよ．

(c) (b)よりつくられる以下の演算子
$$\hat{A}_{nl}=\rho\frac{d}{d\rho}+c_1\rho+c_2, \quad \hat{B}_{nl}=\rho\frac{d}{d\rho}+c_3\rho+c_4$$
を用いると
$$f_{n+1,l}=(\hat{A}_{nl}+1)f_{nl}, \quad f_{n-1,l}=(\hat{B}_{nl}+1)f_{nl}$$
のように主量子数を上昇または下降する演算子がつくられることを示せ．

(d) 限界条件に適用し
$$(\hat{B}_{n'l}+1)f_{n'l}=0$$
より f_{nl} の一般式を導け．

(e) $f_{1,0}$, $f_{2,0}$, $f_{2,1}$, $f_{3,0}$, $f_{3,1}$, $f_{3,2}$ を求めよ．

6.4 角運動量の定義式
$$J_z|jm\rangle=m\hbar|jm\rangle, \quad J_\pm|jm\rangle=\sqrt{j(j+1)-m(m\pm1)}\,\hbar|j,m\pm1\rangle$$
より $j=1/2$, $j=1$, $j=3/2$ のときの J_x, J_y, J_z の行列を求めよ．

6.5 式(6.83)を誘導せよ．

7 スピン，相対論的量子論

> 特殊相対性理論に合うよう定式化された量子力学における運動方程式であるディラックの方程式では，空間状態関数とは別に2状態を有する状態関数を導入しなければならないこと，それがスピン量子数であることを示し，その状態は外磁場と相互作用することを示す．

量子力学の2大原理の1つがパウリの排他律である．この排他律に関連した典型的な2状態が**スピン** $1/2$ の体系である．このスピン概念により粒子を，物質を形成するフェルミ粒子とそれ以外のボース粒子に分けることができる．パウリの排他律によって原子が大きさを有することも，原子番号が相違することで原子の性質が異なることも，分子の結合も解釈される．

量子力学における対象粒子（電子，フォトン，陽子など）は同種であれば，識別不可能であること，および，フェルミ粒子が反対称関数，ボース粒子が対称関数に支配されることにより，古典粒子とはまったく別の統計に従うことが導かれる．

特殊相対性理論に合うよう定式化された量子力学における運動方程式である**ディラックの方程式**は，それを展開していくことにより，空間状態関数とは別に2状態を有する状態関数を導入しなければならないことが誘導される．

なお，ウィグナー（Wigner）によれば，"宇宙は無から出発しており，自然の満たすべき諸法則，物質は数学的な対称変換から自ずから誘導されるもの"であり，したがって，"量子力学を含めた一般的な法則，粒子は満たすべき対称変換の「群」で分けられ，その「群」がわかれば，天下りにフェルミ粒子を与えなくても，諸性質が決まる"としている．ただし，本書では「群論」は扱わない．

7.1 スピン1/2

光の放出,吸収に関連した電子のエネルギー遷移およびディラックの相対論的方程式の帰結として,スピンの任意の方向成分を取り出すと,「2状態しか取りえなく,その間隔は$\hbar$」であることより電子は「$+(1/2)\hbar$と$-(1/2)\hbar$」のどちらかのスピンのみを取りうる.スピンは角運動量の次元をもち,したがって,電子個々が磁気モーメントμをもち,外磁場Bが作用すれば,エネルギーμBを有することになる.ただし,実際に自転をしていると考えると,角運動量$(1/2)\hbar$の自転では,その自転周速度は光速を越えることとなる.運動量,軌道角運動量と同様に計算上は自転角運動量(スピン)として取り扱うが,スピンの物理描像はない.

スピンに対しても軌道角運動量と同様に正準な交換関係(量子化条件)が以下のように書かれる.

$$\hat{s} \times \hat{s} = i\hbar \hat{s} \tag{7.1}$$

または

$$[\hat{s}_x, \hat{s}_y] = i\hbar \hat{s}_z, \quad [\hat{s}_y, \hat{s}_z] = i\hbar \hat{s}_x, \quad [\hat{s}_z, \hat{s}_x] = i\hbar \hat{s}_y \tag{7.2}$$

したがって,$\hat{s}_x, \hat{s}_y, \hat{s}_z$のうち固有値としてとりうるのは1つの量だけであり,それを$\hat{s}_z$にとる.このスピンの固有値を$m_s\hbar$とすると,m_sは$\pm(1/2)$の2つの値しかとりえなく,また,m_sがスピン状態を表す変数ともなる.

$\hat{s}_z$に対する正規直交基底の固有関数$\phi(m_s)$は

$$\phi\left(\frac{1}{2}\right) = |+1\rangle = \delta_{m_s = \frac{1}{2}}, \quad \phi\left(-\frac{1}{2}\right) = |-1\rangle = \delta_{m_s = -\frac{1}{2}} \tag{7.3}$$

で与えられ,スピンの状態関数は

$$|\phi\rangle = C_{+1}|+1\rangle + C_{-1}|-1\rangle \tag{7.4}$$

となる.2状態系のシュレーディンガー方程式は

$$i\hbar \frac{dC_1}{dt} = \langle 1|\hat{H}|1\rangle C_1 + \langle 1|\hat{H}|2\rangle C_2 = H_{11}C_1 + H_{12}C_2$$

$$i\hbar \frac{dC_2}{dt} = H_{21}C_1 + H_{22}C_2 \tag{7.5}$$

で与えられる．外磁場がz方向を向き，B_zのみであれば，状態$|+1\rangle$のエネルギー $E_{+1}H_{++}=-\mu B_z$，状態$|-1\rangle$のエネルギー $E_{-1}=H_{--}=\mu B_z$，相互作用項 $H_{+-}=H_{-+}=0$ である．したがって，ハミルトニアンは行列形式で

$$\begin{pmatrix} H_{++} & H_{+-} \\ H_{-+} & H_{--} \end{pmatrix} = -\begin{pmatrix} \mu B_z & 0 \\ 0 & -\mu B_z \end{pmatrix} = -\mu B_z \begin{pmatrix} 1 & 0 \\ 0 & -1 \end{pmatrix} \quad (7.6)$$

と表される．

ここで，問題となるのは，外磁場の方向がz方向を向かないで，B_x成分もB_y成分も存在し，$\hat{s}_x$および$\hat{s}_y$からの寄与がある場合である．そのような一般的な場合のハミルトニアンの誘導を以下に2通りで行う．スピン概念はわかりにくいが，いろいろな面から眺めれば，理解を容易にすると思われるからである．

（1） 正準な交換関係を用いる方法

スピンに関する上昇，下降演算子は

$$\hat{s}_+ = \hat{s}_x + i\hat{s}_y, \quad \hat{s}_- = \hat{s}_x - i\hat{s}_y \quad (7.7)$$

と与えられ，固有状態間に次の関係式を得る．

$$\hat{s}_+|+1\rangle = 0, \quad \hat{s}_-|+1\rangle = \hbar|-1\rangle, \quad \hat{s}_z|+1\rangle = \frac{1}{2}\hbar|+1\rangle$$

$$\hat{s}_+|-1\rangle = \hbar|+1\rangle, \quad \hat{s}_-|-1\rangle = 0, \quad \hat{s}_z|-1\rangle = -\frac{1}{2}\hbar|-1\rangle \quad (7.8)$$

式 (7.8) の左から$\langle+1|$および$\langle-1|$を掛け，$(s_+)_{++} = \langle+1|\hat{s}_+|+1\rangle = 0$ などの関係式によりスピン演算子に対するマトリクスとして

$$\boldsymbol{\sigma}_+ = \begin{pmatrix} 0 & 2 \\ 0 & 0 \end{pmatrix}, \quad \boldsymbol{\sigma}_- = \begin{pmatrix} 0 & 0 \\ 2 & 0 \end{pmatrix}, \quad \boldsymbol{\sigma}_z = \begin{pmatrix} 1 & 0 \\ 0 & -1 \end{pmatrix}; \quad \boldsymbol{s} = \frac{1}{2}\hbar\boldsymbol{\sigma} \quad (7.9)$$

を得る．式 (7.7) の逆演算

$$\boldsymbol{\sigma}_x = \frac{1}{2}(\boldsymbol{\sigma}_+ + \boldsymbol{\sigma}_-), \quad \boldsymbol{\sigma}_y = \frac{-i}{2}(\boldsymbol{\sigma}_+ - \boldsymbol{\sigma}_-) \quad (7.10)$$

により $\boldsymbol{\sigma}_x, \boldsymbol{\sigma}_y$ に対する表式も得て

$$\boldsymbol{\sigma}_x = \begin{pmatrix} 0 & 1 \\ 1 & 0 \end{pmatrix}, \quad \boldsymbol{\sigma}_y = \begin{pmatrix} 0 & -i \\ i & 0 \end{pmatrix}, \quad \boldsymbol{\sigma}_z = \begin{pmatrix} 1 & 0 \\ 0 & -1 \end{pmatrix} \quad (7.11)$$

と求められる．この行列はパウリの**スピン行列**と呼ばれ，2状態系を表示するのに重要な行列である．

外磁場が $\boldsymbol{B}=(B_x, B_y, B_z)$ であれば，ハミルトニアンは次式で表される．

$$H = -\mu(\sigma_x B_x + \sigma_y B_y + \sigma_z B_z) = -\mu \begin{pmatrix} B_z & B_x - iB_y \\ B_x + iB_y & -B_z \end{pmatrix} \quad (7.12)$$

固有ベクトル $|+1\rangle$：$|-1\rangle$ を

$$|+1\rangle = \begin{pmatrix} 1 \\ 0 \end{pmatrix}, \quad |-1\rangle = \begin{pmatrix} 0 \\ 1 \end{pmatrix} \quad (7.13)$$

とおき，シュレーディンガー方程式 $i\hbar(d|\phi\rangle/dt) = H|\phi\rangle$ に式 (7.4) の状態関数の定義を代入すれば

$$i\hbar \frac{dC_{+1}}{dt} = -\mu(B_z C_{+1} + (B_x - iB_y)C_{-1}) \quad (7.14)$$

$$i\hbar \frac{dC_{-1}}{dt} = -\mu((B_x + iB_y)C_{+1} - B_z C_{-1}) \quad (7.15)$$

の表式を得る．

また，パウリのスピン行列に単位行列

$$\mathbf{1} = \begin{pmatrix} 1 & 0 \\ 0 & 1 \end{pmatrix} \quad (7.16)$$

を加えることにより相互作用のあるどのような2状態をも表しうる．

（2） 磁場との相互作用エネルギーの考察に基づく導出

磁場 $\boldsymbol{B}=(B_x, B_y, B_z)$ によるエネルギーは

$$E_\pm = -(\pm \mu B) = -\left(\pm \mu \sqrt{B_x^2 + B_y^2 + B_z^2}\right) \quad (7.17)$$

この値は次式で表されるハミルトニア行列の固有値でもある．

$$E_\pm = \frac{H_{++} + H_{--}}{2} \pm \sqrt{\left(\frac{H_{++} - H_{--}}{2}\right)^2 + H_{+-}H_{-+}} \quad (7.18)$$

結局，式 (7.17)，(7.18) より

$$\left(\frac{H_{++} - H_{--}}{2}\right)^2 + |H_{+-}|^2 = \mu^2(B_x^2 + B_y^2 + B_z^2) \quad (7.19)$$

となる．H_{++}，H_{--} は式 (7.5) で与えられている．したがって

$$|H_{+-}|^2 = \mu^2(B_x^2 + B_y^2) \quad (7.20)$$

の関係式を得る．ここで，重ね合わせの原理を満たすように，ハミルトニアン行列の要素が線形であるという条件を課すと

$$H_{+-} = -\mu(B_x - iB_y), \quad H_{-+} = -\mu(B_x + iB_y) \tag{7.21}$$

となり，式(7.12)と同一の結果を得る．

なお，全スピン量の2乗の固有値は

$$s^2 = \left(\frac{\hbar}{2}\right)^2 + \left(\frac{\hbar}{2}\right)^2 + \left(\frac{\hbar}{2}\right)^2 = \frac{3}{4}\hbar^2 \tag{7.22}$$

として与えられる．

（3） スピン演算子と固有ベクトルの関係

行列と演算子の間の周知の関係

$$\sigma_x = \begin{pmatrix} 0 & 1 \\ 1 & 0 \end{pmatrix} = \begin{pmatrix} \langle +|\hat{\sigma}_x|+\rangle & \langle +|\hat{\sigma}_x|-\rangle \\ \langle -|\hat{\sigma}_x|+\rangle & \langle -|\hat{\sigma}_x|-\rangle \end{pmatrix} \tag{7.23}$$

において，行列要素の1つを取り出し，たとえば，1行2列めの要素を取り出し，等式の左より$|+\rangle$を掛けると

$$|+\rangle = |+\rangle\langle +|\hat{\sigma}_x|-\rangle = \hat{\sigma}_x|-\rangle \tag{7.24}$$

の関係式を得る．このようにしてスピン行列を以下のスピン演算子表現に変換しうる．

$$\begin{aligned} &\hat{\sigma}_z|+\rangle = |+\rangle, \quad \hat{\sigma}_z|-\rangle = -|-\rangle, \quad \hat{\sigma}_x|+\rangle = |-\rangle, \quad \hat{\sigma}_x|-\rangle = |+\rangle \\ &\hat{\sigma}_y|+\rangle = i|-\rangle, \quad \hat{\sigma}_x|-\rangle = -i|+\rangle \end{aligned} \tag{7.25}$$

σ_zは固有ベクトルを有し，物理量としての意味をもつ演算子，$\hat{\sigma}_x$，$\hat{\sigma}_y$はスピンを反転する演算子と見なしうる

（4） スピンに関するまとめ

スピンに関しては次のようにまとめられる．

『x，y，z各軸にスピン1/2を有するが，固有状態を規定できるのは1軸，たとえばz軸のみであり，他軸は不確定であり，それらの軸における平均値は零であり，結局，z軸の上向き，下向きスピンの2状態を扱うこととなる．ただし，スピン相互作用などを考える場合に，$\hat{\sigma}_x$，$\hat{\sigma}_y$も重要な意味をもつ』

7.2 スピン相互作用の例

7.2.1 水素原子の超微細構造

　スピン行列に慣れるために，このスピン効果が物理現象として現れる量子力学の例として，水素原子の**"超微細構造"**を取り上げる．5章において水素原子における電子のエネルギー状態をスピンを考慮せずに解き，離散化した準位を得た．さらに，スピンを考慮すれば，陽子と電子のスピンの相互作用によってエネルギーが分離するはずである．スピン相互作用を古典的にいえば，2個の磁石のモーメントの間の余弦の量である．実際解くと，前者のエネルギー準位間隔約 10 eV に対して，後者は 10^{-7} eV であり，これを超微細構造と呼ぶ．

　問題は電子の上向き，下向きスピン $|+^e\rangle$, $|-^e\rangle$, 陽子の上向き，下向きスピン $|+^p\rangle$, $|-^p\rangle$ の固有状態の組合せでつくられる4個のスピン状態

$$|+^e+^p\rangle, \quad |+^e-^p\rangle, \quad |-^e+^p\rangle, \quad |-^e-^p\rangle \tag{7.26}$$

に対するハミルトニアンを書き出し，それよりエネルギーの固有状態を解くことである．

　前節で古典力学の磁気モーメント μ は量子力学においては $\mu\sigma$ で置き換えられると述べた．したがって，スピン相互作用は σ^e と σ^p の組合せからつくられることとなるはずである．一方，ハミルトニアンは座標軸の選び方に依存しない不変量という要請がある．これらを考慮すると，スピン相互作用によるハミルトニアンは

$$\hat{H} = A(\hat{\sigma}_x^e \hat{\sigma}_x^p + \hat{\sigma}_y^e \hat{\sigma}_y^p + \hat{\sigma}_z^e \hat{\sigma}_z^p) \tag{7.27}$$

と与えられる．

　ハミルトニアンを行列表示しようとすれば，$H_{++ +-} = \langle +^e +^p | \hat{H} | +^e -^p \rangle$ などの各要素を求めることであり，$\hat{H}$ の成分で考えれば，$\langle +^e +^p | \hat{\sigma}_x^e \hat{\sigma}_x^p | +^e -^p \rangle$ などの各項を求めることに帰着される．

　一般には成立しないが，陽子と電子は独立にスピン状態を考えることができるので，$|+^e +^p\rangle = |+^e\rangle |-^p\rangle$ としてよい．したがって

$$\langle +^e +^p | \hat{\sigma}_x^e \hat{\sigma}_x^p | +^e -^p \rangle = \langle +^e | \hat{\sigma}_x^e | +^e \rangle \langle +^p | \hat{\sigma}_x^p | -^p \rangle = 0 \tag{7.28}$$

と与えられる.

これらより $H_{++ + -} = \langle +^e +^p | \hat{H} | +^e -^p \rangle$ などは容易に求められ

$$H_{ij} = \begin{pmatrix} A & 0 & 0 & 0 \\ 0 & -A & 2A & 0 \\ 0 & 2A & -A & 0 \\ 0 & 0 & 0 & A \end{pmatrix} \quad (7.29)$$

を得る.この行列に対する固有値として定常状態のエネルギーが求められ,その値は

$$E_{\mathrm{I}}, E_{\mathrm{II}}, E_{\mathrm{III}} = A, \quad E_{\mathrm{IV}} = -3A \quad (7.30)$$

となる.

固有ベクトルは

$$|\mathrm{I}\rangle = |+^e +^p\rangle, \quad |\mathrm{II}\rangle = |-^e -^p\rangle, \quad |\mathrm{III}\rangle = \frac{1}{\sqrt{2}}(|+^e -^p\rangle + |-^e +^p\rangle),$$

$$|\mathrm{IV}\rangle = \frac{1}{\sqrt{2}}(|+^e -^p\rangle - |-^e +^p\rangle) \quad (7.31)$$

と与えられる.

陽子,電子のスピンが同じ向きであれば,エネルギーが高まり,反対向きの重ね合わせであれば,エネルギーが減少するという結果である.古典物理のアナロジーでスピンによる磁気モーメントを平行配置された2個の磁石と考えると,同じ向きの場合に斥力が作用してエネルギーが高まり,反対向きの場合に引力が作用してエネルギーが減少すると見なしうる.

定常状態間の遷移に伴って水素より放出されるエネルギー $4A$ の電磁波は波長 21 cm,振動数 1420 MHz のマイクロ波であり,電波天文学において天体の水素の状態を知るための手がかりとなる.

7.2.2 ゼーマン効果

原子ビームを磁場 B の中に入れた場合にビームが分離するのをゼーマン効果と呼ぶ.その時のハミルトニアンは

$$\hat{H} = A(\hat{\sigma}^e \hat{\sigma}^p) - (\mu_e \hat{\sigma}_z^e + \mu_p \hat{\sigma}_z^p) B \quad (7.32)$$

と書ける.ここで,$|\mu_e| \gg |\mu_p|$ の関係を用いると,ハミルトニアンは

$$\hat{H} = A(\hat{\sigma}^p \hat{\sigma}^e) - \mu_e \hat{\sigma}_z^e B \tag{7.33}$$

となる．対応するハミルトニアン行列は

$$H_{ij} = \begin{pmatrix} A-\mu B & 0 & 0 & 0 \\ 0 & -A-\mu B & 2A & 0 \\ 0 & 2A & -A+\mu B & 0 \\ 0 & 0 & 0 & A+\mu B \end{pmatrix} \tag{7.34}$$

と与えられる．固有値を解いて，定常状態のエネルギーとして

$$E_\mathrm{I} = A+\mu B, \quad E_\mathrm{II} = A-\mu B,$$
$$E_\mathrm{III} = -A+2\sqrt{A^2+(\mu B)^2},$$
$$E_\mathrm{IV} = -A-2\sqrt{A^2+(\mu B)^2}$$

$$\tag{7.35}$$

を得る．図7.1に示すように4つの状態に対して6個の遷移に対する吸収が存在する．

磁場が十分大きく，$\mu B \gg A$ の場合，定常状態のエネルギーは

$$E_\mathrm{I} = A+\mu B, \; E_\mathrm{II} = A-\mu B,$$
$$E_\mathrm{III} = -A+\mu B, \; E_\mathrm{IV} = -A-\mu B$$
$$\tag{7.36}$$

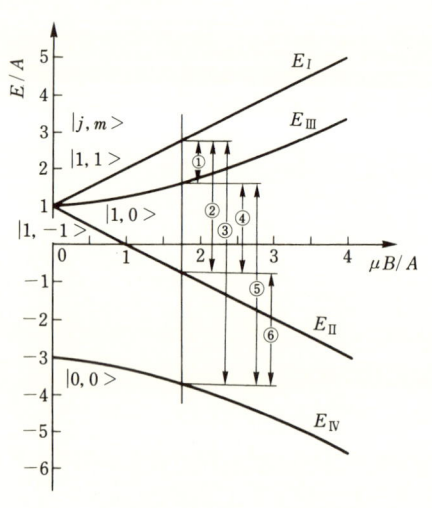

図 7.1 磁場B中の水素原子の基底準位の分離

となる．非常に弱い磁場で，$\mu B \ll A$ の場合に定常状態のエネルギーは

$$E_\mathrm{I} = A+\mu B, \quad E_\mathrm{II} = A-\mu B, \quad E_\mathrm{III} = A\left\{1+\left(\frac{\mu B}{A}\right)^2\right\} \cong A$$

$$E_\mathrm{IV} = -A\left\{3+\left(\frac{\mu B}{A}\right)^2\right\} \cong -3A \tag{7.37}$$

と与えられる．したがって，$+A$ のエネルギーをもつ水素原子は図7.1の③，⑤，⑥の3個のビームに分かれ，$+A$ のもともとそのエネルギー状態の水素原子はスピン1の粒子と見なしうる．$-3A$ の原子はスピン0の粒子である．j を全角運動量子数，m を磁気量子数とすると，水素原子の状態は

$$|j, m\rangle = |1, +1\rangle, \quad |1, 0\rangle, \quad |1, -1\rangle, \quad |0, 0\rangle \tag{7.38}$$

で与えられる.

例題 7.1 式 (7.29) 式を導き出せ.

(解) $|1\rangle=|+^e+^p\rangle$, $|2\rangle=|+^e-^p\rangle$, $|3\rangle=|-^e+^p\rangle$, $|4\rangle=|-^e-^p\rangle$ とおき, 式 (7.25) を用いると, 以下の変換式を得る.

$$\hat{\sigma_x^e}\hat{\sigma_x^p}(|1\rangle \ |2\rangle \ |3\rangle \ |4\rangle) = (|4\rangle \ |3\rangle \ |2\rangle \ |1\rangle)$$

$$\hat{\sigma_y^e}\hat{\sigma_y^p}(|1\rangle \ |2\rangle \ |3\rangle \ |4\rangle) = (-|4\rangle \ |3\rangle \ |2\rangle \ -|1\rangle)$$

$$\hat{\sigma_z^e}\hat{\sigma_z^p}(|1\rangle \ |1\rangle \ |3\rangle \ |4\rangle) = (|1\rangle \ -|2\rangle \ -|3\rangle \ |4\rangle)$$

したがって, エネルギー演算関係変換式は次のようになる.

$$(\hat{\sigma_x^e}\hat{\sigma_x^p}+\hat{\sigma_y^e}\hat{\sigma_y^p}+\hat{\sigma_z^e}\hat{\sigma_z^p})(|1\rangle \ |2\rangle \ |3\rangle \ |4\rangle) = (|1\rangle \ -|2\rangle+2|3\rangle \ 2|2\rangle-|3\rangle \ |4\rangle)$$

ハミルトニアンを求めると,

$$\begin{pmatrix}\langle 1|\\ \langle 2|\\ \langle 3|\\ \langle 4|\end{pmatrix}\hat{H}(|1\rangle|2\rangle|3\rangle|4\rangle) = A\begin{pmatrix}\langle 1|\\ \langle 2|\\ \langle 3|\\ \langle 4|\end{pmatrix}(|1\rangle \ |2\rangle-2|3\rangle \ 2|2\rangle-|3\rangle \ |4\rangle)$$

このマトリクスの各項の値を $\langle i|j\rangle=\delta_{ij}$ に注意しながら求めると, 式 (7.29) となる.

7.3 ディラックの方程式（相対論的量子力学）

量子力学が対象とする電子はマクスウェルの電磁気学に支配されている. したがって, 物理現象を厳密に理解しようとすれば, 特殊相対性理論の関係式を用いなければならない. ただし, 実際の問題に適用すると複雑さを増すばかりとなるので, ここでは考え方の要点をかいつまんで述べるに留める.

7.3.1 ディラックの方程式（相対論的量子力学）の考え方の要点

特殊相対性理論においては時空は同一概念であり, 4次元 (ict, x, y, z) で表示される. 対応した運動量も 4 次元 $(iE/c, p_x, p_y, p_z)$ となり, この形で力学を検討しなければならない. 非相対論の場合にはエネルギーはスカラーで, 線形なエネルギー演算子も容易に書き出すことができた. ところが, 相対論ではエネルギーと運動量は同一概念で 4 元ベクトルの成分であり, スカラー演算子のみでは定式化できない. この 4 成分を結び付ける関係式はノルムが mc とい

う次式である.

$$\frac{E^2}{c^2} - (p_x^2 + p_y^2 + p_z^2) = m^2 c^2 \tag{7.39}$$

ここで, 量子力学の定式化を振り返ると, その最も重要な要点は "状態関数の重ね合わせができるためには, 演算子は線形であるべきであり, こうすることによって観測事実とも合う定式化が可能である" であった.

式 (7.39) 式は物理量の2乗の和であり, これを線形にするためには1次同士の項に因数分解しなければならない. 物理量が2つ ($\hat{A}^2 + \hat{B}^2$) の場合には, 複素数範囲で因数分解することによって, 線形な演算子 $\hat{A} + i\hat{B}$ を得た. 調和振動子および角運動量の上昇, 下降演算子などが線形演算子である. なお, 因数分解を実数範囲に限ると, $\sqrt{\hat{A}^2 + \hat{B}^2}$ の非線形な演算子しか得られない.

相対論的量子力学の方程式では, 4つの物理量の2乗の和である. この場合も, ディラックは線形演算子にするため, 1次式の積に因数分解した. しかし, 係数に複素数 (2元数) を導入しただけでは不可能で, 4元数とするために, テンソルを導入することとした. 状態関数は4元ベクトルとなる. 状態関数には通常の空間関数以外に, 係数をテンソルとしたことにより新たな関数が出たとも見える. この関数は2状態をとり, パウリのいうスピンを表す関数と見なしえた.

7.3.2 ディラックの方程式の定式化

(1) 場のない場合

運動量のノルムを用いて量子化, すなわち, エネルギーに関係する演算子を書き出し, 状態関数に作用させると

$$[\hat{E}^2 - c^2(\hat{p}_x^2 + \hat{p}_y^2 + \hat{p}_z^2) - m^2 c^4]\phi(\boldsymbol{r}) = 0 \tag{7.40}$$

となる. 状態関数の重ね合わせが可能となるためには演算子は線形でなければならない. 式 (7.40) を, 因数分解して

$$[\hat{E} - c(\alpha_x \hat{p}_x + \alpha_y \hat{p}_y + \alpha_z \hat{p}_z) + \beta m c^2][\hat{E} - c(\alpha_x \hat{p}_x + \alpha_y \hat{p}_y + \alpha_z \hat{p}_z) - \beta m c^2]\phi(\boldsymbol{r}) = 0 \tag{7.41}$$

を得る. 再び, 展開して式 (7.40) 式と恒等関係をとると, α_x などはスカラーでなく

7.3 ディラックの方程式（相対論的量子力学）

$$a_x^2 = a_y^2 = a_z^2 = \beta^2 = 1$$
$$a_x a_y + a_y a_x = a_y a_z + a_z a_y = a_z a_x + a_x a_z = a_x \beta + \beta a_x = a_y \beta + \beta a_y = a_z \beta + \beta a_x = 0$$
(7.42)

の条件付きとなる．3変数であれば，2行2列のパウリのスピンマトリクスがこの条件を満たすが，4変数であるため，パウリのスピンマトリクスを部分行列とする

$$a_x = \begin{pmatrix} 0 & \sigma_x \\ \sigma_x & 0 \end{pmatrix} = \begin{pmatrix} 0 & 0 & 0 & 1 \\ 0 & 0 & 1 & 0 \\ 0 & 1 & 0 & 0 \\ 1 & 0 & 0 & 0 \end{pmatrix}, \quad a_y = \begin{pmatrix} 0 & \sigma_y \\ \sigma_y & 0 \end{pmatrix} = \begin{pmatrix} 0 & 0 & 0 & -i \\ 0 & 0 & i & 0 \\ 0 & -i & 0 & 0 \\ i & 0 & 0 & 0 \end{pmatrix}$$

$$a_z = \begin{pmatrix} 0 & \sigma_z \\ \sigma_z & 0 \end{pmatrix} = \begin{pmatrix} 0 & 0 & 1 & 0 \\ 0 & 0 & 0 & -1 \\ 1 & 0 & 0 & 0 \\ 0 & -1 & 0 & 0 \end{pmatrix}, \quad \beta = \begin{pmatrix} 1 & 0 \\ 0 & -1 \end{pmatrix} = \begin{pmatrix} 1 & 0 & 0 & 0 \\ 0 & 1 & 0 & 0 \\ 0 & 0 & -1 & 0 \\ 0 & 0 & 0 & -1 \end{pmatrix} \quad (7.43)$$

の4行4列のマトリクスと定義すれば満たされる．式（7.41）の［ ］の1つをとれば

$$[\hat{E} - c(a_x \hat{p}_x + a_y \hat{p}_y + a_z \hat{p}_z) - \beta mc^2] \phi(r) = 0 \quad (7.44)$$

となる．q-数をc-数に直して

$$-\frac{\hbar}{i}\frac{\partial \phi}{\partial t} = \hat{H}\phi, \quad \hat{H} = \frac{\hbar}{i}\left(a_x \frac{\partial}{\partial x} + a_y \frac{\partial}{\partial y} + a_z \frac{\partial}{\partial z}\right) + \beta mc^2 \quad (7.45)$$

となり，結局この式は非相対論と同様の微分演算子の他にマトリクス演算子が加わったものとなる．したがって，状態関数も微分演算子に対しての複素数項とマトリクス演算子に対するベクトル項の積となり

$$\phi(r, t) = \begin{pmatrix} a_1 \\ a_2 \\ a_3 \\ a_4 \end{pmatrix} |u\rangle, \quad |u\rangle = e^{i(kr - \omega t)} \quad (7.46)$$

と表される．式（7.44）に代入して，若干の計算の後，ベクトルとして許されるのが

$$\begin{pmatrix}1\\0\\0\\0\end{pmatrix}, \begin{pmatrix}0\\1\\0\\0\end{pmatrix} \qquad (7.47)$$

の2状態であることがわかる．新しいスピン演算子として

$$\hat{s}_x = \frac{1}{2}\hbar\sigma_x', \quad \sigma_x' = \begin{pmatrix}\sigma_x & 0\\ 0 & \sigma_x\end{pmatrix} \quad \text{etc.} \qquad (7.48)$$

を導入すると

$$\hat{s}_z \begin{pmatrix}1\\0\\0\\0\end{pmatrix}|u\rangle = \frac{1}{2}\hbar\sigma_z'\begin{pmatrix}1\\0\\0\\0\end{pmatrix}|u\rangle = \frac{1}{2}\hbar\begin{pmatrix}1\\0\\0\\0\end{pmatrix}|u\rangle \qquad (7.49)$$

$$\hat{s}_z \begin{pmatrix}0\\1\\0\\0\end{pmatrix}|u\rangle = \frac{1}{2}\hbar\sigma_z'\begin{pmatrix}0\\1\\0\\0\end{pmatrix}|u\rangle = \frac{1}{2}\hbar\begin{pmatrix}0\\1\\0\\0\end{pmatrix}|u\rangle \qquad (7.50)$$

となり，状態関数 $\varphi(\boldsymbol{r}:t)$ がスピン 1/2 の固有関数であることがわかる．

（2） 電磁場のある場合

電磁場のある場合には，スカラーポテンシャル φ, ベクトルポテンシャル A によりエネルギー演算子，（一般化）運動量演算子は

$$\hat{E} = -\frac{\hbar}{i}\frac{\partial}{\partial t} - e\varphi, \quad \hat{p}_x = \frac{\hbar}{i}\frac{\partial}{\partial x} - \frac{eA_x}{c} \quad \text{etc.} \qquad (7.51)$$

と与えられるので，これを式 (7.45) に代入し，若干の式変形をすると

$$-\frac{\hbar}{i}\frac{\partial\phi}{\partial t} = \left[-\frac{\hbar^2}{2m}\nabla^2 + e\varphi - \frac{e\hbar}{mci}A\,\mathrm{grad} - \frac{e\hbar}{2mc}\sigma'\cdot\mathscr{H} - \frac{ie\hbar}{2mc}\alpha\cdot\mathscr{E}\right]\phi \qquad (7.52)$$

が得られる．ここで，電場 $\mathscr{E}$，磁場 $\mathscr{H}$ は

$$\mathscr{E} = -\mathrm{grad}\,\varphi - \frac{1}{c}\frac{\partial A}{\partial t}, \quad \mathscr{H} = \mathrm{rot}\,A \qquad (7.53)$$

と与えられる．磁場中の磁気モーメント $\mathscr{M}$ のエネルギーが $(\mathscr{M}:\mathscr{H})$ に等し

く, σ_z' 固有値が ± 1 であるので,

$$\mathcal{M}_z\phi = \frac{e\hbar}{2mc}\sigma_2'\phi = 2\times\frac{e}{2mc}\hat{s}_z\phi = \pm\frac{e\hbar}{2mc}\phi \tag{7.54}$$

とおける. これは電子の固有磁気モーメントの成分が 1 ボーア磁子 $e\hbar/2mc$ に等しく, 電子の固有角運動量 s_z の成分が $\pm(1/2)\hbar$ に等しいことを示している.

7.3.3 水素原子内の電子のエネルギー（球対称ポテンシャルに対するディラック方程式）

（1） スピン・軌道角運動量の結合（角運動量保存）

非相対論のシュレーディンガー方程式では, 角運動量が保存されていたが, それは

$$[\hat{L}, \hat{H}] = 0 \tag{7.55}$$

で証明された. 球対称ポテンシャルのディラック方程式は

$$-\frac{\hbar}{i}\frac{\partial\phi}{\partial t} = \hat{H}\phi, \quad \hat{H} = c\alpha\hat{p} + \beta mc^2 + V(r) \tag{7.56}$$

で与えられる. この場合

$$[\hat{J}, \hat{H}] = 0, \quad [\hat{J}_z, \hat{H}] = 0, \quad \hat{J} = \hat{L} + \hat{s}, \quad \hat{J}_z = \hat{L}_z + \hat{s}_z \tag{7.57}$$

すなわち, $\hat{J}, \hat{J}_z$ が保存量であることが証明される.

（2） 球対称ポテンシャルのディラック方程式の極座標表示

極座標表示ハミルトニアンは

$$\hat{H} = c\alpha_r\hat{p}_r + \frac{i\hbar c}{r}\alpha_r\beta\hat{k} + \beta mc^2 + V(r) \tag{7.58}$$

$$\hat{p}_r = \hat{p}\frac{r}{r} = \frac{1}{r}\left(r\hat{p} + \frac{\hbar}{i}\right) = \frac{\hbar}{i}\left(\frac{\partial}{\partial r} + \frac{1}{r}\right) = \frac{\hbar}{i}\frac{1}{r}\frac{\partial}{\partial r}r, \quad \alpha_r = \frac{1}{r}\alpha r = \begin{pmatrix} 0 & -i \\ i & 0 \end{pmatrix} \tag{7.59}$$

と与えられる. ここで, $\hat{k}$ は全角運動量の保存量を与える演算子で

$$\hbar\hat{k} = (\sigma'\cdot\hat{L}) + \hbar$$

である. したがって, 状態関数 ϕ は, 全角運動量部分 $\phi = \{\phi_A, \phi_B\}$ と動径部分 $R = \{F(r)/r, G(r)/r\}$ に分けることができ, 両者の積 $\phi = \phi\cdot R$ で表すことがで

きる．全角運動量成分の固有方程式は

$$\hbar \hat{k}\phi = \beta[\sigma' \cdot \hat{L}] + \hbar]\phi \tag{7.60}$$

で表され，動径成分の固有方程式は

$$(E-V)\begin{pmatrix} F(r) \\ G(r) \end{pmatrix} - mc^2 \begin{pmatrix} F(r) \\ -G(r) \end{pmatrix} = c\hbar \left(\frac{\partial}{\partial t} + \frac{1}{r} \right) \begin{pmatrix} -G(r) \\ E(r) \end{pmatrix} - \frac{\hbar ck}{r} \begin{pmatrix} G(r) \\ F(r) \end{pmatrix} \tag{7.61}$$

で表される．

（3） 水素原子の電子エネルギー

全角運動量の固有値 k は

$$\beta^2 = 1, \quad \hat{J}^2 = \left(\hat{L} + \frac{\hbar}{2}\sigma' \right)^2 \tag{7.62}$$

および $\hat{J}^2$ の固有値が

$$j(j+1)\hbar^2 \; ; \quad j = l \pm \frac{1}{2} \tag{7.63}$$

であることを用い

$$|k| = j + \frac{1}{2} \tag{7.64}$$

と与えられる．

式 (7.61) に水素原子の陽子によるクーロンポテンシャル $V(r) = e^2/4\pi\varepsilon_0 r$ を代入し，変数，パラメータを

$$a_\pm = \frac{mc^2 \pm E}{\hbar c}, \quad \alpha = \sqrt{a_+ a_-} = -\frac{\sqrt{m^2c^4 - E^2}}{\hbar c}, \quad \rho = \alpha r, \quad \gamma = \frac{e^2}{4\pi\varepsilon_0 \hbar c} \tag{7.65}$$

と置き換え，さらに

$$F(\rho) = f(\rho)e^{-\rho}, \quad G(\rho) = g(\rho)e^{-\rho} \tag{7.66}$$

とおき，式 (7.61) に代入すると

$$g' - g + \frac{kg}{\rho} - \left(\frac{a_+}{\alpha} - \frac{\gamma}{\rho} \right) f = 0, \quad f' - f + \frac{kf}{\rho} - \left(\frac{a_-}{\alpha} - \frac{\gamma}{\rho} \right) g = 0 \tag{7.67}$$

となる．f, g を

7.3 ディラックの方程式（相対論的量子力学）

$$f = \sum_{v=1}^{\infty} a_v \rho^{s+v}, \quad g = \sum_{v=1}^{\infty} b_v \rho^{s+v} \tag{7.68}$$

の級数展開の形にし，係数を比較し，$r=0$ の境界条件，$a_0 \neq 0$, $b_0 \neq 0$ の条件により

$$s = \sqrt{k^2 - \gamma^2} \tag{7.69}$$

が与えられる．$v = n'$ で級数を打ち切る条件によりエネルギー E が

$$E = \frac{mc^2}{\sqrt{1 + \dfrac{\gamma^2}{(s+n')^2}}} \tag{7.70}$$

と与えられる．式 (7.69) の s，および $n' = n - |k| = n - (j + 1/2)$ を代入して，γ^2 のべきに展開すると

$$E = mc^2 \left[1 - \frac{\gamma^2}{2n^2} - \frac{\gamma^4}{2n^4} \left(\frac{n}{j + \dfrac{1}{2}} - \frac{3}{4} \right) \right] \tag{7.71}$$

を得る．このエネルギーを相対論的エネルギーとして，E_{rel} と表し，先に求めた式 (5.85) で表すシュレーディンガーの方程式の解である非相対論的エネルギー E_{unrel}

$$E_{\text{unrel}} = \frac{me^4}{32\pi^2 \varepsilon_0^2 n^2} \tag{7.72}$$

の両者を比較する．E_{rel} には質量エネルギー mc^2 も含まれるので，その量を差し引いた値で比較すると

$$(E_{\text{rel}} - mc^2) - E_{\text{unrel}} = -\frac{mc^2 \gamma^4}{2n^4} \left(\frac{n}{j + \dfrac{1}{2}} - \frac{3}{4} \right) \tag{7.73}$$

となる．結局，この量が相対論と非相対論のエネルギー差でエネルギーの微細構造の式と呼ばれる．相対論的な質量の補正と $L \cdot S$ 相互作用のエネルギー補正を含んでいる．

$L \cdot S$ 相互作用とは以下のように解釈される．陽子中心座標では，電子は陽子のまわりを回っている．逆に電子中心座標とすれば，陽子が電子のまわりを回っていることとなる．

したがって，陽子の軌道運動により電子の箇所には軌道角運動量量子数 l に

関連した磁場が発生している．この磁場と電子のもつ磁気モーメント，すなわち，電子スピンsと相互作用すると，それに関連したエネルギーが出ることとなる．

(4) 微細構造エネルギー準位

前項で陽子と電子のスピン相互作用により超微細構造エネルギー準位を求めた．ここでは，相対論波動方程式から誘導される値を表す．

非相対論の量子数 n, l を用い，$j = l+s = l \pm 1/2$ の関係により，相対論におけるエネルギー準位は求めることができる．$n=3, 4$ においてとりうる準位を書き出すと，表7.1となり，模式的に値を描き出すと図7.2になる．

表 7.1 $n=3, 4$ に対する準位の分類

n	n'	k	l	j	記号
3	0	3	2	5/2	$^2D_{5/2}$
	1	-2	2	3/2	$^2D_{3/2}$
	1	2	1	3/2	$^2P_{3/2}$
	2	-1	0	1/2	$^2P_{1/2}$
	2	1	0	1/2	$^2S_{1/2}$
4	0	4	3	7/2	$^2F_{7/2}$
	1	-3	3	5/2	$^2F_{5/2}$
	1	3	2	5/2	$^2D_{5/2}$
	2	-2	2	3/2	$^2D_{3/2}$
	2	2	1	3/2	$^2P_{3/2}$
	3	-1	1	1/2	$^2P_{1/2}$
	3	1	0	1/2	$^2S_{1/2}$

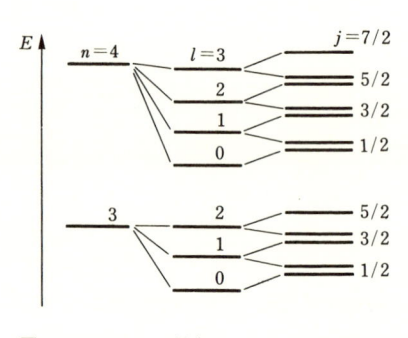

図 7.2 $n=3, 4$ に対するエネルギーの微細構造

演習問題

7.1 パウリのスピンマトリクスが正準な交換関係を満たすことおよび反可換であることを示せ．

7.2 水素原子の相対論的エネルギー準位を非相対論的エネルギー準位からの摂動によって求めよ．（9章参照）

7.3 スピン $\hbar s\ (s=1/2)$ を有する電子に対し，z 軸方向に一定磁場 H_0 が作用している場合のハミルトニアンは

$$\hat{H}_0 = -2\mu_B H_0 s_z \quad (\mu_B: 電子のボーア磁子)$$

で与えられる.
(a) エネルギー固有値 $E(1/2)$, $E(-1/2)$ を求めよ.
(b) s_x, s_y の行列要素を書け.
(c) さらに, 回転磁場 $H_x(t) = H_1 \cos(\omega t)$, $H_y(t) = H_1 \sin(\omega t)$ が加わると, ハミルトニアンは $\hat{H} = \hat{H}_0 + \hat{H}_1$, $\hat{H}_1 = (H_x(t) s_x + H_y(t) s_y)$ と書ける. $\hat{H}_1$ を昇降演算子 $s_\pm$ を使って書き替えよ.

7.4 非相対論的な陽子ビームが液体水素の薄い標的で角 α の方向に散乱し, 検出される. 質量中心系では2個の陽子 (p_1, p_2) が等速度で接近し, 衝突後に角 θ の方向に散乱される. さらに, 紙面に垂直に z 軸をとり, 陽子のスピンを考える. ここで, 散乱される振幅を

「$f(\theta)$: 両方の陽子のスピンが"上向き"で, p_1 が θ 方向の検出器に散乱
$f'(\theta)$: p_1 のスピンが"上向き", p_2 のスピンが"下向き", p_1 がスピンの方向を変えずに散乱
$g(\theta)$: p_1 のスピンが"上向き", p_2 のスピンが"下向き", p_1 がスピンの方向を反転して散乱」

と定義すると, 観測される確率が次のように与えられる.

「$|f(\theta) - f(\pi - \theta)|^2$: 1個の陽子が検出される確率
$f'(\theta) + g(\theta)$: 上向きの陽子が検出される確率振幅」

次の設問に答えよ.
(a) θ と α の関係を求めよ.
(b) 上の2つの検出確率が与えられる理由を説明せよ.
(c) 反転した下向きの陽子を検出する確率を求めよ.
(d) 検出器でスピンを区別できないときの検出確率を求めよ.
(e) $f' = f$, $g = 0$ で, スピンを区別できないときの検出確率は以下のように与えられる. それを説明せよ.
$$P = a|f(\theta) - f(\pi - \theta)|^2 + b|f(\theta) + f(\pi - \theta)|^2$$
(f) (e) の a, b を求めよ.

7.5 [シュテルン-ゲルラッハの実験]
古典物理学によれば, 磁気能率 μ の粒子は不均一磁場 $B(r)$ 中で力 $\mu \cdot \nabla B$ を受け, 屈折を起こす. シュテルン (Stern) とゲルラッハ (Gerlach) はこの事実によって, 銀原子の磁気能率を測定しようとした. ところが, 銀原子の細いビームを不均一磁場に通すと, ビームは2つに分裂した. この磁気能率の2状態性を説

明するものとして，電子スピンが想定された．

位置変数以外に2状態が存在することに対して，2成分列ベクトル関数を

$$\phi(\boldsymbol{r}) = \begin{pmatrix} \phi(r, 1) \\ \phi(r, -1) \end{pmatrix} = \begin{pmatrix} \phi_+ \\ \phi_- \end{pmatrix}$$

と定義する．

また，ビーム軸をx，磁場軸をzとすると，ビーム近傍の磁場ベクトルは

$$\boldsymbol{B}(x, y, z) = (0, -ay, B_0 + az)$$

で与えられる．

以下の設問に答えよ．

(a) 磁気相互作用のハミルトニアンを書け．
(b) マトリクス形式でシュレーディンガーの方程式を書け．
(c) 成分ϕ_+, ϕ_- を取り出した形でシュレーディンガーの方程式を書け．
(d) $a = 0$ の場合の状態関数を解け．
(e) $a \neq 0$ の場合の状態関数を解け．後述する摂動法を利用せよ．

7.6 式 (7.29) の固有値より定常状態のエネルギー，そのときの状態ベクトルを導き出せ．

8 多電子原子

> フェルミ粒子はパウリの排他律に従い,それにより原子番号に応じた原子の性質(周期律特性),原子同士の結合,物性が決まってくることを述べる.

8.1 多電子原子に対する概要

　前章までは,1粒子(1電子)の系における状態を記述してきた.現実には水素以外の多くの原子が存在し,かつそれらが結合,凝集して分子,固体となっていくのであり,それらを量子力学で解くことができなければ,多くの自然現象にこの力学を適用しようとしても意味がなくなる.ところが,系を2粒子以上の多粒子系(原子でいえば水素以外の原子)に拡張すると,もはや厳密に解くことは不可能となるのは以下の理由による.
① 電子は核ポテンシャルに加えて他の電子からの相互反発力下において,状態が決まる.一方,他の電子の状態も,現在考慮している電子の状態で変化する.
② 電子相互はすべて同一粒子で識別不可能であり,したがって,電子を適当に入れ換えても成立する状態関数としておかなければならない.
③ 電子等のフェルミ粒子はパウリの排他律に従わなければならない.
　電子が次々と状態を占めて多電子原子を構成し,それによって原子の周期的な性質が決まることはパウリの排他律によって,また,分子,固体が形成されるように結合力が生じることもパウリの排他律,厳密には②,③を満たすように状態関数を選ぶことによって説明される.このパウリの排他律による量子効果は古典力学にない効果である.

8.2 同一性（識別不可能な）粒子に対する状態関数など

8.2.1 多粒子系状態関数の満たすべき条件の検討

水素以外の原子，分子，固体は1つの系に同一性粒子である電子が2個以上存在することになる．ここで，n個の電子があるとすると，シュレーディンガー方程式は

$$i\hbar \frac{\partial \phi}{\partial t} = \hat{H}\phi\;;\quad \phi = \phi(q_1, q_2, q_3, \cdots, q_n),\quad \hat{H} = \hat{H}(\hat{p}_1, q_1, \hat{p}_2, q_2, \cdots, \hat{p}_n, q_n) \tag{8.1}$$

と表される．すべての粒子は3次元の物理空間内にあるのであるが，数学的には1つの粒子を表す座標qが空間座標とスピン座標の4次元であるから，n個の粒子に対しては$4n$次元において状態関数が定義される．ハミルトニアンも同様に$4n$次元で表されている．

ここで，量子力学特有の性質，すなわち，電子が識別不可能な同一性粒子であるため，状態関数が具備しなければならない条件を検討する．それには，各座標で位置が指定されている電子を入れ換えた場合の状態関数の形を見ればよい．当初の系の状態関数

$$\phi_{\text{before}} = \phi(q_1, q_2, q_3, \cdots, q_i, q_j, \cdots, q_n) \tag{8.2}$$

からq_iとq_jと入れ換えた状態関数

$$\phi_{\text{after}} = \phi(q_1, q_2, q_3, \cdots, q_j, q_i, \cdots, q_n) \tag{8.3}$$

をつくり，両状態関数を比較検討するわけである．電子は識別不可能であるから，入れ換えても状態関数は数値的には変わらないはずである．ところが，仮に系の状態関数が各座標ごとの状態関数の積で表され

$$\phi_{\text{before}} = \phi_A(q_1)\phi_B(q_2)\phi_C(q_3)\cdots\phi_I(q_i)\phi_J(q_j)\cdots\phi_N(q_1) \tag{8.4}$$

であるとすると，この関数のq_iとq_jと入れ換えた状態関数は

$$\phi_{\text{after}} = \phi_A(q_1)\phi_B(q_2)\phi_C(q_3)\cdots\phi_I(q_j)\phi_J(q_i)\cdots\phi_N(q_1) \tag{8.5}$$

となるが，一般に関数$\phi_I(q)$と関数$\phi_J(q)$は異なるために，系の状態関数ϕ_{before}と状態関数ϕ_{after}は異なる．したがって，同一性粒子が2個以上になった場合に

系の状態関数が満たさなければならない条件とその条件を満たすべき系の状態関数を1粒子状態関数から作成する方法を検討しなければならない.

8.2.2 対称関数と反対称関数（空間関数）

最も簡単な場合として，2粒子の系でそれらの入れ換えを考える．入れ換えを行う演算子を $\hat{P}$ とすると，それは

$$\hat{P}\phi(x_1, x_2) = \phi(x_2, x_1) \tag{8.6}$$

と与えられる．入れ換えを2度行えば，元の状態に戻るわけであるから

$$\hat{P}^2\phi(x_1, x_2) = \phi(x_1, x_2) \tag{8.7}$$

となる．したがって，$\hat{P}^2$ の固有値は 1，$\hat{P}$ の固有値は ± 1 であり

$$\hat{P}\phi(x_1, x_2) = \pm\phi(x_1, x_2) \tag{8.8}$$

と表される．式 (8.6) と式 (8.8) より，同一性粒子の状態関数としては入れ換えに対して次の条件を有していなければならない．

$$\phi(x_2, x_1) = \pm\phi(x_1, x_2) \tag{8.9}$$

入れ換えで確率は変化しないが，状態関数の符号は変わってもよいとも考えられる．符号も変わらない場合を対称関数，符号が変わる場合を反対称関数と呼ぶ．

簡単な例として，相互作用していない2個の粒子が同じ1次元井戸型ポテンシャル（幅 L）に束縛され，以下の2つの状態 $\phi_A(x), \phi_B(x)$ に存在する場合における全体系の状態関数を考える．

$$\phi_A(x) = \sin\left(\frac{\pi x}{L}\right), \quad \phi_B(x) = \sin\left(\frac{2\pi x}{L}\right) \tag{8.10}$$

いま仮に全体系の状態関数 $\phi_{\text{test}}(x_1, x_2)$ が両状態関数の積で表され，$\phi_A(x)$ の $x = x_1$ に粒子が，$\phi_B(x)$ の $x = x_2$ に粒子があるものとしよう．すると，$\phi_{\text{test}}(x_1, x_2)$ は

$$\phi_{\text{test}}(x_1, x_2) = \phi_A(x_1)\phi_B(x_2) \tag{8.11}$$

と表される．

ここで，$\phi(x_1, x_2)$ に $\phi_{\text{test}}(x_1, x_2)$ を用いると

$$\phi(x_1, x_2) = \sin\left(\frac{\pi x_1}{L}\right)\sin\left(\frac{2\pi x_2}{L}\right), \quad \phi(x_2, x_1) = \sin\left(\frac{\pi x_2}{L}\right)\sin\left(\frac{2\pi x_1}{L}\right) \tag{8.12}$$

であり，式 (8.9) を満たさない．それで，関数 $\phi_A(x)$ と $\phi_B(x)$ の重ね合わせで式 (8.9) の条件を満たすことを考えると，和で対称関数，差で反対称関数が得られる．結局，積の順序を入れ換えた状態関数を次のように重ね合わせればよい．

$$\phi(x_2, x_1) \neq \pm \phi(x_1, x_2) \quad (8.13)$$

$$\phi_s(x_1, x_2) = \frac{1}{\sqrt{2}} [\phi_A(x_1)\phi_B(x_2) + \phi_B(x_1)\phi_A(x_2)]$$

$$= \sqrt{2} \sin\left(\frac{\pi x_1}{L}\right) \sin\left(\frac{\pi x_2}{L}\right) \left[\cos\left(\frac{\pi x_1}{L}\right) + \cos\left(\frac{\pi x_2}{L}\right)\right] \quad (8.14)$$

$$\phi_a(x_1, x_2) = \frac{1}{\sqrt{2}} [\phi_A(x_1)\phi_B(x_2) - \phi_B(x_1)\phi_A(x_2)]$$

$$= \sqrt{2} \sin\left(\frac{\pi x_1}{L}\right) \sin\left(\frac{\pi x_2}{L}\right) \left[\cos\left(\frac{\pi x_1}{L}\right) - \cos\left(\frac{\pi x_2}{L}\right)\right] \quad (8.15)$$

式 (8.14) を対称関数，式 (8.15) を反対称関数と呼ぶ．座標の交換によって，前者は符号が変わらないが，後者は変わる．この場合における対称関数は，$x_1 = x_2 = L/4$ または $x_1 = x_2 = 3L/4$ で確率最大，一方，反対称関数は $x_1 = x_2$ で確率 0 となる．

したがって，一般に
"対称関数で記述される粒子はお互いに同一状態になろうとする性質"
"反対称関数で記述される粒子は互いに避け，1状態には1粒子となる性質"
を有する．この性質は，とくに粒子間に作用する力を持ち出すことなく，量子力学特有で，"粒子の識別不能とそれを記述する状態関数の対称性"から出る．

8.2.3 スピン状態

電子は与えられた軸，たとえば z 軸に対して上向き，下向きの2通りのスピン状態しかなく，それぞれ α, β と名づけ，2電子を一緒にして表す結合スピン状態を考える．ここで，2電子を番号1, 2とする．

対称スピン関数は

$$\chi_s = \alpha(1)\alpha(2), \quad \frac{1}{\sqrt{2}}[\alpha(1)\beta(2) + \alpha(2)\beta(1)], \quad \beta(1)\beta(2) \quad (8.16)$$

の3状態，反対称スピン関数は

$$\chi_a = \frac{1}{\sqrt{2}} [\alpha(1)\beta(2) - \alpha(2)\beta(1)] \tag{8.17}$$

の1状態となる．

結合スピンの z 成分は，対称スピン関数に対して，+1, 0, −1 で結合スピン量子数 $S=1$ の3重項（triplet）状態，反対称スピン関数に対して，0 で $S=0$ の1重項（singlet）状態である．

8.3 パウリの排他律

8.3.1 全体系状態関数（フェルミ粒子，ボース粒子）

空間関数とスピン関数の組合せから全体の状態関数がつくられる．

対称状態関数は　　　　　　$\phi_s \chi_s$　または　$\phi_a \chi_a$　　　　　　(8.18)

反対称状態関数は　　　　　$\phi_s \chi_a$　または　$\phi_a \chi_s$　　　　　　(8.19)

と表される．粒子が対称状態関数で記述されるか，反対称状態関数で記述されるかは，観測された量子統計に基づいて判断される．大きな数 n 個の構成粒子からなる系の挙動は大きな集合の統計的性質から予測される．

1つの単一系で弱く相互作用する粒子は，原子，電子，核子，陽子，中性子，中間子，光子，調和振動子，電磁放射モード，格子振動などからなる．この中で半整数スピン（ある量子軸に対してスピン量子数が 1/2, 3/2 など）をもつ粒子である電子，核子，^{3}He 原子はフェルミ粒子（fermions）と呼ばれ，反対称状態関数で記述される．一方，整数スピンをもつ中間子，光子，格子振動はボース粒子（bosons）と呼ばれ，対称状態関数で記述される．

なお，対象粒子を任意に取り出しているが，これらを本質的に素となる粒子と複合粒子に分けると粒子の種類が明瞭となる．

素となる粒子は

　　フェルミ粒子：物質を構成するクォーク，電子，ニュートリノ

　　ボース粒子：相互作用を媒介する量子である光子，格子振動，重力子等

である．複合粒子がフェルミ粒子であるかボース粒子であるかは素粒子の数の偶奇で決まる．

- フェルミ粒子：クォーク3つで構成される陽子および中性子，さらに，奇数個の核子で構成される ^{3}He 原子等
- ボース粒子：上のボーズ粒子以外に，フェルミ粒子が偶数個で1つになって整数スピンをもつと，ボース粒子となる．たとえば，クォーク2つの中間子（メゾン），He 核の α 粒子，^{4}He 原子，重水素などである．極低温において，2つの電子がボース－アインシュタイン凝縮してクーパー対を形成し，超伝導を示すことを明らかにした BCS 理論は有名である．

この本で議論の中心は電子の挙動，とくに，各原子において電子が占める状態についてであり，したがって，反対称状態関数を扱う．反対称状態関数で記述される電子は前述したように，"2個以上の電子が同一の量子数で表される状態に存在することはない"ということであり，これを"パウリの排他律"という．

空間座標 r，スピン座標 σ を一括して q で示し，2電子系の状態関数を $\phi(q_1, q_2)$ とすると

$$\phi_a(q_1, q_2) = \frac{1}{\sqrt{2}} [\phi_a(q_1)\phi_\beta(q_2) - \phi_\beta(q_1)\phi_a(q_2)] \tag{8.20}$$

と表される．H，He 以外の原子番号が3以上の原子は，3個以上の電子をもつ．したがって，それらの反対称関数も知っておかねばならない．n 個の電子に対する反対称関数は**スレイター**（Slater）**行列式**により

$$\phi_a(q_1, q_2, \cdots, q_n) = \frac{1}{\sqrt{n!}} \begin{vmatrix} \phi_a(q_1) & \phi_\beta(q_1) & \cdots & \phi_\gamma(q_1) \\ \phi_a(q_2) & \phi_\beta(q_2) & \cdots & \phi_\gamma(q_2) \\ \vdots & \vdots & \vdots & \vdots \\ \phi_a(q_n) & \phi_\beta(q_n) & \cdots & \phi_\gamma(q_n) \end{vmatrix} \tag{8.21}$$

と表される．2つの行を入れ換えることにより行列式の符号は変わり，この関数は確かに反対称である．

この式によっても，2個の電子の状態が同じならば行列式の2つの列がまったく同じになって状態関数 $\phi_a(q_1, q_2, \cdots, q_n)$ は恒等的に0となり，パウリの排他律が導かれる．何気ない原理であるが，この原理によって物質の諸特性が決まるということではハイゼンベルクの不確定性原理より重要である．

なお，パウリの排他律を満たさなければならない電子の全体系状態関数は反対称で $\phi_s\chi_a$ または $\phi_a\chi_s$ であるが，空間状態関数はスピンの対称または反対称の状態によって，対称にも反対称にもなる．反対称スピン状態 χ_a（1重項状態）の場合，対称空間関数 ϕ_s で電子は集まろうとし，対称スピン状態 χ_s（3重項状態）の場合，反対称空間関数 ϕ_a で電子は互いに避けようとする．

8.3.2 パウリの排他律を考慮すべきかの基準

2個以上の同種フェルミ粒子があるとき，必ずパウリの排他律を満たさなければならいということであれば，全宇宙に存在する限りない電子がすべて異なる状態をとらねばならない．しかし，実際にはけっしてそのようなことにはならない．約 $0.02\,\mathrm{m}^3$ という限られた空間内に 10^{23} 個以上ある水素原子内において電子が遷移しても，必ず固有の輻射スペクトル，吸収スペクトルが観察される．すなわち，それだけ近接して隣り合って電子が存在しても，異なる陽子に拘束されていれば，電子はすべて同一状態のエネルギーを有するわけである．これは，けっしてパウリの排他律に反するものではない．

パウリの排他律を考慮すべきかは，それぞれの粒子の相互作用または状態関数の重なりの程度で検討できる．2電子系の全状態関数

$$\phi(x_1, x_2) = \frac{1}{\sqrt{2}}[|A, 1\rangle|B, 2\rangle \pm |B, 1\rangle|A, 2\rangle], \quad \text{ここで，} \quad |A, 1\rangle = \phi_A(x_1) \tag{8.22}$$

から確率密度をつくると

$$|\phi(x_1, x_2)|^2 = \frac{1}{2}\langle A, 1|B, 2\rangle^2 + \frac{1}{2}\langle B, 1|A, 2\rangle^2$$

$$\pm \frac{1}{2}[\langle A, 1|B, 1\rangle\langle B, 2|A, 2\rangle + \langle B, 1|A, 1\rangle\langle A, 2|B, 2\rangle] \tag{8.23}$$

を得る．重なりが大きい場合

$$|A, 1\rangle \neq 0,\ |A, 2\rangle \neq 0,\ |B, 1\rangle \neq 0,\ |B, 2\rangle \neq 0 \tag{8.24}$$

で式（8.23）のすべてを考慮すべきとなる．一方，ほとんど重ならない場合，同一位置に対する2つの関数値の積となっている相互作用を表す第3項は零となる．ϕ_A の大きい x では ϕ_B はほとんど無視できる．すなわち，パウリの排他律

を考慮する必要がなくなる.

ただし，これらの関係は単に距離だけが目安になるのでなく，状態関数にも関連する. 図 8.1 は，金属塊において各原子の最外殻電子が原子個々の束縛から離れ，自由電子となることにより結合状態となっていることを示す. 金属の大きさが数 cm 立方あるとして，その中に 10^{23} 個以上ある自由電子はすべて相互作用し，したがって，金属塊の端から端とはるかに数 cm 離れていても，自由電子はパウリの排他律に従わねばならず，10^{23} 以上の状態をとる. 一方，内殻電子はわずか数 Å（＝原子間距離）の近さとはいえ，異なった原子の核ポテン

［自由電子（価電子）準位］
10^{23} 以上に離散

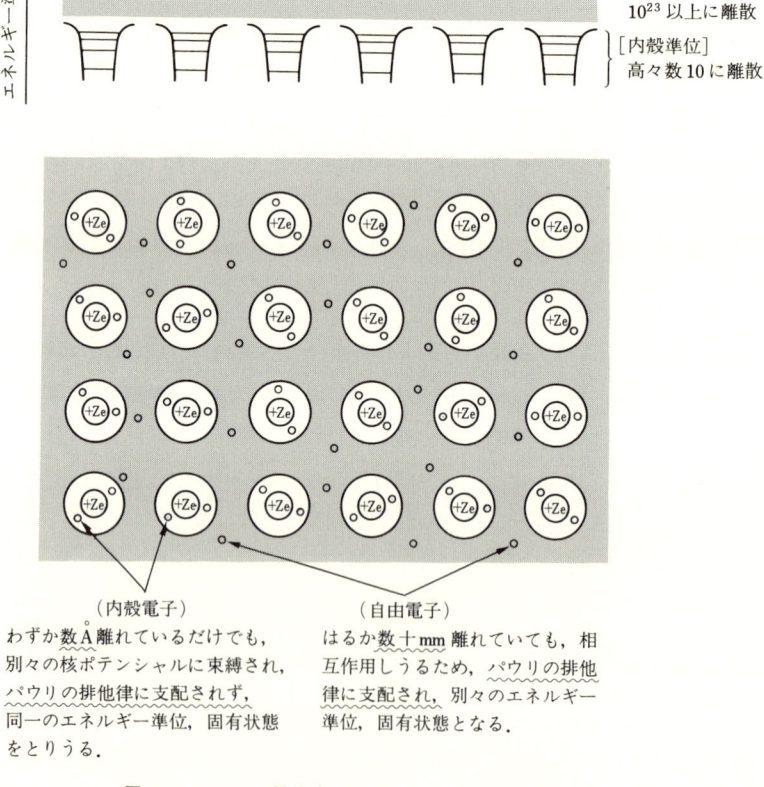

［内殻準位］
高々数 10 に離散

（内殻電子）
わずか数Å離れているだけでも，別々の核ポテンシャルに束縛され，パウリの排他律に支配されず，同一のエネルギー準位，固有状態をとりうる.

（自由電子）
はるか数十mm 離れていても，相互作用しうるため，パウリの排他律に支配され，別々のエネルギー準位，固有状態となる.

図 8.1 パウリの排他律の適用について（固体金属内）

シャルに束縛されて相互作用しないため，同一状態をとることができる．この理由によって，内殻電子間の遷移に伴うエネルギー放出は各原子固有であり，オージェ（Auger）電子分光分析，ESCA などにより原子の同定が可能となる．

8.4 対称性の観測（散乱）

対称性の特徴を直接測定できる現象として，2個の粒子 A と B の弾性衝突がある．質量中心系で見たときの状況を図 8.2 に示すが，検出器 D に入る粒子の可能性としては，θ 方向変化した粒子 A の (a) の場合と，$\pi-\theta$ 方向変化した粒子 B の (b) の場合がある．ここで，粒子 A, B が識別可能で，検出器 D が粒子 A を検出するように設定されていて，角度 θ 方向にあるときの散乱に対する状態関数（散乱振幅）を $f(\theta)$ とすると，$P(\theta)=|f(\theta)|^2$ が実験的な検出量である．

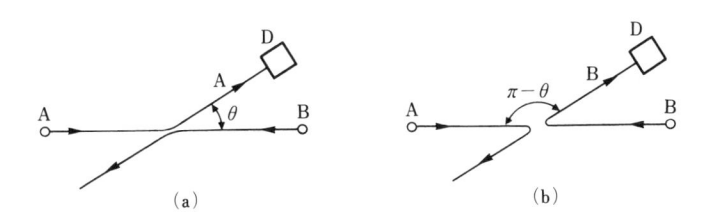

図 8.2 質量中心系で見たときのA粒子とB粒子の散乱

次に検出器をいずれの粒子も検出可能に設定し，粒子の種類を以下のように変えることにより，これまで議論してきた粒子の対称性を直接確認できる．
① 異種粒子どうしの散乱（たとえば，酸素，炭素，水素といった種々の標的核に対する α 粒子の散乱）
② 同種でフェルミ粒子（電子，核子，^{3}He 原子など．スピンも考慮して同種）どおしの散乱
③ 同種でボース粒子（π 中間子，α 粒子，^{4}He 原子など）どおしの散乱
検出結果は以下のように分かれる．
① 粒子は識別可能であり，古典的結果と一致して確率は
$$P_{\text{classic}}=P(\theta)+P(\pi-\theta)=|f(\theta)|^2+|f(\pi-\theta)|^2 \tag{8.25}$$

となる.

② フェルミ粒子は反対称関数に従い, 確率は
$$P_{\text{Fermi}} = |f(\theta) - f(\pi-\theta)|^2 \tag{8.26}$$
となる.

③ ボース粒子は対称関数に従い, 確率は
$$P_{\text{Bose}} = |f(\theta) + f(\pi-\theta)|^2 \tag{8.27}$$
となる.

$\theta = \pi/2$ のとき, その違いは明白で
$$P_{\text{classic}} = 2\left|f\left(\frac{\pi}{2}\right)\right|^2, \quad P_{\text{Fermi}} = 0, \quad P_{\text{Bose}} = 4\left|f\left(\frac{\pi}{2}\right)\right|^2 \tag{8.28}$$
と大きく異なる.

なお, 電子はスピンも考慮して同種粒子かを判別せねばならない. 磁場などでスピンを制御することによって, 上向きと下向きというように向きが異なり異種粒子どおしの場合には (1) の結果, 同一向きの場合には (2) の結果を得る.

さらに複雑なのは, フィラメント光源のように光子に偏りがない, すなわち, スピンが定まってない場合である. 上向きと上向き, 上向きと下向き, 下向きと上向き, 下向きと下向きはすべて同確率となり, したがって, 全確率は

$$P = \frac{1}{2}P_{\text{Fermi}} + \frac{1}{2}P_{\text{classic}} = \frac{1}{2}|f(\theta) - f(\pi-\theta)|^2 + \frac{1}{2}|f(\theta)|^2 + \frac{1}{2}|f(\pi-\theta)|^2 \tag{8.29}$$

と与えられる. $\theta = \pi/2$ のとき
$$P = \left|f\left(\frac{\pi}{2}\right)\right|^2 \tag{8.30}$$
となる.

8.5 周期律

8.5.1 多電子原子 (水素原子以外) の量子状態の解析が不可能な理由

古典力学においても3体問題, たとえば太陽, 地球, 月間の力学を解析的に

解き，それらの軌道を求めるのは不可能である．量子力学においても水素以外の原子，すなわち，原子核と2個以上の電子が相互作用し合う系を解析的に解くのは不可能である．さらに，量子力学の方程式は量子化されたシュレーディンガー方程式である．

原子番号Z，電子数Nの原子に対する定常状態のシュレーディンガー方程式は次式で表される．

$$\hat{H}\phi = E\phi \;;\quad \phi = \phi(r_1, r_2, r_3, \cdots, r_N), \quad r_j = (x_j, y_j, z_j) \quad (8.31)$$

$$\hat{H} = -\frac{\hbar^2}{2m}\sum_{j=1}^{N}\nabla_j^2 + \sum_{j=1}^{N}\frac{-Ze^2}{4\pi\varepsilon_0 r_j} + \sum_{i>j}^{N}\frac{e^2}{4\pi\varepsilon_0 r_{ij}} \;;\quad r_{ij} = |r_2 - r_2| \quad (8.32)$$

ハミルトニアンの第2項は核と電子の相互作用，第3項は電子間相互作用を表す．$\hat{H}$およびϕに含まれる変数は各電子の位置を表す座標で，数は$3N$ある．

8.5.2 近似解法

前節で述べたように3体問題は解けない．したがって，何らかの方法で1電子の方程式としなければならない．

（1）独立電子模型

電子間相互作用を考慮しないと，シュレーディンガー方程式は

$$\hat{H}_0\Phi = E\Phi \;;\quad \Phi(r_1, r_2, \cdots, r_N) = \phi_1(r_1)\phi_2(r_2)\cdots\phi_N(r_N) \quad (8.33)$$

$$\hat{H}_0 = \sum_{j=1}^{N}\hat{H}_j, \quad \hat{H}_j = -\left(\frac{\hbar^2}{2m}\nabla_j^2 + \frac{Ze^2}{4\pi\varepsilon_0 r_j}\right) \quad (8.34)$$

と表され，結局，電荷Zeの核と1電子からなる水素原子類似の下記の方程式

$$\hat{H}_j\phi_j = \varepsilon_n\phi_j \quad (8.35)$$

を解くこととなる．状態関数はポテンシャルがZ倍されていることを考慮して，動径関数を修正すれば，水素原子と同様となる．各エネルギーは

$$\varepsilon_n = -\frac{mZ^2e^4}{8\varepsilon_x^2 h^2 n^2} \quad (8.36)$$

で与えられる．

パウリの排他律を満たすよう，最低準位から状態を占め，系のエネルギー固有値は和の

$$E = \varepsilon_{n_1} + \varepsilon_{n_2} + \cdots + \varepsilon_{n_N} \tag{8.37}$$

で与えられる.

（2） **ハートリー-フォック**（Hartree-Fock）**法**

電子間相互作用に関する項として各電子に対する平均ポテンシャルを

$$\hat{u}(r_j) = \frac{e^2}{4\pi\varepsilon_0 r_{ij}} \tag{8.38}$$

で近似し，1電子の方程式

$$\hat{H}_j \phi_j = \varepsilon_n \phi_j \ ; \ \hat{H}_j = -\frac{\hbar^2}{2m}\nabla_j^2 - \frac{Ze^2}{4\pi\varepsilon_0 r_j} + \hat{u}(r_j) \tag{8.39}$$

を解く．高エネルギー準位から電子状態を求めるに従い，その電子によるポテンシャルは修正され，次第に近似度は高まる．この近似解法については後述する.

8.5.3 原子の周期律に関するおおまかな解釈

原子の化学的性質についての周期律性は，メンデレーエフ（Mendeleev）が元素を原子量の順に整理して見出し，化学の系統的把握の礎となったばかりでなく，未知の原子 Ga, Sc, Ge の性質を驚くほど正確に予言でき，新元素発見のきっかけとなった．さらに，モーズリー（Moseley）は原子の固有線のスペクトルには原子番号が関係（モーズリーの法則）をもつこと，すなわち，原子の内部構造には，陽子数（電子数）が関連することを明らかにした.

図8.3に周期律表を示す．この図で，原子番号2のHeは通常O族，71のLu, 103のLrはランタノイド，アクチノイドに描かれるが，便宜上，別の位置に描いた.

周期律の特徴は以下にまとめられる.

① 短周期（典型元素）における各周期原子種類数（員数）は第1周期において2，第2周期以下において8である.
② 遷移元素の各周期員数は10，ランタノイド，アクチノイドはLu, Lrを遷移元素に移せば14である.
③ 原子の化学的性質は各族ごとに似かよう.
④ 原子の化学的性質は他の原子との間での電子の授受のしやすさに関連し，したがって，最外殻の電子数で決まる.

8.5 周期律

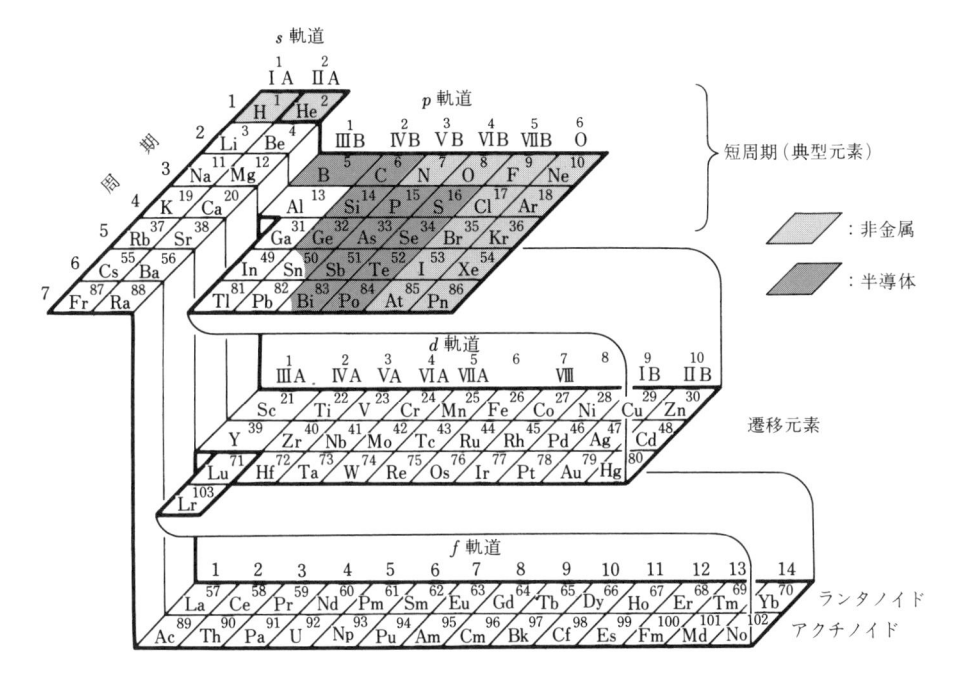

図 8.3 周期律表 (タブレット表示)

この周期律の特徴は量子力学の2大原理からの帰結
① ハイゼンブルクの不確定性原理を基礎としたシュレーディンガーの方程式により水素原子における電子のエネルギー準位は解かれ，各軌道における縮退数は，スピンも考慮し，$4n+2(n=0, 1, 2, \cdots)$ であり，s, p, d, f 軌道で 2, 6, 10, 14 である．
② パウリの排他律によってフェルミ粒子である各電子は同じ状態を占めることはできない．

によって，定性的に
① パウリの排他律によって各原子内の電子は最低エネルギー準位から順に各状態を占めていく．
② 各軌道ごとにその状態の数だけ電子が占有すれば閉殻となるということであれば，最外殻の占有すべき電子数だけに着目すればよく，短周期に

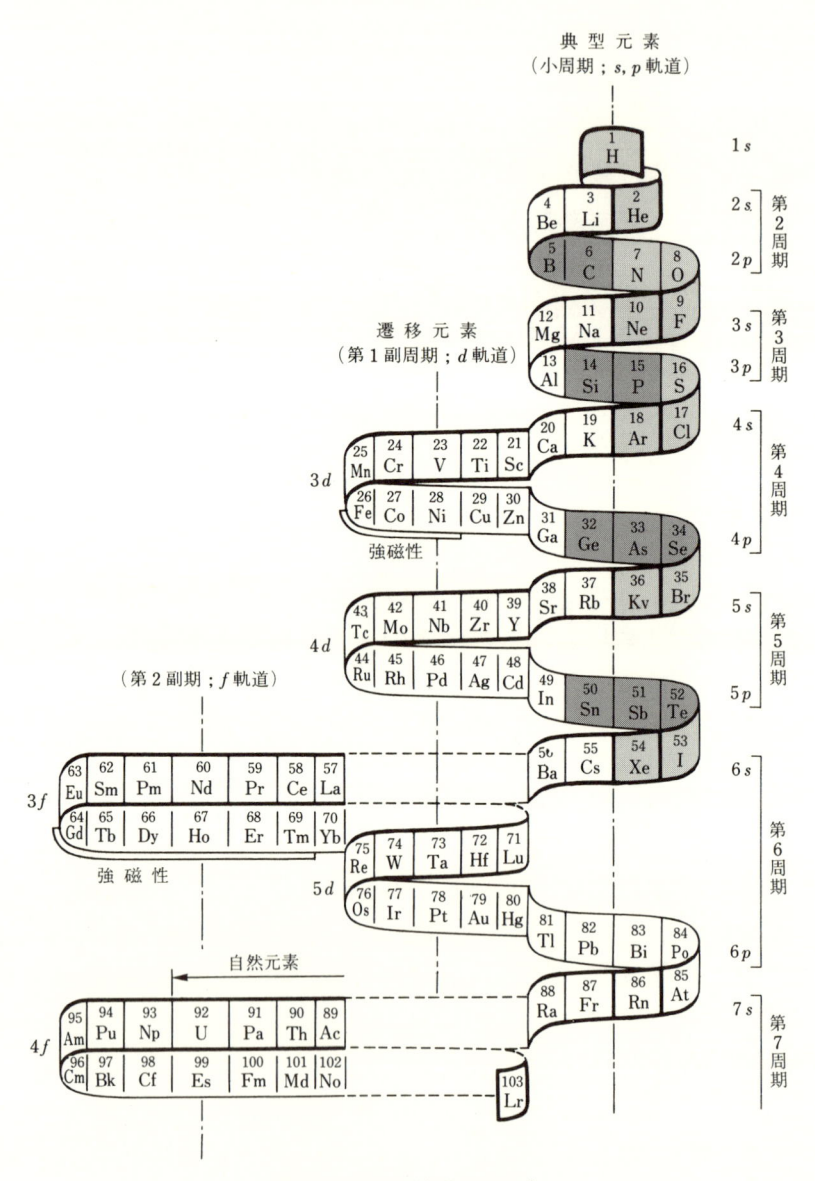

図 8.4 周期律（うず巻き表示）

おける第1周期の員数2はs軌道,第2周期以下の員数8はs軌道とp軌道の和,遷移元素の員数10はd軌道,ランタノイド,アクチノイドの員数14はf軌道となる.
と解釈される.

周期律に対する以上の解釈は独立電子模型であり,あくまでも核と1電子からなる水素原子に対する各エネルギーの各軌道における状態数を,各周期の員数合わせに援用したものであるが,周期律に関するおおまかな特徴の理解には助けとなる.

なお,周期律性に関する以上の解釈をさらに明確に示す方法は,図8.4の渦巻き表示である.

8.5.4 原子の周期律の詳細

周期律,化学的性質の詳細を検討しようとする場合には,Ze(Z=原子番号)の核電荷および電子相互作用によるポテンシャルを考慮しなければならない.

ハートリー–フォック近似を使い,電子間相互作用は平均ポテンシャルとし,一電子近似で考えると,この電子に対するポテンシャルは次式となる.

$$U = \frac{e^2}{4\pi\varepsilon_0}\left(-\frac{Z}{r_i} + \sum_{j=1}^{Z-1}\frac{\phi_j}{r_{ij}}\right) \tag{8.40}$$

ここで,ϕ_jは他電子の状態関数である.ポテンシャルは電気量に関する係数を除けば,核,電子の幾何学配置で与えられる.

この分布電荷の問題を古典電磁気学でまず考える.図8.5に示すように,中心に $+Ze$ の点正電荷,半径 r_0 内に $-(Z-1)e$ の負電荷が分布するとした場合,a点($r<r_0$)の電子は,中心に

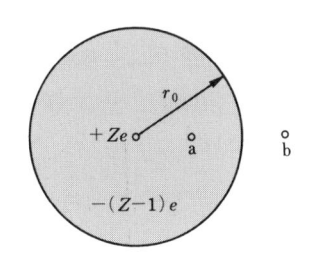

図 8.5 電荷分布(古典電磁気学)

$$\left\{Z-(Z-1)\left(\frac{r}{r_0}\right)^3\right\}e > +e \tag{8.41}$$

の点正電荷があると同一のポテンシャルを受け,一方,$r<r_0$ のb点となれば,中心につねに一定の点正電荷 $+e$ があると同一のポテンシャルを受ける.

量子力学においては，図8.6に示すように電子はしみのように空間に広がっている．したがって，1つの電子でも，式(8.41)のポテンシャルと $+e$ のポテンシャルを確率的に同時に受ける．ここで，他電子の存在領域は半径 r_0 の実線で示した円内とする．

$r<r_0$ の α 領域では，中心に

$$\{Z-(Z-1)f(r/r_0)\}e > +e \quad (8.42)$$

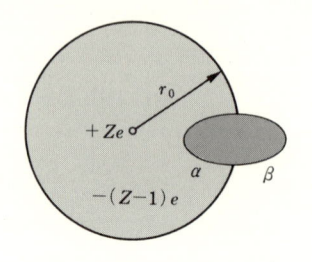

図 8.6 電荷分布（量子力学）

の点正電荷，$r<r_0$ の β 領域では中心に $+e$ の点正電荷のポテンシャルを受ける．

以下，前節で説明しなかった周期律性の詳細を述べる．

（1） 第2周期以降で電子が軌道量子数 l の小さい $2s$，$2p$ の順に占有

独立電子近似で図8.7の右に示す水素原子の準位を考える限り，$2s$ 準位，$2p$ 準位のエネルギーは同一で，電子がどちらの状態を先に占めるかは決まらない．ところが，実際には $2s$ 準位から占有しており，主量子数における縮退は解け，同図左のリチウムの準位に示すように "$2s$ 準位のエネルギー $<2p$ 準位のエネルギー" となっている．Li の $2s$，$2p$ 準位のエネルギーはすでに状態を占めている内殻電子（$1s$ 準位）との相互作用も考慮することにより以下のように解釈できる．

図8.8に動径方向確率密度分布を示す．$2s$ 準位の電子は，$1s$ 準位の2個の電子の存在領域（K 殻）に深く侵入し，大きな引力を受ける．一方，$2p$ 準位の

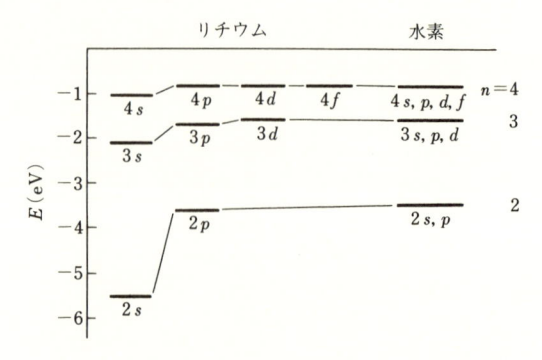

図 8.7 水素原子と比較したリチウムのエネルギー準位

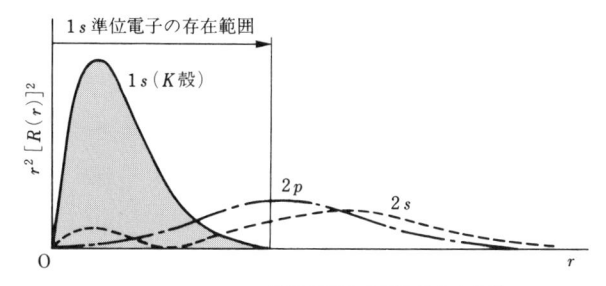

図 8.8 2s, 2p 状態の電子の K 殻侵入の比較

電子は侵入しているとはいえ，それほど深くはない．その差が，図 8.7 に示す 2s と 2p のエネルギー準位差となって現れる．

5 章，水素原子の電子状態で，角運動量は式 (5.77) の動径状態関数においては遠心ポテンシャルとみなしうると述べたが，これによっても，軌道量子数 l が増えるに従ってより外に電子が分布することは理解される．

(2) 第 4 周期で 3d 準位より先に 4s 準位が占有

水素原子における電子状態の準位の主量子数 n，軌道量子数 l の順で電子占有準位が決まってくるとしたら，3p 準位の次には 3d 準位に電子が入るはずであるが，周期律では 4s 準位に電子が入りカリウム K($Z=19$) が形成され，d, f 軌道の電子が後回しにされて入る．

1 つの理由として，4s 準位の電子の存在領域のほんの一部であるが，3d 準位の電子の存在領域に比べ，相対的に核に近くなっており，はるかに大きな引力ポテンシャルを感じることでエネルギーを下げる．

さらに主量子数をまたいで準位の逆転が生ずるには，各準位間のエネルギー差が高準位では低準位に比べ縮まることによる．水素原子における電子のエネルギー固有値は

$$E_n = -\frac{m_e e^4}{8\varepsilon_0^2 h^2} \cdot \frac{1}{n^2} \tag{8.43}$$

で与えられる．たとえば，E_4, E_3 間と E_2, E_1 間の比は

$$\frac{E_4 - E_3}{E_2 - E_1} = 0.065 \tag{8.44}$$

となる．

（3） 第1イオン化エネルギー I_1 の周期律性（各周期の傾向）

原子中で電子が感ずるポテンシャルを推定するには，その電子を核および他電子からの影響が及ばないポテンシャル零の遠方位置まで取り去るに要するエネルギーを測定すればよい[*1]．とくに，中性原子から電子（最外殻の価電子）を1個取り去り，1価の陽イオンをつくる際のエネルギーを第1イオン化エネルギー I_1 と呼び，このエネルギーの大小は他電子に対する電子授受のしやすさを表し，化学的性質を類推する目安となる．図8.9に原子の第1イオン化エネルギーを示す．エネルギーの値は水素原子の基底準位の値 $E_H = 13.56$ eV の相対量で示した．各短周期ごとにIa族のアルカリ金属原子が最小，O族の希ガス原子が最大でその間の移行では全体的に増加する．この傾向には最外殻の電子数が関連するが，古典電磁気学にも，この節で述べてきたことにもない状況を検討しなければならない．アルカリ金属原子は最外殻に電子が1個で，この電子に対する有効核電荷は内殻電子の遮閉効果によってほぼ $+e$ に等しい．原子番号が1つ増すと最外核に電子2個が収容され，これらの電子は空間的に同じ領域に分布する．陽子1個増による核正電荷の $+e$ 増加に対し，内殻電子の数は変化せず，それらの電子による遮閉で有効核正電荷は $+2e$ 程度となる．ただし，最外殻電子2個は空間にしみのように広がって重なり合い，お互いに遮閉し合い，実質的に有効核正電荷は $+2e$ にまでは至らない．

最外殻電子が n 個あっても，有効核正電荷が $+ne$ までに至らないことは次のようにして確認できる．n 個の電子それぞれに $+ne$ の有効核正電荷が作用

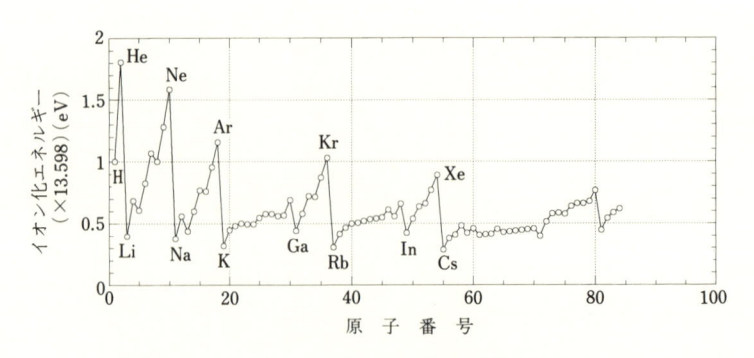

図 8.9 第1イオン化エネルギー（物理学辞典（丸善）より）

しているのであれば，1個目の電子を取り去るエネルギーも，1価陽イオンから2個目の電子を取り去るエネルギー（第2イオン化エネルギー I_2）も同一のはずである．ところが，He に対し，$I_1 = 1.81 E_H$，$I_2 = 4.01 E_H$ と明らかに異なる．したがって，He の核電荷 $+2e$ に対し，2個電子がある場合，電子相互作用によって有効核正電荷は $+1.35e$ 程度となっている．最外殻に電子7個ある Cl から次々と電子を取り去るエネルギーは図8.10のようになり，電子を取り去るごとにその電子による相互作用がなくなることがわかる．

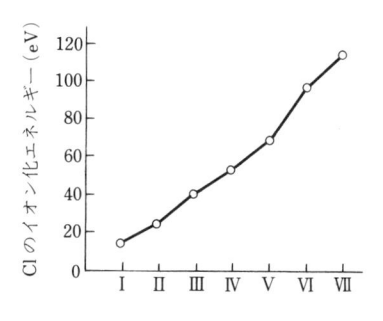

図 8.10 塩素のイオン化エネルギー

最外殻電子相互作用による遮閉効果を $s_0 (<1/2)$ とすると，最外殻電子数 n 個の場合，有効核正電荷は $+n(1-s_0)e$ となり，各周期ごとに原子番号が増えるに従いイオン化エネルギーが増加すること，したがって，Ia族のアルカリ金属における最外殻電子は離脱しやすく，VIIb族のハロゲン元素は離脱し難く，逆に，電子を取り込み希ガス配置となると安定する．

このように典型元素では各周期の族間のイオン化エネルギーが大きく異なり，電子授受のしやすさが異なるため，金属，半導体，非金属，希ガスと性質が大きく異なる．

（4） **イオン化エネルギーの微細な特徴（フントの規則など）**

図8.11に短周期典型元素のイオン化エネルギーの微細な特徴を知るために，族，周期軸に対し，3次元表示した．イオン化エネルギーは，Ia族からO族に向けて全体的に増加するが，4周期までにおいて途中わずかに減少する箇所がある．それは，IIa族とIIIb族，Vb族とVIb族の間である．

IIa族において最外殻の ns 軌道は充満し，1つ電子が増えてIIIb族になると同一殻であるが，より外側の別の np 軌道に入る．したがって，核電荷が増加するにかかわらず，np 軌道の電子に対しては有効核正電荷が下がり，エネルギー準位は増し，イオン化エネルギーは減少する．

Vb, VIb族は両者とも np 軌道で電子数が増加しているだけである．前節の

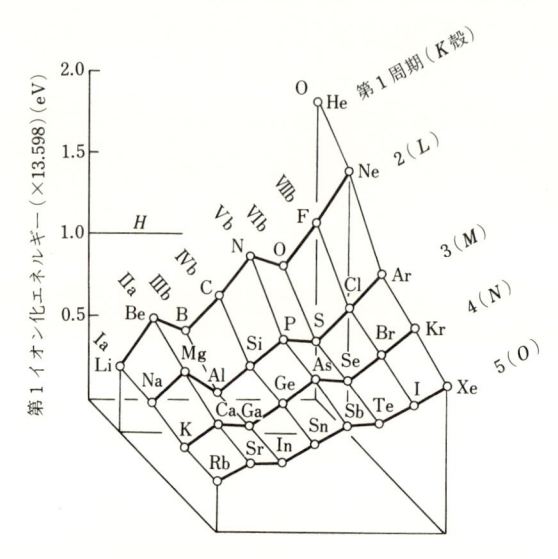

図 8.11 典型元素の第1イオン化エネルギー

議論によれば,有効核電荷が増え,イオン化エネルギーは増えるはずである.ここで,同一軌道の電子数積み増しに対するフントの規則「① 同じエネルギー準位の軌道に複数の電子が入るときは,同じ向きのスピンをもつ電子数が最大になる電子配置が最も安定である.または,② スピン多重度が最大の項のエネルギーが最も低い」を考慮する.np 軌道は電子6個で満席であり,同一スピンの電子が入るのは半分の3個まで,すなわち,Vb族までで,その状態で安定化する.さらに電子が1つ増してVIb族になると電子のスピンは逆向きで若干不安定,エネルギーは若干増え,したがって,イオン化エネルギーは下がる.なお,フントの規則は次のようにもいえる.

① 原子内の電子には核による球対称ポテンシャルが作用している.
② 電子の運動エネルギーを下げるにはなるべく広がった方がよい.
③ s 軌道以外の同一軌道 ($p, d, f, \cdots$) に2個以上電子がある場合にも,1つ1つの電子が広がるだけでなく,2個以上の電子全体として球状に広がった方がよい.そのためには別々の空間状態に入った方がよい.
④ 個々の電子が別々の空間状態,すなわち,斥け合うためには空間状態関

数は反対称関数となる．

⑤ 電子はフェルミ粒子であり全体状態関数は反対称，一方，④により空間状態関数も反対称，したがって，"全体の状態関数＝空間状態関数×スピン関数"により，スピンは対称，すなわち，スピンが同じ向きほどエネルギーは低くなる．

（5） 原子番号増加につれてのイオン化エネルギーの傾向

図 8.9 を見ても，図 8.11 を見てもわかるように，同族で周期が外になるにつれて，すなわち，原子番号が大きくなるにつれイオン化エネルギーが小さくなっている．1つには，電子がより高い準位を占め，半径が大きくなり[*2]，そのため，ポテンシャルは式 (8.40) で見るように小さくなることによる．ただし，内殻電子による遮閉効果も複雑に絡み合う．

（6） 遷移元素に対するイオン化エネルギー

図 8.9 および 3 次元表示の図 8.12 に見るように，遷移元素に対するイオン化エネルギー I はほぼ $0.5E_H$ 程度となっている．各周期において原子番号が大きくなるにつれ I は増加しているが，その程度は典型元素に比べはるかに小さい．$(n-1)d$ 軌道が空軌道のまま，先に ns が占有し，その後で $(n-1)d$ が埋められていく．一方，最外殻から取り去られるのは ns 電子であり，原子番号が変わってもこの電子にとって有効核正電荷は 2 つの s 電子が $+2e$ の核電荷を見る場合の $+1.35e$ 程度であり，I はほとんど変化しない．

先に最外殻を占有した s 電子のエネルギー準位とその後次第に占有する d 電子のエネルギー準位の大小関係は微妙である．d 電子の状態数はスピンも考

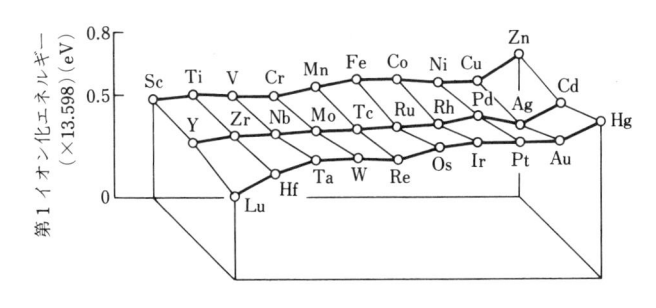

図 8.12 遷移元素の第 1 イオン化エネルギー

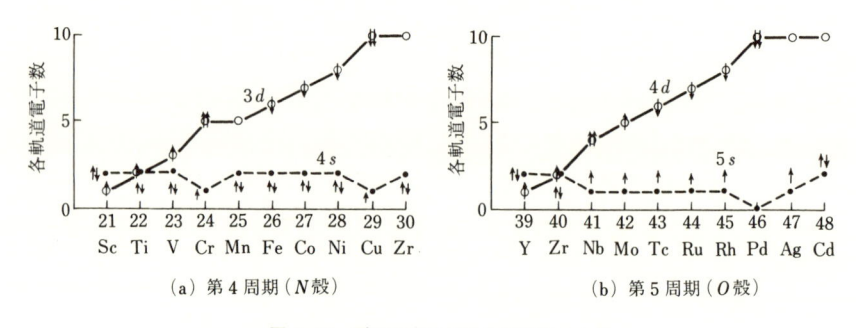

慮して10である．フントの規則に従えば，d電子は同一スピンで占有し始め，エネルギーを下げ，d電子5個でエネルギーは最低，6個目は若干エネルギー高く，電子数が増えるに従い再びエネルギーを下げ，電子10個でd電子は満席で球対称配置となり，安定する．図8.13に，第4周期（N殻）および第5周期（O殻）のs電子，d電子の占有数を示す．第4周期において，Sc～Vでは，$4s$電子2個，原子番号1増につき$3d$電子が1個ずつ増すが，VからCrで$3d$電子2個増で$4s$電子は1個減となる．$3d$電子5個で安定化してエネルギーが減少することによる．Mnで$4s$電子は2個に戻り，Cuで$3s$電子が10個となって安定化するために$4s$電子は再び1個に減る．第5周期（O殻）はさらに複雑である．ZrからNbの$4d$電子が4個になる状態で逆転し，$4d$電子は2個増，$5s$電子は1個減となる．Pdで再び減って$5s$電子は0個となる．

(a) 第4周期（N殻）

(b) 第5周期（O殻）

図 8.13 遷移元素における最外殻の占有

第6周期（P殻）遷移元素のイオン化エネルギーは先にf電子が占有するせいか，第4,5周期のイオン化エネルギーに比べ若干高い．

(7) 電気陰性度

イオン化エネルギーIは原子Mより電子を取り去る

$$M \rightarrow M^+ + e^- \tag{8.45}$$

の反応過程に関連したエネルギーで，これが小さい原子ほど電子を失いやすい．

一方，原子Mに電子が付け加わり陰イオンになる

$$M + e^- \rightarrow M^- \tag{8.46}$$

の反応過程に際して放出されるエネルギーを電子親和力 A と呼ぶ．このエネルギーが大きいほど電子を引き付けやすい．

電子授受のしやすさを前節までイオン化エネルギーのみで行ってきたが，この電子親和力も考慮する必要がある．希ガス原子の A は0または負で外の電子に引力を及ぼさない．また，I も大きく電子を取り去り難い．A は希ガス原子1つ手前のハロゲン原子で最も大きく，希ガス原子1つ後のアルカリ原子で最も小さい．I，A が大きい原子ほど電子を束縛する性質が強く，電気的な陰性が強い．図8.14，8.15はポーリング（Pauling）が定めた電気陰性度 χ である．χ は原子が電子を引き付ける能力を表す指標で，I と A の平均値に比例する．典型元素の中で希ガス原子は示されてない．

イオン化エネルギーの傾向と大まかに似るが，細かなところで差がある．希ガス原子と同様，軌道が球対称に満たされれば，A は低い値，したがって χ も低い値となる．それには，典型元素において ns 電子軌道が充満するIIa族のBe，Mg，Ca，Sr，np 電子軌道がちょうど半分充満するVb族のN，P，As，Sb，遷移元素において nd 電子軌道が半分充満するVIIa族のMn，Tc，Re，nd 電子軌道が完全に充満するIIb族のZn，Cd，Hgがあたる．それらの原子は I

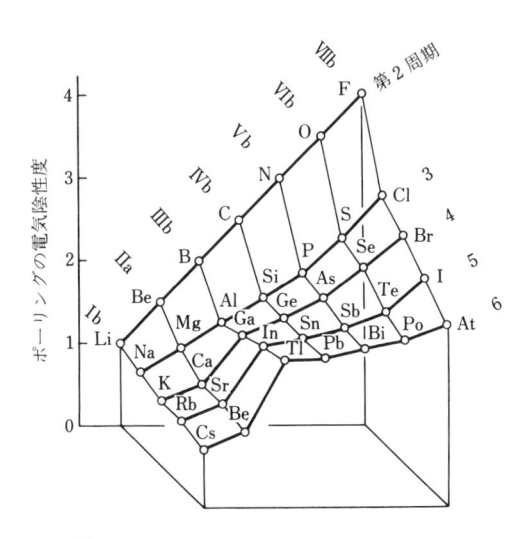

図 8.14 ポーリングの電気陰性度（典型元素）

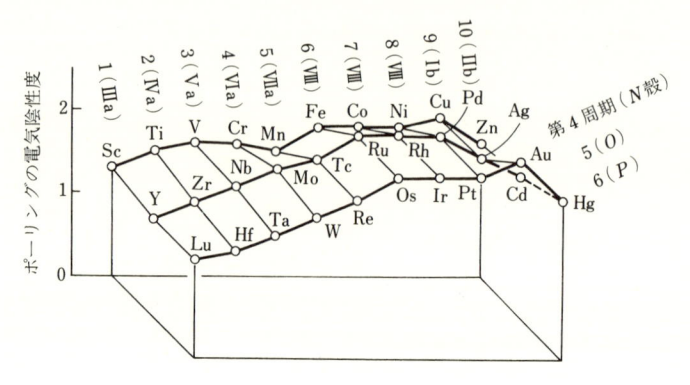

図 8.15 ポーリングの電気陰性度（遷移元素）

において，極大を示していたのが，χ では極大がなくなるか，さらに極小に転じている．

*1 ───── **イオン化エネルギーの測定方法** ─────
（1） 光電効果
光電効果で物質より放射される光電子の運動エネルギーを測定し
　　　（光子のエネルギー）/（プランク定数）＝光子の振動数，
　（2×光電子の運動エネルギー/電子の質量）の2乗根＝電子の速度
により求める．光源の違いにより，X線光電子分光法（XPSまたはESCA），紫外光電子分光法（UPS）などがある．
（2） 電子衝撃
電子を原子に衝突させてイオン化させるに必要な電子ビーム最小加速電圧より求める．

*2 ───── **原子半径** ─────
電子はしみのように空間に広がったものであること，また，原子の状態（イオン結合，共有結合，金属結合などの結合形式，温度，圧力）によってとる値が異なることで原子半径を明確には決め難い．ただし，以下の考慮は可能である．
① 原子番号が大きくなるにつれ，最内殻の $1s$ 電子は大きなクーロン

力で引かれ，その電子半径は小さくなる．
② 原子番号が大きくなるにつれ，最外殻電子はより高い準位を占め，相対的に半径は大きくなる．
③ 第1イオン化エネルギーIは最外殻電子が感ずるポテンシャルを反映しており，典型元素の同一周期ではIa族から0族に移るにつれIは増加する．したがって，原子半径は小さくなる．

演習問題

8.1 リチウムの3番目の電子は，$2p$でなく，$2s$に入るが，その理由を考察せよ．$2s$, $2p$電子は$1s$電子に遮蔽された核ポテンシャルをどのように感ずるかを考えてみよ．

8.2 酸素の原子に最後の電子が束縛されるとき，その値が期待されるよりもいくらか小さくなっている．硫黄についてもそうである．この理由を考察せよ．

8.3 アルゴンの後に，カリウムの最後の電子は$3d$でなく，$4s$に入るが，その理由を考察せよ．

8.4 カリウム，カルシウムで$4s$の2個が満たされ，スカンジウム，チタン，バナジウムは$3d$状態が埋められていく．ところが，クロムは$3d$殻4個に，$4s$殻2個でなく，$3d$殻5個に，$4s$殻1個である．その理由を考察せよ．

8.5 マンガン，鉄，コバルト，ニッケルは良く似た化学的性質をもつという．それらをあげよ．また，その理由を述べよ．

8.6 銅の原子価は1価にも，2価にもなるという．その理由を考察せよ．鉄でも同様である．

8.7 水分子における酸素に対する水素の結合角が$105°$，同様の構造のH_2Sが$93°$，H_2Seが$90°$である．その理由について問う．

9 量子力学における近似解法

> 量子力学で厳密に解けるのは水素原子のみであるが，実際には多電子原子の状態を解く必要があり，ポテンシャルも複雑な場合を解く必要がある．そのような場合に行う近似解法について説明する．

9.1 近似解法の必要性

　量子力学において厳密に解ける問題は1粒子に関する問題までである．束縛された状態の問題であれば，水素原子における電子状態までである．ところが，量子力学を実用に生かそうとすれば，多粒子に関する問題が解けなければならない．そのため，古典力学で確立された解法に倣って量子力学においても多くの近似解法が提案され用いられてきた．またポテンシャルに関するモデル化も目的に応じた形で種々提案されてきた．とくに，最近のコンピュータの進歩は目覚ましく計算処理が飛躍的に速くなり，繰り返し計算を続けることにより近似度は高まった．ここでは，変分法，self-consistent method，摂動法，断熱近似について述べる．

9.2 変　分　法

9.2.1 変分原理

　物理現象を表す微分方程式を解くのは一般に難しく，多くは級数展開をし，各方程式にあった関数（たとえば，ベッセル（Bessel）関数）がつくられてきた．量子力学における問題も一般には簡単に解けない．そのため，現象に合う厳密な関数ではないが，まず周知の関数列 $\{\varphi_i\}$ を先に指定し，その関数が現象に合うようにパラメータなどを変化させることによって近似解を得る．この近

似を進めていく判断基準が変分原理であり，解法を変分法という．
　変分原理は以下のように定義される．
　『いま，解くべきシュレーディンガー方程式が下記で与えられている．

$$\hat{H}\Psi = E\Psi \tag{9.1}$$

この方程式に対する最小固有値は E_0 であるとする．（ただし，E_0 およびそれに対する状態関数は問題が難しく解けない．）
　それに対してまったく任意にとった関数 φ によってエネルギー期待値 $\varepsilon[\varphi]$ （φ は一般には固有関数でないため固有値ではない）が次式で計算される．

$$\varepsilon[\varphi] = \frac{\int \varphi^* \hat{H} \varphi dq}{\int \varphi^* \varphi dq} \tag{9.2}$$

両値の間には次の不等式が成立する．

$$\varepsilon[\varphi] \geq E_0 \tag{9.3}$$』

したがって，この問題は $\varepsilon[\varphi]$ を最小にする関数 φ を求める問題となる．ただし，近似度は対象問題に適した関数列 $\{\varphi_i\}$ 選択の巧拙に左右され，さらに，最小化できたとしてもそれが正解であるとは保証できない．

9.2.2　リッツの変分法

　シュレーディンガー方程式に対してリッツの変分法を適用すると以下になる．
　関数列 $\{\varphi_i\}$ による任意の線形結合 $\varphi = c_1\varphi_1 + c_2\varphi_2 + c_n\varphi_n$ を式 (9.2) に代入することにより

$$\varepsilon[\varphi] = \frac{\sum_i \sum_j c_i^* H_{ij} c_j}{\sum_i \sum_j c_i^* S_{ij} c_j}; \quad H_{ij} = \int \varphi_i^* \hat{H} \varphi_j dq, \quad S_{ij} = \int \varphi_i^* \varphi_j dq \tag{9.4}$$

が得られる．H_{ij} はハミルトン行列，S_{ij} は φ_i と φ_j の重なり積分と呼ばれる．
　$\{c_i\}$ を変化させ $\varepsilon[\varphi]$ を最小にさせる

$$\frac{\partial \varepsilon[\varphi]}{\partial \{c_i\}} = 0 \tag{9.5}$$

の条件より

$$\sum_j (H_{ij} - \varepsilon S_{ij}) c_j = 0 \tag{9.6}$$

が得られる. この式は $\{c_i\}$ を未知数とする連立方程式で, これより次の永年方程式が与えられる.

$$|H_{ij} - \varepsilon S_{ij}| = 0 \tag{9.7}$$

成分を書き出すと

$$\begin{vmatrix} H_{11} - \varepsilon S_{11} & H_{12} - \varepsilon S_{12} & \cdots & H_{1n} - \varepsilon S_{1n} \\ H_{21} - \varepsilon S_{21} & H_{22} - \varepsilon S_{22} & \cdots & H_{2n} - \varepsilon S_{2n} \\ \vdots & \vdots & \ddots & \vdots \\ H_{n1} - \varepsilon S_{n1} & H_{n2} - \varepsilon S_{n2} & \cdots & H_{nn} - \varepsilon S_{nn} \end{vmatrix} = 0 \tag{9.8}$$

と書かれ, この式は ε に関する n 次方程式であり, (重根も含めて) n 個の実根をもつ. 最小根が基底状態のエネルギー, それ以上の値の根は励起状態のエネルギーの近似値となる.

9.3 SCF法

9.3.1 ハートリー-フォック法

前節の独立電子近似では, 他電子からのポテンシャルへの寄与は平均ポテンシャルで見積り, それで1電子に対する演算子を書き, 計算した. ここで, 1電子の状態がわかれば, それによるポテンシャルは計算でき, それを用いて他電子の状態を計算できる.

ハートリーは変分法を用いて1電子の関数の集合 $\{\phi_i\}$ で多電子系の状態関数を組み立て, フォックはさらに電子の反対称性を考慮して $\{\phi_i\}$ を求める方程式を与えた.

n 電子系の $\hat{H}$ は, 1電子演算子 $\hat{H}_i$ と 2電子演算子 $\hat{G}_{i,j}$ を用い

$$\hat{H} = \sum_{i=1}^{n} \hat{H}_i + \sum_{i>j}^{n} \hat{G}_{i,j} \tag{9.9}$$

と表される. 原子番号 Z の原子の場合, 各演算子は次になる.

$$\hat{H}_i = -\frac{\hbar^2}{2m} \nabla_i^2 - \frac{Ze^2}{4\pi\varepsilon_0 r_i}, \quad \hat{G}_{i,j} = \frac{e^2}{4\pi\varepsilon_0 r_{ij}} \tag{9.10}$$

系の状態関数を簡単な形式であるが，N 個の状態関数の積 $\Psi=\phi_1\phi_2\cdots\phi_N$ で表されていると仮定しても，シュレーディンガー方程式は

$$\hat{H}\Psi=\hat{H}|1\rangle|2\rangle\cdots|N\rangle=\hat{H}_i|1\rangle|2\rangle\cdots|N\rangle$$
$$+\sum_{j=1}^{N}\int_{-\infty}^{\infty}\langle j|\hat{G}_{ij}|j\rangle dr_j|1\rangle|2\rangle\cdots|N\rangle=E\Psi \tag{9.11}$$

の多元多関数の方程式となり解けない．ここで，$\hat{H}$ の期待値が最小となるように変分法を適用することにより，1電子のみの状態関数の方程式として

$$\left(\hat{H}_i+\sum_{\substack{j=1\\j\neq i}}^{N}\int_{-\infty}^{\infty}\phi_j{}^*(r_j)\hat{G}_{ij}\phi_j(r_j)dr_j\right)\phi_i(r_i)=\varepsilon_i\phi_i(r_i) \tag{9.12}$$

または，ディラック・ベクトル表示で

$$\left(\hat{H}_i+\sum_{\substack{j=1\\j\neq i}}^{N}\int_{-\infty}^{\infty}\langle j,r_j|\hat{G}_{ij}|j,r_j\rangle dr_j\right)|i,r_i\rangle=\varepsilon_i|i,r_i\rangle \tag{9.13}$$

を得る．この連立微分方程式をハートリー方程式と呼ぶ．この式の演算子は

$$\hat{H}_H=\hat{H}_i+\sum_{\substack{j=1\\j\neq i}}^{N}\int_{-\infty}^{\infty}\phi_j{}^*(r_j)\hat{G}_{ij}\phi_j(r_j)dr_j=\hat{H}_i+\sum_{\substack{j=1\\j\neq i}}^{N}\int_{-\infty}^{\infty}\langle j,r_j|\hat{G}_{ij}|j,r_j\rangle dr_j$$
$$\tag{9.14}$$

であり，その中には他電子の状態関数が含まれる．したがって，計算は逐次によって以下のように行う．

① 後述の Z_{eff}，独立電子近似などで状態関数の試行関数 $|j,r_j\rangle$ を仮定する．
② $|j,r_j\rangle$ によりハートリー演算子 $\hat{H}_H{}^{(0)}$ を仮定する．
③ 式 (9.13) を数値計算して状態関数 $|i,r_i\rangle$ を求める．
④ $|i,r_i\rangle$ によりハートリー演算子を $\hat{H}_H{}^{(1)}$ に修正する．
⑤ $\hat{H}_H{}^{(k)}$ と $\hat{H}_H{}^{(k+1)}$ が一致するまで③，④の計算を繰り返す．

このようにして得られた解を self-consistent field，日本語で"自己無矛盾場"または"つじつまの合う場"という．日本語はいずれにしても適訳でないので英語の頭文字をとり，SCF と呼ぶことにする．

1電子の挙動を表すハートリー方程式は物理的には i 番目の電子が核，他電子による

$$V_i(r)=-\frac{Ze^2}{4\pi\varepsilon_0 r_i}+\sum_{j=1}^{\infty}\frac{e^2}{4\pi\varepsilon_0}\int_{-\infty}^{\infty}\frac{\phi_j{}^*(r_j)\phi_j(r)}{|r_i-r_j|}dr_j \tag{9.15}$$

のポテンシャルを受けて運動することを意味する．このポテンシャルを

$$V_i(r) = -\frac{Z_{\text{eff}}(r)e^2}{4\pi\varepsilon_0 r} \tag{9.16}$$

と表し，$Z_{\text{eff}}(r)$ によって核ポテンシャルの他電子によるシールドを表す．

系の全エネルギーは

$$E = \sum_{i=1}^{N}\varepsilon_i - \sum_{i=1}^{N}\sum_{j \neq i}^{N}\iint_{-\infty}^{\infty} \hat{G}_{ij}\langle i, r_i|i, r_i\rangle\langle j, r_j|j, r_j\rangle dr_i dr_j \tag{9.17}$$

で表される．第2項はクーロン斥力が2重に加えられているのを引くためである．

電子はパウリの排他律を満たさなければならないことを考慮して，$|i, r_i\rangle$ を直交させ，反対称関数となるような系の状態関数としてスレイター行列式を選ぶと，1電子状態関数に対する方程式として

$$\left(\hat{H}_i + \sum_{\substack{j=1 \\ j \neq i}}^{N}\int_{-\infty}^{\infty}\langle j, r_j|\hat{G}_{ij}|j, r_j\rangle dr_j\right)|i, r_i\rangle - \sum_{\substack{j=1 \\ j \neq i}}^{N}\int_{-\infty}^{\infty}\langle j, r_j|\hat{G}_{ij}|j, r_j\rangle dr_j|j, r_i\rangle = \varepsilon_i|i, r_i\rangle \tag{9.18}$$

のハートリー-フォック方程式を得る．左辺第2項は交換積分を表し，量子力学特有の項である．

9.4 摂動理論

9.4.1 定常的な摂動

逐次に解の精度を高める近似解法として，古典力学において摂動法が古くから広く用いられてきた．"摂動（perturbation）" はもともと天文学の用語で，太陽系惑星の運動を求めるに当たり，当初，太陽の重力のみを考慮し，ついで惑星間の相互作用によるわずかな乱れを入れて解を修正し，精度の高い解を得た．

量子力学における定常的摂動論とは，小さな擾乱が加えられたときの系のエネルギー準位と固有関数の変化を求めることに関連した理論である．

解くべきシュレーディンガー方程式を

$$\hat{H}|\phi_i\rangle = E_i|\phi_i\rangle \tag{9.19}$$

とする．ここで，ハミルトニアン $\hat{H}$ は以下のように，2つの部分の和に書けるものと仮定する．

$$\hat{H} = \hat{H}_0 + \hat{H}' \tag{9.20}$$

無摂動のハミルトニアン $\hat{H}_0$ に対しては正確に解け，規格直交関数 $|i\rangle$ と固有値 E_i で

$$\hat{H}_0|i\rangle = E_i^{(0)}|i\rangle \; ; \quad \langle i|j\rangle = \delta_{ij} \tag{9.21}$$

と書ける．
これに対して摂動が加わったときの状態関数とエネルギーを求める．

9.4.2 縮退のない場合

摂動においても状態ベクトル $|\phi_i\rangle$ の大きさが1ということであれば，無摂動の固有ベクトル $|i\rangle$ に直交するベクトル $|j\rangle$ の摂動 $\lambda_j|j\rangle$ を重ね合わせればよい．したがって，状態ベクトルおよび摂動による補正項を加えたエネルギーは

$$|\phi_i\rangle = |i\rangle + \sum_{j \neq i} \lambda_j |j\rangle, \quad E_i = E_i^{(0)} + \varepsilon_i \tag{9.22}$$

と与えられ，これを式 (9.19) 式に代入して

$$(\hat{H}_0 + \hat{H}')\Big(|i\rangle + \sum_{j \neq i} \lambda_j |j\rangle\Big) = (E_i^{(0)} + \delta_1)\Big(|i\rangle + \sum_{j \neq i} \lambda_j |j\rangle\Big) \tag{9.23}$$

を得る．この式を展開して，式 (9.21) を用いることにより

$$(\varepsilon_i + \hat{H}')|i\rangle + \sum_{j \neq i} \lambda_j |j\rangle (\varepsilon_i + E_i^{(0)} - E_j^{(0)} + \hat{H}') = 0 \tag{9.24}$$

と変形できる．左から $\langle i|$ および $\langle j|$ を掛けることにより補正項，補正係数の式として

$$\varepsilon_i = H_{ii}' + \sum_{j \neq i} \lambda_j H_{ij}' \tag{9.25}$$

$$\lambda_j = \frac{1}{\Delta E_{ij}^{(0)}}\Big(H_{ji}' + \sum_{j \neq i} \kappa_j H_{jj}'\Big)\Big(1 - \frac{\varepsilon_i}{\Delta E_{ij}^{(0)}} + O(\varepsilon_i^2)\Big) \tag{9.26}$$

を得る．ここで，$\hat{H}_{ji}' = \langle j|\hat{H}'|i\rangle$ および $\Delta E_{ij}^{(0)} = E_i^{(0)} - E_j^{(0)}$ とおいている．高次の微小量を無視すると

$$\varepsilon_i > H_{ii}', \quad \lambda_j = \frac{H_{ji}'}{\Delta E_{ij}^{(0)}} \tag{9.27}$$

となり，この値を再び式 (9.25), (9.26) の ε_i, λ_j に代入し，2次の補正項，補正係数として

$$\varepsilon_i = H_{ii}' + \sum_{j \neq i} \frac{H_{ii}' H_{ji}'}{\Delta E_{ij}^{(0)}} \tag{9.28}$$

$$\lambda_j = \frac{H_{ji}'}{\Delta E_{ij}^{(0)}} + \sum_{j \neq i} \left\{ \sum_{k \neq i} \frac{H_{jk}' H_{ki}'}{\Delta E_{ij}^{(0)} \Delta E_{ik}^{(0)}} - \frac{H_{ii}' H_{ji}'}{(\Delta E_{ij}^{(0)})^2} \right\} \tag{9.29}$$

を得る．これらの値を式 (9.22) に代入することにより，状態ベクトル，エネルギーが

$$E_i = E_i^{(0)} + H_{ii}' + \sum_{j \neq i} \frac{H_{ii}' H_{ji}'}{\Delta E_{ij}^{(0)}} \tag{9.30}$$

$$|\phi_i\rangle = |i\rangle + \sum_{j \neq 1} |j\rangle \left[\frac{H_{ji}'}{\Delta E_{ij}^{(0)}} + \sum_{j \neq i} \left\{ \sum_{k \neq i} \frac{H_{jk}' H_{ki}'}{\Delta E_{ij}^{(0)} \Delta E_{ik}^{(0)}} - \frac{H_{ii}' H_{ji}'}{(\Delta E_{ij}^{(0)})^2} \right\} \right] \tag{9.31}$$

で与えられる．

基底状態のエネルギー固有値は

$$E_0 = E_0^{(0)} + H_{00}' + \sum_{j \neq 0} \frac{|H_{j0}'|^2}{\Delta E_{0j}^{(0)}} \tag{9.32}$$

となり，$H_{00}'=0$ であれば，$E_0 < E_0^{(0)}$，すなわち，摂動により引力が作用する．

9.4.3 縮退のある場合

解法に対する興味ならず，具体的な研究において原子などに外部から摂動ポテンシャルを加え，それから生ずる結果より原子，分子構造を解明する際には縮退のある場合に対する摂動問題が重要となる．なぜなら，水素原子の電子準位の計算で見たように，核による球対称ポテンシャルで原子内の電子の励起準位は縮退しているが，このままでは何重に縮退しているかわからない．この原子に1方向に電場もしくは磁場を加えれば，場は非球対称ポテンシャルとなりとたんに縮退が解け，いくつかの準位に分かれ，これより何重に縮退していたかがわかる．

以下の式誘導で，無摂動において縮退して1つのエネルギー状態にある状態ベクトルを $|a\rangle, |b\rangle, |c\rangle, \cdots$，その他のエネルギーの状態ベクトルを $|i\rangle, |j\rangle,$ $|k\rangle, \cdots$ とする．

縮退のある場合には，$E_i^{(0)} - E_j^{(0)} = 0$ より式 (9.26) の λ_j に関係する式は次式に書き換えられる．

$$\varepsilon_i \lambda_j = H_{ji}' + \sum_{j \neq i} \lambda_j H_{jj}' \tag{9.33}$$

縮退し合っている項のみを取り出し，2次までの補正項，補正係数を書き出すと

$$\varepsilon_j = \sum_j^a \frac{H_{ij}' H_{ji}'}{H_{ii}'}, \quad \lambda_j = \frac{\sum_j^a H_{ji}' H_{jj}'}{\sum_j^a H_{ij}' H_{ji}'} \tag{9.34}$$

となる．ここで，a は縮退度を表す．状態ベクトル，エネルギー値の補正は縮退項と縮退のない項の和で重ね合わせで表される．

例題9.1 幅 L の無限井戸型ポテンシャルに電場 $\mathscr{E}$ (ポテンシャル $= e\mathscr{E}x$) が作用した場合の基底準位と基底状態関数を求めよ．

(解) この系のハミルトニアンは

$$\hat{H} = \hat{H}^0 + \hat{H}'\,;\, \hat{H}^0 = \text{無限井戸型ポテンシャル},\, \hat{H}' = e\mathscr{E}x$$

で与えられる．先に求めたように無限井戸型ポテンシャルの固有値，固有関数は

$$E_n^0 = \frac{n_2 h_2}{8ma^2}, \quad u_n^0 = \sqrt{\frac{2}{a}} \sin\left(\frac{n\pi x}{a}\right)$$

であり，したがって，エネルギー摂動項は

$$E_n^{(1)} = \int_0^a (u_n^0)^* \hat{H}' (u_n^0) dx = \frac{2}{a} \int_0^a \frac{x(1 - \sin(2n\pi x/a))}{2} dx = \frac{e\mathscr{E}a}{2}$$

と求められ，基底準位は

$$E_1 = E_1^0 + E_n^{(1)} = \frac{h^2}{8ma^2} + \frac{e\mathscr{E}a}{2}$$

と得られる．固有関数の摂動項の係数は

$$\frac{\langle 2|\hat{H}'|1\rangle}{E_1^0 - E_2^0} = \frac{16mae\mathscr{E}\int_0^a x\sin(2\pi x/a)\sin(\pi x/a)dx}{-3h^2}$$

と与えられるので，固有関数は

$$u_1 \cong \sqrt{\frac{2}{a}} \sin\left(\frac{\pi x}{a}\right) + 0.480 \frac{ma^3 e\mathscr{E}}{h^2} \sqrt{\frac{2}{a}} \sin\left(\frac{2\pi x}{a}\right)$$

となる．

例題 9.2 次のハミルトニアン行列が与えられている．設問に答えよ．

$$\hat{H} = \hat{H}_0 + \hat{H}'; \quad \hat{H}_0 = \begin{pmatrix} 1 & 0 & 0 \\ 0 & 3 & 0 \\ 0 & 0 & -1 \end{pmatrix}, \quad \hat{H}' = \begin{pmatrix} 0 & c & 0 \\ c & 0 & 0 \\ 0 & 0 & c \end{pmatrix}$$

（a）$\hat{H}$ の固有値問題として固有値を解け．
（b）$\hat{H}_0$ からの2次までの摂動として固有値を解け．
（c）（a），（b）の解を比較せよ．

（**解**）（a） 以下の固有値方程式を解いて

$$\begin{vmatrix} 1-\lambda & c & 0 \\ c & 3-\lambda & 0 \\ 0 & 0 & c-2-\lambda \end{vmatrix} = 0$$

$\lambda = c-2, \, 2 \pm \sqrt{1+c^2}$ を得る．

（b）補正項は

$$E_{11}^{(2)} = \frac{H_{12}'H_{21}'}{E_1^0 - E_2^0} + \frac{H_{13}'H_{31}'}{E_1^0 - E_3^0} = \frac{c^2}{-2} + \frac{0}{3} = -\frac{1}{2}c^2, \quad E_{11}^{(2)} = \frac{1}{2}c^2, \quad E_{11}^{(2)} = 0$$

と与えられる．したがって，式（9.28）を用いて固有値は

$$E_i = c-2, \, 3+\frac{1}{2}c^2, \, 1-\frac{1}{2}c^2$$

となる．

（c）（a）の第2，3の値は級数展開し

$$\lambda = 2 \pm \left(1 + \frac{1}{2}c^2 + \cdots\right)$$

と与えられる．級数の第2項までをとれば，（b）の解となる．

演習問題

9.1 次の井戸型ポテンシャル

$$U = \infty; \quad x \leq 0, \, x \geq L, \qquad U = 0; \quad 0 < x < L/2,$$
$$U = h^2/(80mL^2); \quad L/2 \leq x < L$$

における基底準位の固有値，固有関数の近似を最初の3項まで求めよ．

9.2 線形調和振動子に弱い電場 $\mathscr{E}$（ポテンシャル $= e\mathscr{E}x$）が作用した場合の基底準位を求めよ．

9.3 線形調和振動子に4次ポテンシャル ax^4 の摂動が加わった場合の状態関数, エネルギーを求めよ.

9.4 長さ L の3次元井戸型ポテンシャル中の電子が次のエネルギーをもつ.

$$E = \frac{3h^2}{4mL^2}$$

このポテンシャルに以下の電場ポテンシャルが加わった場合のエネルギーを求めよ.

(a) $e\mathscr{E}z$ (b) $b\mathscr{E}xy$

9.5 次のハミルトニアン行列が与えられている. 設問に答えよ.

$$\hat{H} = \hat{H}_0 + \hat{H}'\;;\quad \hat{H}_0 = \begin{pmatrix} 20 & 0 & 0 \\ 0 & 20 & 0 \\ 0 & 0 & 30 \end{pmatrix},\quad \hat{H}' = \begin{pmatrix} 0 & 1 & 0 \\ 1 & 0 & 2 \\ 0 & 2 & 0 \end{pmatrix}$$

(a) $\hat{H}$ の固有値問題として固有値を解け.

(b) $\hat{H}_0$ からの2次までの摂動として固有値を解け.

9.6 幅2の1次元井戸型ポテンシャルに対する状態関数の試行関数として

$$u = c_1 f_1 + c_2 f_2\;;\quad f_1 = 1 - x^2,\quad f_2 = 1 - x^4$$

を選び, 変分法を適用する. 以下の設問に答えよ.

(a) この変分法で求めた固有値と厳密解とを比較せよ.

(b) c_1, c_2 の値を求めよ.

演習問題略解

1.1 量子粒子の粒子性と波動性に見られるように，自然現象は互いに対立する概念で相補的に表現されるとする原理．たとえば，位置と運動量あるいは時間とエネルギーなどのように，ある種の物理量は相補的な対をなしており，ある物理量を厳密に決めようとするとそれに相補的な変数に不確定性をもたらす．

1.2 量子数の大きな状態で古典論と量子論の限界領域において，古典的形式で書かれた物理形式に対応する量子論の形式が存在するとする原理．

1.3 （d） 地球．

1.4 2×10^{-7} m/sec.

1.5 （a） いずれの場合も 1.06×10^{-31} J． （b） 飛行機 2×10^{-41} J，電子 2×10^{-6} J．

1.6 （a） 3.5×10^{-5} m． （b） 5.3×10^{-3} sec.

1.7 （a） 1.06×10^{-19} J． （b） 可視光のエネルギー幅に近いため不可．

1.8 5×10^{-13} m.

1.9 （a） 反射すべき光がない． （b） わずかに含まれる不純物（ルビーならばCr）まわりのエネルギー準位によって光の波長が異なる．

1.10 本文参照．

1.11 ポルフィリンに2価鉄イオンを配位したもの，酸素を運ぶ．

1.12 （a） $\dfrac{h}{m_e c} = 2.2 \times 10^{-12}$ m． （b） $\dfrac{e^2}{m_e c^2 \varepsilon} = 3.2 \times 10^{-14}$ m．

2.1 $L = m\dot{x}^2 + \dfrac{1}{2} kx^2 - mgx$ より， $2m\ddot{x} - kx + mg = 0$

2.2 $L = \dfrac{1}{2} m_1 l^2 \dot{\theta}^2 + \dfrac{1}{2} m_2 l^2 \{\dot{\theta}^2 + \dot{\phi}^2 + 2\dot{\theta}\dot{\phi}\cos(\phi-\theta)\} + m_1 gl(1-\cos\theta)$
$+ m_2 gl(2-\cos\theta-\cos\phi)$ より
$m_1 l\ddot{\theta} + m_2 l\{\ddot{\theta}+\ddot{\phi}\}\{1+\cos(\phi-\theta)\} + (\dot{\phi}^2-\dot{\theta}^2)\sin(\phi-\theta)\} + g\{(m_1+m_2)\sin\theta$
$+ m_2 \sin\phi\} = 0$

$$\omega = \sqrt{\frac{g}{l}} \left[\frac{1}{1 \pm \sqrt{m_2/(m_1+m_2)}}\right]^{1/2}$$

2.3 $H = \dfrac{1}{2m}(p_r^2 + p_\theta^2) + U(r)$ より

$$\frac{\partial H}{\partial p_r} = \frac{p_r}{m} = \dot{r}, \quad \frac{\partial H}{\partial r} = \frac{\partial V(r)}{\partial r} = -\dot{p}_r, \quad \frac{\partial H}{\partial p_\theta} = \frac{p_\theta}{m} = r\dot{\theta}, \quad \frac{\partial H}{\partial \theta} = 0 = -\dot{p}_\theta$$

2.4 0.72 m.

2.5 古典論：5.9×10^7 m/sec，相対論：5.3×10^7 m/sec．加速電圧 25 万 V．

2.6 0.99995 C

2.7 図参照．$E = \dfrac{q}{4\pi\varepsilon_0 r^2} \cdot \dfrac{1-\beta^2}{(1-\beta^2\sin^2\theta)^{3/2}}$

$\beta = 0.9$ $\beta = 0.99$

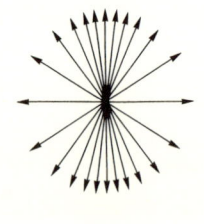

2.8 $V_x = 0.8c \times \left[1 - \left(0.8 + \dfrac{eE_y \cdot t}{mc}\right)^2\right]^{1/2} / (1-0.8^2)^{1/2} < 0.8c$

2.9 $\lambda = 1.16 \times 10^{-10}$ m, $T = 1.16 \times 10^6$ K.

3.1 本文の式 (3.18) を使い，1 準位当たり 2 個の電子を配置するとして，$n/2$ 個まで積分すると，全エネルギーは $E_t = \dfrac{n^3 h^2}{96 m_e L^2}$ となる．これを L で微分すると力は $\dfrac{n^2 h^2}{48 m_e L^3}$ である．

3.2 核子の運動量の不確定さから運動エネルギーを推定すると，0.2 MeV．

3.3 (a) 400 MeV. (b) 6 Mev. (c) 核内の運動エネルギーの方が大きいため．

3.4 式 (3.47) を用い，6.18 eV

3.5 式 (3.22) より井戸の幅を求め，電子の速度から往復時間を求める．
    (a) 2.3×10^{16} Hz (b) 1.1×10^{16} Hz

演習問題略解

3.6 （a） 3.6×10^8 （b） 3.8×10^{20}

3.7 $1.2\,\mathrm{eV}$.

3.8 $E = \dfrac{h^2}{8mb^2} - \dfrac{h}{4b^3\sqrt{mV_0 - \dfrac{h^2}{8b^2}}}\left\{1 \pm 2\exp\left(-h\sqrt{\dfrac{2V_0}{m} - \dfrac{h^2}{4m^2b^2}}\right)\right\}$

3.9 （a） $0 < x < L$ で $\phi = A\sin\alpha x$, $L < x$ で $\phi = Ce^{-\beta x}$
 ただし, $\xi\cot\xi = -\eta$, $\xi^2 + \eta^2 = 2m_0 V_0 a^2/\hbar^2$, $\xi = a\alpha$, $\eta = a\beta$

 （b） $E = -\dfrac{\hbar^2}{2m_0 a}\eta^2$

 （c） $2L$, V_0 の解の偶数番目 2, 4, 6 の解と一致

3.10 $P = \displaystyle\int_{-L/4}^{L/4} \dfrac{2}{L}\sin^2\dfrac{\pi}{L}x \cdot dx = 0.818$

3.11 $9.6 \times 10^5\,\mathrm{m/sec}$

3.12 （a） $5.5 \times 10^{-53}\,\mathrm{J}$. （b） $3.3 \times 10^{-22}\,\mathrm{m/sec}$. （c） 9×10^{22}. （d） $3 \times 10^{-45}\,\mathrm{m/sec}$.

3.13 （a） $7.83 \times 10^{-21}\,\mathrm{J}$. （b） $2.55 \times 10^{-5}\,\mathrm{m}$.

3.14 $10^{-34}\,\mathrm{kg}$.

4.1 $p = 2.15 \times 10^{-23}\,\mathrm{kg \cdot m/sec}$, $m = 1.602 \times 10^{-19}\,\mathrm{kg}$

4.2 $9 \times 10^{-18}\,\mathrm{A/m^2}$

4.3 （a） $J_1 + J_2 = \dfrac{1}{m_e}(A^*Ap_1 + B^*Bp_2)$

 （b） $(\phi_1 + \phi_2)^*(\phi_1 + \phi_2) = A^*A + B^*B + A^*Be^{\frac{i}{\hbar}\{(p_2-p_1)x - (\varepsilon_2-\varepsilon_1)t\}} + AB^*e^{\frac{i}{\hbar}\{(p_1-p_2)x - (\varepsilon_1-\varepsilon_2)t\}}$

 （c） $\displaystyle\int_0^L (\phi_1+\phi_2)^*(\phi_1+\phi_2) = (A^*A + B^*B)L + A^*B\dfrac{i\hbar}{p_1-p_2}\{e^{\frac{i}{\hbar}(p_2-p_1)L} - 1\} \cdot e^{\frac{i}{\hbar}(\varepsilon_1-\varepsilon_2)t} + AB^* \cdot \dfrac{i\hbar}{p_2-p_1}\{e^{\frac{i}{\hbar}(p_1-p_2)L} - 1\}e^{\frac{i}{\hbar}(\varepsilon_2-\varepsilon_1)t}$

4.4 （a） $i\hbar\dfrac{\partial\phi}{\partial t} = -\dfrac{\hbar}{2m}\dfrac{\partial^2\phi}{\partial x^2} - mgx\phi$

 （b） $i\hbar\dfrac{\partial\phi}{\partial t} = -\dfrac{\hbar}{2m}\nabla^2\phi - \dfrac{G \cdot Mm}{r}\phi$

 （c） $i\hbar\dfrac{\partial\phi}{\partial t} = -\dfrac{\hbar}{2m}\nabla^2\phi - \dfrac{e^2}{4\pi\varepsilon_0 r}\phi$

4.5 略

4.6 $J = -\dfrac{i\hbar}{2m}\left(\phi^* \dfrac{d\phi}{dx} - \phi \dfrac{d\phi^*}{dx}\right) = 0$

4.7 （a） $(\hbar k_0/m)[f(x)]^2$, （b） 平均速さ $\hbar k_0/m$ のとき全確率密度 1

4.8 （a） 陽子：重水素中の陽子の運動エネルギーは 2 MeV
  （b） $T_p = 0.8 \times 10^{-4}$, $T_d = 1.0 \times 10^{-6}$

4.9 （a） $-4\pi(\hbar k/m)|A|^2(1-|b|^2)$
  （b） $|b|^2 = 1$：100%散乱，$|b|^2 < 1$：一部吸収，$|b|^2 > 1$：散乱体から粒子発生

4.10 略

4.11 $16 k_1 k_2 \kappa^2 / [(\kappa^2 + k_0^2)(\kappa^2 + k_1^2)(e^{2\kappa L} + e^{-2\kappa L}) - 2\{(\kappa^2 - k_0^2)(\kappa^2 - k_1^2) - 4 k_0 k_1 \kappa^2\}]$

$k_0 = \sqrt{2mE}/\hbar$, $k_1 = \sqrt{2m(E-U_1)}/\hbar$, $\kappa = \sqrt{2m(U_0-E)}/\hbar$

5.1 $\phi(r) = e^{-2r/na_0}(A_0 r^{|m|+1/2} + \cdots + A_{((n-1)/2)-|m|} r^{n/2})$, $a_0 = 4\pi\varepsilon_0 \hbar^2 / m_e e^2$

$E = -\dfrac{m_e e^4}{8\pi^2 \varepsilon_0^2 \hbar^2} \cdot \dfrac{1}{n^2}$

5.2 （a） $\dfrac{1}{2} e^{-\rho}\{e^{-\rho} + \left(1 - \dfrac{1}{2}\rho\right)^2 + 2\left(1 - \dfrac{1}{2}\rho\right) e^{-(1/2)\rho}\} \cos\{(E_1-E_2)(t-t_0)/\hbar\}$

$\rho = r/a_0$

  （b） E_1, $1/2$, E_2, $1/2$, $\langle E \rangle = \dfrac{1}{2}(E_1 + E_2)$

5.3 $E = -\dfrac{m_p m_e e^4}{32\pi^2 \varepsilon^2 \hbar^2 (m_p + m_e)}$, $\langle r \rangle = \dfrac{4\pi\varepsilon(m_p + m_e)\hbar^2}{m_p m_p e^2}$

5.4 略

5.5 （a） $|200\rangle$, $|211\rangle$, $|210\rangle$, $|21-1\rangle$
  （b） $\hat{H} = \hat{H}_0 + \hat{H}'$, $\hat{H}' = e\mathscr{E} \cdot r$
  （c） $\langle 200|\hat{H}'|210\rangle = -3e\mathscr{E}a_0$
    $\langle 210|\hat{H}'|200\rangle = -3e\mathscr{E}a_0$
  （d） $\begin{pmatrix} 0 & 0 & -3e\mathscr{E}a_0 & 0 \\ 0 & 0 & 0 & 0 \\ -3e\mathscr{E}a_0 & 0 & 0 & 0 \\ 0 & 0 & 0 & 0 \end{pmatrix}$

演習問題略解

(e) 固有値　　　$3e\mathscr{E}a_0$　　$-3e\mathscr{E}a_0$　　0　　0

固有ベクトル $\begin{pmatrix} 1/\sqrt{2} \\ 0 \\ -1/\sqrt{2} \\ 0 \end{pmatrix}$ $\begin{pmatrix} 1/\sqrt{2} \\ 0 \\ 1/\sqrt{2} \\ 0 \end{pmatrix}$ $\begin{pmatrix} 0 \\ 1 \\ 0 \\ 0 \end{pmatrix}$ $\begin{pmatrix} 0 \\ 0 \\ 0 \\ 1 \end{pmatrix}$

(f) 固有値　　　$E_2+3e\mathscr{E}a_0$　　E_2　　E_2　　$E_2-3e\mathscr{E}a_0$

固有状態　$(|200\rangle-|210\rangle)/\sqrt{2}$　$|211\rangle$　$|21-1\rangle$　$(|200\rangle+|210\rangle)/\sqrt{2}$

5.6　$R(r)=\sqrt{\dfrac{2}{a}}\cdot\dfrac{1}{r}\sin\left(\dfrac{\sqrt{2mE}}{\hbar}\cdot r\right), E=\dfrac{n^2h^2}{8ma^2},\quad a=$井戸半径

5.7　$E=\left(n_x+n_y+n_z+\dfrac{3}{2}\right)h\nu,\quad \nu=\dfrac{1}{2\pi}\sqrt{\dfrac{k}{m}}$

6.1　(a)　$[\hat{H}, x]=-i\hbar\dfrac{dx}{dt}$

(b)　$[\hat{H}, \hat{p}]=i\hbar\dfrac{dV}{dx},\;$ここで $\hat{H}=\dfrac{\hat{p}^2}{2m}+U(x)$

6.2　略

6.3　(a)　$\rho^2\dfrac{d^2}{d\rho^2}f_{nl}+2\rho\dfrac{d}{d\rho}f_{nl}+2a_n\rho f_{nl}-\rho^2 f_{nl}=l(l+1)f_{nl}$

(b)　(i)　$c_1=1,\; c_2=-a_n,\; c_3=1,\; c_4=a_n+1,\; c_5=l(l+1)-a_n(a_n+1)$

(ii)　$c_1=1,\; c_2=a_n,\; c_3=1,\; c_4=1-a_n,\; c_5=l(l+1)-a_n(a_n-1)$

(c)　略

(d)　略

(e)　$f_{1,0}=(1s),\; f_{2,0}=(2s),\; f_{2,1}=(2p),\; f_{3,0}=(3s),\; f_{3,1}=(3l)$
$f_{3,2}=(3d)$

6.4　$j=\dfrac{1}{2}: J_x=\dfrac{1}{2}\begin{pmatrix} 0 & 1 \\ 1 & 0 \end{pmatrix},\; J_y=\dfrac{1}{2}\begin{pmatrix} 0 & -i \\ i & 0 \end{pmatrix},\; J_z=\dfrac{1}{2}\begin{pmatrix} 1 & 0 \\ 0 & -1 \end{pmatrix}$

$i=1: J_x=\dfrac{1}{\sqrt{2}}\begin{pmatrix} 0 & 1 & 0 \\ 1 & 0 & 1 \\ 0 & 1 & 0 \end{pmatrix},\; J_y=\dfrac{1}{\sqrt{2}}\begin{pmatrix} 0 & -i & 0 \\ i & 0 & -i \\ 0 & i & 0 \end{pmatrix},\; J_z=\begin{pmatrix} 1 & 0 & 0 \\ 0 & 0 & 0 \\ 0 & 0 & -1 \end{pmatrix}$

$j=\dfrac{3}{2}: J_x=\dfrac{1}{2}\begin{pmatrix} 0 & \sqrt{3} & 0 & 0 \\ \sqrt{3} & 0 & 2 & 0 \\ 0 & 2 & 0 & \sqrt{3} \\ 0 & 0 & \sqrt{3} & 0 \end{pmatrix},\; J_y=\dfrac{1}{2}\begin{pmatrix} 0 & -\sqrt{3}i & 0 & 0 \\ \sqrt{3}i & 0 & -2i & 0 \\ 0 & 2i & 0 & -\sqrt{3}i \\ 0 & 0 & \sqrt{3}i & 0 \end{pmatrix},$

$$J_z = \frac{1}{2}\begin{pmatrix} 3 & 0 & 0 & 0 \\ 0 & 1 & 0 & 0 \\ 0 & 0 & -1 & 0 \\ 0 & 0 & 0 & -3 \end{pmatrix}$$

6.5 略

7.1 略

7.2 $E^2 = p^2 c^2 + m_0^2 c^4$ より $\hat{H} - m_0 c^2 = \hat{H}_0 + \hat{H}_1$ を導く

7.3 (a) $\mu_B H_0$, $-\mu_B H_0$ (b) 略

(c) $\hat{H}_1 = \dfrac{H_1}{2}(e^{-i\omega t} s_+ + e^{i\omega t} s_-)$

7.4 (a) $\alpha = \theta/2$ (b)〜(e) p.197, 198 参照 (f) $a = \pm 3/4$, $b = 1/4$

7.5 (a) $\hat{H}_{\text{mag}} = \mu \boldsymbol{\sigma} \cdot \boldsymbol{B}$

(b) $\hat{H}_{\text{mag}} = -\mu \begin{pmatrix} B_0 + az & i\alpha y \\ -i\alpha y & -B_0 - az \end{pmatrix}$ など

(c) $i\hbar \dfrac{\partial \phi_+}{\partial t} = -\dfrac{\hbar^2}{2m}\nabla^2 \phi_+ - \mu(B_0 + az)\phi_+ - i\alpha\mu y \phi_-$ など

(d) $\phi = \begin{pmatrix} \chi_+ e^{i(kx - \omega_+ t)} \\ \chi_- e^{i(kx - \omega_- t)} \end{pmatrix}$

$\omega_\pm = \omega \pm \dfrac{1}{2}\Omega$, $\hbar\omega = \hbar^2 k^2/2m$, $\hbar\Omega = -2\mu B$, χ_+, χ_-：任意

(e) $\phi = \begin{pmatrix} \eta_+ e^{i(kx - \omega_+ t + a\mu z t/\hbar)} \\ \eta_- e^{i(kx - \omega_- t - a\mu z t/\hbar)} \end{pmatrix}$

7.6 略

8.1 p. 204, 205 参照

8.2 p. 208 参照

8.3 p. 205 参照

8.4 p. 210 参照

8.5 p. 208 参照

8.6 p. 209 参照

8.7 p. 208 参照

演習問題略解

9.1 $E \simeq \dfrac{h^2}{8mL^2}(1+0.05-6.196\times 10^{-4})$

$u \simeq \sqrt{\dfrac{2}{L}}\left(\sin\dfrac{\pi x}{a}+\dfrac{2}{45\pi}\sin\dfrac{2\pi x}{L}-\dfrac{4}{1125\pi}\sin\dfrac{4\pi x}{L}\right)$

9.2 $E_0=\dfrac{1}{2}h\nu-\dfrac{e^2\mathscr{E}^2}{2k}, \nu=\dfrac{1}{2\pi}\sqrt{\dfrac{k}{m}}$

9.3 $u_0=e^{-(\alpha x^2/2)}\left\{H_0\,(\sqrt{\alpha}\,x)-\dfrac{3}{8}\dfrac{a}{\alpha^2 h\nu}\sqrt{\dfrac{\alpha}{m}}\,H_2\,(\sqrt{\alpha}\,x)\right\}$

$E=\dfrac{h\nu}{2}+\dfrac{3}{4}\left(\dfrac{a}{\alpha^2}\right)+\dfrac{9}{4h\nu}\left(\dfrac{a}{\alpha^2}\right)^2$

$\alpha=\dfrac{2\pi m\nu}{\hbar},\quad \nu=\dfrac{1}{2\pi}\sqrt{\dfrac{\alpha}{m}}$

9.4 （a） $E=\dfrac{3h^2}{4mL^2}+\dfrac{e\mathscr{E}L}{2}$

（b） $E=\dfrac{3h^2}{4mL^2}+\dfrac{b\mathscr{E}L^2}{4},\quad \dfrac{3h^2}{4mL^2}+b\mathscr{E}L^2\left\{\dfrac{1}{4}\pm\left(\dfrac{16}{9\pi^2}\right)^2\right\}$

9.5 （a） 20.806,　18.805,　30.389

（b） 20.777,　18.818,　30.404

9.6 （a） 変分法　$E=12.77\dfrac{\hbar^2}{m},\quad 1.23\dfrac{\hbar^2}{m}$

厳密解　$E=11.10\dfrac{\hbar^2}{m},\quad 1.23\dfrac{\hbar^2}{m}$

（b） $c_1=6.6625,\ c_2=-5.8285$

索　引

●ア　行

アインシュタイン ……………………… 51
井戸型ポテンシャル ……………… 79, 101
エルミート行列 ………………………… 166
エルミート多項式 ………………… 79, 114
演算子 …………………………… 107, 154

●カ　行

可　換 …………………………… 110, 140
角運動量演算子 ………………………… 163
角運動量子数 …………………………… 138
確率の流れ ……………………………… 88
下降演算子 ……………………………… 157
重ね合わせ ……………… 76, 77, 99, 108
完全性 …………………………………… 153
完備性 …………………………………… 127
規格化 …………………………………… 77
球面調和関数 …………………………… 136
共役な物理量 …………………………… 107
共　鳴 …………………………………… 89
行列力学 …………………… 34, 165, 168
近似解法 ………………………… 199, 215
クロロフィル …………………………… 16
経路積分 ………………………………… 34
ケットベクトル ………………………… 152
交換可能 ………………………………… 110
交換不可能 ……………………………… 110
光子（フォトン） ……………………… 161
酵　素 …………………………………… 19
固有関数 ………………………………… 109
固有状態 ………………………………… 159

固有値 …………………………………… 109
混成軌道 ………………………………… 26

●サ　行

散乱現象 ………………………………… 87
磁気量子数 ……………………………… 138
周期律 …………………………………… 198
縮　退 …………………………… 123, 124
主量子数 ………………………………… 140
シュレーディンガー ……………… 34, 98
シュレーディンガー方程式 … 105, 110, 126
上昇演算子 ……………………………… 157
状　態 …………………………………… 154
状態関数 ………………… 77, 79, 105, 134
状態ベクトル …………………… 151, 155
触　媒 …………………………………… 21
スピン …………………………… 171, 172
スピン演算子 …………………………… 175
スピン行列 ……………………………… 173
スレイター行列式 ……………………… 194
正準な交換関係 ………………………… 155
正準変換 ………………………………… 44
赤方偏移 ………………………………… 14
摂動理論 ………………………………… 219
ゼーマン効果 …………………………… 177
前期量子論 ……………………………… 4
相対論的量子論（量子力学） …… 171, 179
測定値 …………………………………… 154
ゾンマーフェルト ………………… 5, 33, 98

●タ　行

第1イオン化エネルギー ……………… 206

対称関数 …………………………………… 191
多電子原子 ………………………………… 189
ダランベルシアン ………………………… 71
超微細構造 ………………………………… 176
調和振動子 ………………… 112, 127, 157
直交性 ……………………………………… 77
ディラック ………………… 34, 149, 171, 179
ディラックの方程式 ……………………… 171
電気陰性度 ………………………………… 210
透　過 ……………………………………… 87
透過係数 …………………………………… 88
動径方向分布関数 ………………………… 139
特殊相対性理論 …………………………… 51
独立電子模型 ……………………………… 199
ド・ブロイ ………………………………… 34, 55
トンネル効果 ……………………………… 91, 95

● ハ　行

場 …………………………………………… 56
ハイゼンベルク …………………………… 1, 34, 98
ハイゼンベルクの交換力 ………………… 30
ハイゼンベルクの不確定性原理
　　………………………… 1, 8, 33, 75, 98, 108
パウリ ……………………………………… 1
パウリの排他律 …………… 1, 9, 189, 193, 195
波動力学 …………………………………… 34, 168
ハートリー-フォック法 ………………… 217
ハミルトニアン（ハミルトン演算子）…48, 109
ハミルトンの原理 ………………………… 44, 47
ハミルトンの正準方程式 ………………… 45, 48
ハミルトン-ヤコービの方程式 …44, 45, 50, 106
反　射 ……………………………………… 87
反射係数 …………………………………… 88
反対称関数 ………………………………… 191
バンド構造 ………………………………… 27
非可換 ……………………………………… 110

非可換代数 ………………… 34, 149, 156, 168
ファインマン ……………………………… 1, 34, 98
フェルミ粒子 ……………… 9, 189, 193, 197
輻　射 ……………………………………… 60
物理量 ……………………………………… 154
フラウンホーファー暗線 ………………… 16
ブラベクトル ……………………………… 152
プランク …………………………………… 97
プランク定数 ……………………………… 4, 10, 11
フントの規則 ……………………………… 21, 207
ベクトルポテンシャル …………………… 59
ヘモグロビン ……………………………… 18
変分原理 …………………………………… 215
変分法 ……………………………………… 215
ボーア ……………………… 4, 14, 32, 34, 98
ポアソンの括弧式 ………………………… 45, 49
ポインティングベクトル ………………… 59
崩壊定数 …………………………………… 96
ボース粒子 ………………………………… 9, 193, 197

● ラ　行

ラグランジアン …………………………… 34, 106
ラグランジュの運動方程式 …………… 44, 46, 47
ラザフォード ……………………………… 3
ラプラシアン ……………………………… 71, 128, 145
リッツの組合せ則 ………………………… 4
リッツの変分法 …………………………… 216
量子像 ……………………………………… 65
ルジャンドル関数 ………………………… 165
零点エネルギー …………………………… 114
レーザ ……………………………………… 29

cー数 ………………………………………… 108
qー数 ………………………………………… 108
SCF 法 ……………………………………… 217
α 崩壊 ……………………………………… 95

〈著者紹介〉

森　敏彦（もり　としひこ）
　1974年　名古屋大学大学院工学研究科博士課程修了
　専門分野　機械情報システム，知能情報処理
　現　　在　名古屋大学大学院教授．工学博士

妹尾　允史（せのう　まさふみ）
　1963年　東京理科大学理学部物理学科卒業
　専門分野　量子工学
　現　　在　三重大学名誉教授．工学博士

工学基礎　**量子力学**

2000年11月20日　初版1刷発行
2016年9月15日　初版6刷発行
　　　　　　　　　　　　　　　　　　　　　　　検印廃止

著　者　森　敏彦・妹尾　允史　Ⓒ 2000
発行者　南條　光章
発行所　共立出版株式会社
　　　　〒112-0006　東京都文京区小日向4丁目6番19号
　　　　電話　03-3947-2511
　　　　振替　00110-2-57035
　　　　URL　http://www.kyoritsu-pub.co.jp/

（一般社団法人　自然科学書協会　会員）

印刷：藤原印刷／製本：ブロケード

NDC 421.3／Printed in Japan

ISBN978-4-320-08133-8

カラー図解 物理学事典

Hans Breuer [著]　Rosemarie Breuer [図作]
杉原　亮・青野　修・今西文龍・中村快三・浜　満 [訳]

ドイツ Deutscher Taschenbuch Verlag 社の『dtv-Atlas 事典シリーズ』は，見開き２ページで一つのテーマ（項目）が完結するように構成されている。右ページに本文の簡潔で分かり易い解説を記載し，左ページにそのテーマの中心的な話題を図像化して表現し，本文と図解の相乗効果で，より深い理解を得られように工夫されている。本書は，この事典シリーズのラインナップ『dtv-Atlas Physik』の日本語翻訳版であり，基礎物理学の要約を提供するものである。内容は，古典物理学から現代物理学まで物理学全般をカバーし，使われている記号，単位，専門用語，定数は国際基準に従っている。

■菊判・412頁・定価（本体5,500円＋税）　≪日本図書館協会選定図書≫

ケンブリッジ 物理公式ハンドブック

Graham Woan [著]／堤　正義 [訳]

この『ケンブリッジ物理公式ハンドブック』は，物理科学・工学分野の学生や専門家向けに手早く参照できるように書かれた必須のクイックリファレンスである。数学，古典力学，量子力学，熱・統計力学，固体物理学，電磁気学，光学，天体物理学など学部の物理コースで扱われる 2,000 以上の最も役に立つ公式と方程式が掲載されている。詳細な索引により，素早く簡単に欲しい公式を発見することができ，独特の表形式により式に含まれているすべての変数を簡明に識別することが可能である。この度，多くの読者からの要望に応え，オリジナルのＢ５判に加えて，日々の学習や復習，仕事などに最適な，コンパクトで携帯に便利な"ポケット版（Ｂ６判）"を新たに発行。

■B5判・298頁・定価（本体3,300円＋税）　■B6判・298頁・定価（本体2,600円＋税）

独習独解 物理で使う数学 完全版

Roel Snieder著・井川俊彦訳　物理学を学ぶ者に必要となる数学の知識と技術を分かり易く解説した物理数学（応用数学）の入門書。読者が自分で問題を解きながら一歩一歩進むように構成してある。それらの問題の中に基本となる数学の理論や物理学への応用が含まれている。内容はベクトル解析，線形代数，フーリエ解析，スケール解析，複素積分，グリーン関数，正規モード，テンソル解析，摂動論，次元論，変分論，積分の漸近解などである。■A5判・576頁・定価（本体5,500円＋税）

http://www.kyoritsu-pub.co.jp/　　共立出版　　（価格は変更される場合がございます）

https://www.facebook.com/kyoritsu.pub